分布式虚拟现实技术

胡小梅 俞 涛 方明伦 编著

上海大学出版社

·上海·

内 容 简 介

分布式虚拟现实是信息技术发展的一个崭新阶段,在教育、产品设计、虚拟展示、娱乐等领域得到了越来越广泛的应用。本书比较系统全面地介绍了分布式虚拟现实技术,主要内容包括分布式虚拟现实的概念、体系结构、分布式虚拟现实国际标准等理论,重点介绍了分布式虚拟现实中的图形绘制技术、交互技术以及多服务器分布式虚拟现实技术,阐述了开发分布式虚拟现实的主流开发工具,最后介绍了分布式虚拟现实系统的两个开发实例,分布式 3D 虚拟环境集成支撑平台和 LED 分布式虚拟现实系统。本书可以作为高等院校和科研院所从事有关专业的本科生和研究生的教材,也可供相关研究人员参考使用。

图书在版编目(CIP)数据

分布式虚拟现实技术/胡小梅,俞涛,方明伦编著.
—上海:上海大学出版社,2012.6
ISBN 978—7—5671—0157—9

Ⅰ. ①分… Ⅱ. ①胡… ②俞… ③方… Ⅲ. ①数字技术 Ⅳ. ①TP391.9

中国版本图书馆 CIP 数据核字(2012)第 075056 号

责任编辑 黄晓彦
封面设计 施羲雯

分布式虚拟现实技术
胡小梅 俞 涛 方明伦 编著
上海大学出版社出版发行
(上海市上大路 99 号 邮政编码 200444)
(http://www.shangdapress.com 发行热线 021—66135112)
出版人:郭纯生
*
华业装潢印刷厂印刷 各地新华书店经销
开本 787×1092 1/16 印张 11 字数 282 000
2012 年 6 月第 1 版 2012 年 6 月第 1 次印刷

ISBN 978-7-5671-0157-9/TP·053 定价:28.00 元

前　言

随着计算机网络技术和虚拟现实技术的发展,很多基于共享虚拟空间且位于同一地点或不同地点的多用户分布仿真系统,在多学科研究、远程教育、网上多用户在线游戏、协同设计、军事联合训练等领域开始广泛应用。这些应用为终端用户提供了一个基于网络的、"沉浸"的计算机生成的虚拟现实环境,使用户可以实时地和计算机生成的实体或其他用户进行交互。这项技术就是分布式虚拟现实技术。

作为一个新兴的研究分支,分布式虚拟现实因不同的开发和应用目的,也被命名为很多类似的术语,如分布式虚拟环境、网络虚拟环境及协同工作空间等,但这些概念之间在实现的任务目标方面基本上没有本质的差别。分布式虚拟现实系统包括了一个由计算机生成并维护的共享虚拟空间,以及其中的共享虚拟实体和共享资源,旨在有效地支持不同地理分布的用户之间的通信以及各种任务,从而更好地实现共同目标。这项技术已经成为计算机领域中的一个研究、开发和应用的热点。

我国分布式虚拟现实技术研究与欧美发达国家相比起步较晚,但鉴于该技术巨大的发展潜力和广阔的应用前景,经过几个"五年计划"的努力,已有长足发展,取得了一大批研究成果。但由于分布式虚拟现实属于交叉领域,涉及的学科众多,结合实例全面介绍分布式虚拟现实技术方面的著作还很少。本书全面系统地介绍了分布式虚拟现实理论和相关技术,采用了理论、方法与应用相结合的形式进行编写,对于相关领域的科研工作者具有很强的参考性和指导性。

本书的整体结构分为两个部分:前六章系统介绍了分布式虚拟现实的理论与技术,后三章介绍了分布式虚拟现实的开发工具与应用实例。第一章是分布式虚拟现实概述,主要介绍了分布式虚拟现实的概念、发展历史与进展、研究内容以及应用领域。第二章是分布式虚拟现实体系结构,包括网络拓扑结构、网络通信协议、分布式虚拟现实通用模型等。第三章是分布式虚拟现实国际标准,包括分布式交互仿真技术和 Web3D 技术简介。第四章是分布式虚拟现实中的图形绘制技术,包括建模技术、真实感图形显示技术、实时绘制技术。第五章是分布式虚拟现实交互技术,包括分布式虚拟现实的视觉显示设备、听觉显示设备、位姿传感器设备、力觉和触觉显示设备。第六章详细介绍了多服务器分布式虚拟现实技术,包括多服务器分布式虚拟现实体系结构、多服务器分布式虚拟现实系统分区算法、多服务器分布式虚拟现实负载平衡技术、多服务器分布式虚拟现实兴趣过滤技术、分布式虚拟现实中的状态一致性维护技术等。第七章介绍了分布式虚拟现实的开发工具,包括了三维建模工具、三维图形绘制工具以及专业开发软件。第八章介绍了自主开发的分布式 3D 虚拟环境集成支撑平台,包括平台的软硬件配置、平台系统结构、平台中使用的交互技术、数据通信技术、高质量实时渲染技术,并展示了基于该分布式 3D 虚拟环境集成支撑平台的部分场景,如动态阴影变化效果、早晚时间系统效果、高泛光效果、模拟水的真实波纹效果等,并进行了支撑平台的性能测试。第九章介绍了 LED 分布式虚拟现实系统开发实例。LED 分布式虚拟现实系统通过建立半导体器件的数字模型,集成虚拟展示和工作过程仿真,系统整体除具有虚拟现实的三维展示功能外,还具有响应用户需求的网络服务功能。

由于分布式虚拟现实技术涉及面很广,在编写本书的过程中,作者结合实际工程应用,力求知识的系统性和完整性。全书由胡小梅主编,俞涛教授、方明伦教授审阅了全书。

上海亚图软件公司的总经理、CEO朱德栋先生为本书的编写提供了自己研究成果的第一手资料,在此表示衷心感谢。

在编写本书的过程中,得到了上海大学机电工程与自动化学院和上海市机械自动化及机器人重点实验室的诸多同事和朋友的关心,得到了各方面的大力支持和帮助,在此深表感谢。

由于目前分布式虚拟现实技术的发展极为迅速,且很多相关的技术和标准尚未完善,有关分布式虚拟现实的资料较少,加之作者的水平有限,时间仓促,书中错漏和不尽妥当之处恳请读者批评指正,以便使本书日臻完善。

编者

2012 年 4 月 25 日

2

目 录

1 分布式虚拟现实概述

虚拟现实技术通过创造一个身临其境的虚拟世界,使用户在这种虚拟环境中可以与虚拟物体借助各种自然技能实现交互,获得相对真实的体验。分布式系统是由一组独立的计算机组成,系统拥有多种通用的物理和逻辑资源,可以动态地分配任务,分散的物理和逻辑资源通过计算机网络实现信息交换,从而展现给用户一个统一的整体。分布式虚拟现实系统(Distributed Virtual Reality System,DVRS)是在虚拟现实和分布式系统的基础上发展起来的,在 DVRS 所构建的分布式虚拟环境(Distributed Virtual Environment,DVE)中,用户可以漫游,可以操纵物体,也可以与其他用户进行协同工作。这一技术在设备研制、教育培训、军事演习、娱乐等领域具有广泛的应用前景。

1.1 分布式虚拟现实的概念

1989 年,美国 VPL Research 公司创始人 Jaron Lanier 提出了"Virtual Reality"的概念,并对虚拟现实的内容作了研究与定义。"Virtual"说明,这个世界或环境是虚拟的,不是真实的。这个世界或环境是人工构造的,是存在于计算机内部的。用户应该能够"进入"这个虚拟的环境中,即用户以自然的方式与这个环境交互(包括感知环境并干预环境),从而产生置身于相应的真实环境中的虚幻感、沉浸感、身临其境的感觉。虚拟现实通常是指通过采用数据手套、头盔显示器等一系列新型交互设备构造出用以体验或感知虚拟境界的一种计算机软、硬件环境,用户使用这些高级设备以及自然的技能(如头的转动、身体的运动等)向计算机发出各种指令,并得到环境对用户视觉、听觉等多种感官的实时反馈。从本质上说,虚拟现实就是一种先进的计算机用户接口,它通过给用户同时提供诸如视、听、触等各种直观而又自然的实时感知交互手段,最大限度地方便用户的操作,从而减轻用户的负担,提高整个系统的工作效率。虚拟现实系统使人们能在虚拟环境中观察、聆听、触摸、漫游、闻赏,并与虚拟环境中的实体进行交互,需要学习抽象和复杂的人类感知特性。根据科学分析和统计,在人的感知系统中,通过视觉获取的信息占 60% 以上,由听觉获取的信息占 20% 以上,另外还有触觉、嗅觉、味觉、面部表情、手势等构成其他信息获取源。开发符合人类生理感知属性的计算机虚拟环境,使人们既能听其声,又能观其行、触其身、嗅其味,千里之外,近在咫尺,这正是虚拟现实提供给人们的美好环境。

虚拟现实(Virtual Reality, VR)是一门崭新的综合性信息技术,它综合了控制学、电子学、机械学、计算机图形学、人机交互和多媒体技术、计算机网络技术等领域的理论,从一开始兴起,其本质内涵就受到了广泛关注。G Burdea 和 P Coiffet 在 *Virtual Reality Technology* 一书中,提出使用"虚拟现实技术金字塔"的概念,比较简捷地说明了虚拟现实系统的基本特征。虚拟现实技术金字塔由三个"I"组成,即 Immersion、Interaction、Imagination(沉浸、交互、构想)。交互性是指用户对模拟环境内物体的可操作程度和从环境得到反馈的自然程度(包括

1

实时性)。沉浸性是指用户在计算机所创造的三维虚拟环境中处于一种"全身心投入"的感觉,有身临其境的感觉,在该环境中的一切,看上去是真的,听起来是真的,动起来也是真的,一切和自然感觉一样逼真。用户觉得自己是虚拟环境中的一部分,而不是旁观者。构想性又称想象性、创造性。由于 VR 并不是一种媒介或一个高层终端用户界面,它的应用能解决在工程、医学、军事等方面的一些问题,这些应用是 VR 与设计者并行操作,为发挥它们的创造性而设计的,这极大地依赖于人的想象力,而 VR 系统所能给予使用者的构想能力就称为 VR 的构想性。这三个"I"是虚拟现实系统的基本特征,也强调了在虚拟现实系统中人的主导作用,即使用者是浸入到这样一个由计算机软硬件构成的系统所产生的虚拟世界之中,通过系统软硬件所提供的交互手段可以与该系统进行交互作用,能满足使用者的真实构想,同时引发使用者的虚拟构想。目前,虚拟现实的内涵已经大大扩展,虚拟现实的研究领域包括一切具有自然模拟、逼真体验的技术与方法,根本目标是达到真实体验和基于自然技能的人机交互。随着网络技术的发展,分布式虚拟现实成为虚拟现实领域的重要研究方向。

分布式虚拟现实(Distributed Virtual Reality,DVR),也称分布式虚拟环境(Distributed Virtual Environment,DVE)、网络化虚拟环境(Networked Virtual Environment,NVE)、协同虚拟环境(Collaborative Virtual Environment,CVE)、多用户虚拟环境(Multiuser Virtual Environment,MVE)、共享虚拟环境(Shared Virtual Environment,SVE)等,是随着计算机网络技术的快速发展和普及而发展起来的,它利用网络将地理分布在不同地方的节点加以联结,构成一致共享的分布式虚拟现实环境,使处于不同地理位置的用户如同进入到一个真实世界,通过计算机和网络与其他用户进行交流、娱乐、研讨,甚至协同工作。分布式虚拟现实进一步拓宽了虚拟现实研究与应用的范围,在经济建设、国防安全和文化教育等领域有着重大的应用前景。

分布式虚拟现实系统由环境数据、模型、智能实体、网络交互和应用逻辑等元素组成。其中,环境数据可以是从真实世界采集到的各种类型的地理数据,也可以是人工编辑生成的一些简单高度数据或图片等。使用这些环境数据可以建立虚拟自然环境。模型主要是指三维的几何模型,具体应用中还可能包括模型的操作类型、状态集和动画等。智能实体是指不由某个用户操作控制、具有自主行为的计算机生成对象实体,如计算机生成智能体(Computer Generated Agent,CGA)、计算机生成兵力(Computer Generated Force,CGF)等。网络交互实现分布式虚拟现实的分布节点之间的交互,是分布式虚拟现实的基本要素。应用逻辑是分布式虚拟现实系统的核心,它根据不同的虚拟环境特性进行自主定义,反映虚拟环境的规则和本质特征。

将分布式虚拟现实系统的构成元素进行应用分析,可以得出实现分布式虚拟现实系统有三个基本目标:

(1)一致性:所有的节点能够看到状态一致的虚拟世界,不一致的虚拟世界会导致用户交互的各种问题。一致性是分布式虚拟现实的重要特点和要求。

(2)交互性:交互性是虚拟现实真实感的重要特征,用户之间通过虚拟环境进行交互,并有所反馈,才能有身临其境的感觉。

(3)实时性:由于人的感知具有时间要求,过长的反馈会影响真实感,虚拟现实空间中的相互作用和三维绘制需要在较短的时间内完成。

分布式虚拟现实可以使不同地点的用户参与到同一个虚拟环境中进行交互,随着该技术的发展,应用范围迅速扩大。目前,各种类型的网络游戏和虚拟社区层出不穷,吸引着用户参与到分布式虚拟游戏环境中;而该技术在工程设计和训练等阶段更是不可或缺,尤其在实战演习或军事行动前往往都要在分布式虚拟仿真环境中进行演练。

1.2 分布式虚拟现实的发展历史与进展

20 世纪 80 年代初,由计算机网络、分布计算与仿真以及虚拟现实的技术发展驱动,由军事作战模拟和网络游戏的应用需求牵引,分布式虚拟现实开始产生并迅速发展。

分布式虚拟现实有基于专用网和互联网两大类。基于专用网的分布式虚拟现实应用最早、最广泛的领域是仿真领域,又称为分布式交互仿真(Distributed Interactive Simulation, DIS)或分布式仿真。分布式交互仿真是指采用协调一致的结构、标准、协议和数据库,通过局域网或广域网,将分散在各地的仿真设备互联,形成可参与的综合性仿真环境。

1983 年美国陆军司令部和美国国防部高级项目研究计划局(DARPA)开始资助 SIMNET (Simulator Networking)项目研究计划。该项目的目标是开发一个主要提供步兵、坦克驾驶员作战模拟训练使用的分布式虚拟陆战战场环境。到 1989 年,SIMNET 已建成了分布于美国和德国的 11 个基地,包括 260 个地面车辆仿真器、指挥中心和数据处理设备的综合作战仿真网。这个项目的研制成功,为后来 DVR 的开发奠定了基础。在开发 SIMNET 的过程中,美国政府、军方和工业界共同倡导发展了异构网络互联的 DIS 技术,1993 年形成了分布式交互仿真的第一个标准 IEEE 1278 标准集。

1994 年,美国 DARPA 和大西洋司令部联合资助战争综合演练场 STOW(Synthetic Threat Of War)项目,目标是建立大规模分布式虚拟战场环境,提供指挥和参谋人员联合作战训练及任务预演使用。1997 年 10 月,举行了 STOW97 联合演练,海陆空等多家单位开发的仿真实体参与了同一联合仿真演练任务,共有 3700 多个参演实体,8000 多个参演对象,使用了 500×750 平方公里的合成地形环境。在三次连续 24 小时的演练中,没有一次发生系统崩溃。STOW97 使用了合成环境,可以产生逼真的天气变化和各种自然现象(如烟、尘、昼夜等),虚拟物体受到武器攻击后可以表现多种毁坏状态。STOW97 是军事仿真演练的一个重要里程碑。在 STOW 项目体系结构和协议基础上,美国国防部建模与仿真办公室(Defense Modeling and Simulation Office, DMSO)于 1996 年 9 月正式颁布了新一代的分布交互仿真技术标准高层体系结构(High Level Architecture, HLA),解决了 DIS 不能满足大规模仿真的需求,通过建立一个通用的高层仿真体系,达到各种模型和仿真的互操作性和可重用性。2000 年 9 月,HLA 被采纳为 IEEE 标准 IEEE P1516。最新版本的标准包括规则、接口规范、对象模型模板、联盟开发和运行过程、效验验证和确认过程模型等五部分。由于 HLA 标准思想和技术的先进性,它已成为分布式仿真领域官方和事实上的标准,是研究应用的重点和热点。

基于互联网的分布式虚拟现实可以追溯到 20 世纪 70 年代末出现的多用户游戏(Multi-User Dungeon, MUD),也称为基于文本的网络化虚拟环境。1985 年,SGI 公司首次开发成功了网络 VR 游戏 DogFlight。1994 年 3 月,在日内瓦召开的第一届 WWW 大会上,首次提出了虚拟现实建模语言(Virtual Reality Modeling Language, VRML),开始了相关国际标准的制定。VRML 第一次将互联网带入到三维的世界,它的三维模型用 VRML 描述,通过插件(如 CosmoPlayer, Cortona)在浏览器上显示虚拟场景,用户化身及其他共享对象的控制和交互通过应用程序与插件的接口 EAI(External Authoring Interface)实现。在 VRML 的基础上,ISO 又发布了 X3D 标准,同时工业界也形成了 U3D 标准。2000 年左右,大型多人在线游戏

(Massively Multiplayer Online Game，MMPOG)等网络游戏迅速崛起，得到了大范围的应用。2003 年，中国正式运营的网络游戏超过 100 款，暴雪公司 2004 年推出公测的《魔兽世界》目前全球同时在线人数最高为 50 万人，其中韩国最高为 16 万，北美为 10 万人。网络游戏作为一种新的娱乐方式，将动人的故事情节、丰富的试听效果、高度的可参与性，以及冒险、悬念、神秘、刺激等多种娱乐元素融合在一起，为玩家提供了一个虚拟又近乎真实的世界。随着网络基础设施的发展，基于专用网和基于互联网这两大类的技术出现了融合的趋势。2002 年 10 月，ACM 组织的协同式虚拟环境国际研讨会探讨了 DVR/CVR 技术与 Web/XML 技术、网格技术以及对等计算(Peer to Peer Computing)之间的关系，并讨论了相关标准 DIS/HLA 的现状以及未来建立新标准的领域和推动因素。

　　美国从 20 世纪 80 年代初对分布式虚拟环境进行系统研究以来，已有大量标志性的应用，在航空、航天、军事领域开展了推广性建设，处于领先地位。1997 年美国国防部开始资助支持多兵种联合演练的大规模分布式虚拟战场环境 JSIMS(Joint Simulation System)项目，目的是为各兵种的训练和教学提供包括各种任务、各阶段的逼真联合训练支持。2002 运用 JSIMS 进行了"千年挑战 2002"联合军事演习，被认为是美军历史上规模最大的联合军事演习，虚拟环境包括实兵演习和计算机作战模拟相结合的方式，计算机模拟了包括 15000 个目标、600 个作战平台及 400 种弹药，可产生约 60000 仿真实体和 110000 种交互，共有不同军种的 42 个仿真系统，约 90 多个盟员集成一个大规模复杂的分布式虚拟战场环境。"千年挑战 2002"被美国联合部队司令部(U. S. Joint Forces Command，USJFCOM)认为是未来军事转型的重要组成。2004 年，美国联合部队司令部提出在军事转型形势下军事作战模拟和训练所面临的需求和任务，强调必须建立基于 VR 和虚实结合的生动、逼真、构造性的训练环境(Live, Virtual and Constructive environment，LVC)。2005 年 11 月，美国军方完成了一次新的代号为"虚拟之旗 2006"的全美范围的虚拟军事演练，这次演练在全美联网的虚拟环境中完成，300 余架飞机的机组人员可以在各自的基地参与演习。2006 年 4 月，由美国陆军和美国联合部队司令部共同组织进行了采用虚实融合的"统一探索 2006"军事演练。可见，基于互联网的分布式虚拟现实应用之广泛，尤其在军事领域。

　　NPSNET 是由美国海军研究生院开发的用于军事训练和仿真的分布式虚拟环境系统，它是第一个采用了 IP Multicast 来支持大规模仿真的分布式虚拟现实系统。NPSNET 研究小组是早期在分布式虚拟现实方面研究投入最大的学术机构。在 NPSNET 中，每个实体在一台特定的主机上仿真，实体间采用 DIS 协议进行通信，每台主机可以仿真一些对象并采用 DR 外推模型来仿真其他非本地控制的实体，当一个本地实体的状态与其相对应的 DR 状态比较超过某一个阈值时，便将当前状态发向网上其他节点。在 NPSNET 的发展过程中，产生了兴趣域技术、组播技术等致力于解决大规模虚拟环境关键问题的技术，对分布式虚拟现实的发展具有重要影响。

　　除了美国之外，欧洲以及日本、新加坡、韩国等东亚国家从 20 世纪 90 年代初开始了切实积极的研究，一些著名大学和研究所的研究人员陆续推出了多个实验性分布式虚拟现实系统或开发环境，典型的例子有瑞典计算机科学研究所的 DIVE(1993)，新加坡国立大学的 BrickNet(1994)，加拿大 Albert 大学的 MR 工具库(1993)以及英国 Nottingham 大学的 AVIARY (1994)。

　　20 世纪 90 年代初，我国一些高校和科研院所的研究人员从不同角度开始对虚拟现实进行研究，国家科技部、国家自然科学基金委员会等开始对虚拟现实领域的研究给予资助。分布式虚拟现实也是我国虚拟现实研究应用较早的领域。从 1996 年开始,在"863 计划"的资助下,北京航空航天大学等国内多家单位持续开展了分布式虚拟环境 DVENET 的研究开发工作,取得了一系列成果。另外,浙江大学、清华大学、北京大学、国防科技大学、北京理工大学、武汉大学、山东大学、北京师范大学、电子科技大学、西北工业大学、上海大学、中科院计算所、自动化所、航天二院等高等院校、科研院所以及其他许多应用部门和单位的科研人员进行了各具背景、各有特色的研究工作,分布式虚拟环境已经在我国一些行业和部门得到了认可,进入了发展的新阶段,取得了一批重要应用,其中不乏解决国家重大需求的工程性应用。

1.3 分布式虚拟现实的研究内容

作为一种具有实时性、交互性的分布式系统,分布式虚拟现实既要研究分布式系统的一些通用问题,更多的是要研究作为满足虚拟现实特征的特殊性问题。尤其随着系统规模的不断扩大,系统的通信量剧增,对达到较大规模的分布式虚拟现实系统来说,除非在实时性上加以折中,仅仅依靠计算机硬件速度和网络带宽的提高将很难满足一致性的要求。分布式虚拟现实研究的内容可以分为下面六个方面:

1. 支持可扩展的异构型 DVR 的软件结构

可扩展包括规模可扩展和功能可扩展两个方面。规模可扩展性要求 DVR 系统能够满足由于参与节点的增多以及节点分布的广泛性而带来的规模上的扩张。规模可扩展性一般通过有效的虚拟空间管理和划分算法以及动态负载平衡算法和动态共享状态的维持方法来实现。功能可扩展性要求 DVR 系统在功能实现上更加灵活,可以方便地对现有系统进行功能上的改动以达到不断变化的需求。一般采用高效的资源定位和服务匹配算法实现。

异构型 DVR 的软件结构则要求系统在硬件、软件和网络环境异质情况下的普适性,满足多平台、多应用、多个虚拟世界的协同工作,进行有效的信息交换。一般采用 JAVA 技术和中间件技术实现。

2. 大规模分布式海量数据管理

大规模分布式虚拟环境中的数据有以下主要特点:

(1) 数据对象海量且广域分布。除了数据对象的数目具有海量的特点外,数据对象的规模也很大,而且这些数据广泛地分布于广域网络的各个节点上。

(2) 数据对象种类繁多且格式复杂。由于需要逼真的模拟现实世界,数据对象的种类多种多样,而且不同种类的数据对象具有不同的数据格式,甚至同一类型的数据对象也存在多种格式。

(3) 数据对象存储资源多样,管理方法不统一。数据对象的格式标准也多种多样,数据管理技术也很不统一,有文件系统、数据库系统和专用的管理系统等。

由于分布式虚拟环境中的数据资源具有多样性、分布性和异构性等特点,数据资源的可协同性、可管理性和可用性问题一直是影响分布式虚拟环境发展的重要科学问题。

可协同性问题:因为数据资源通常是局部自治的,所以如何在多个层次上实现局部自治系统之间多粒度的协同工作,共同完成任务,是实现分布式虚拟环境海量数据管理的核心问题。

可管理性问题:数据资源种类繁多、数据巨大,如何将它们以统一的方式集成和管理起来,建立大规模数据处理的通用基础支撑结构,实现互联网上数据资源的广泛共享、有效聚合和充分释放,是实现分布式虚拟环境海量数据管理的前提条件。

可用性问题:对数据资源的访问效率要求高。如何建立数据资源的源数据管理架构,实现众多异构数据资源的精确数据定位;如何建立信任域,实现灵活的用户认证和访问控制,保证高效安全的数据访问,是实现分布式虚拟环境海量数据管理的关键问题。

3. 大规模分布式虚拟环境的时空一致性

分布式虚拟现实系统主要采用基于复制的方式实现。由于系统中异构网络的客观存在,不同节点的处理能力和传输延时也不尽相同,使得分布式虚拟环境时空一致性成为国际上目前尚未解决的难题,主要表现为环境中各计算结点在仿真过程中对虚拟环境认识不一致,发生了某些在现实世界中根本不可能发生的事情,破坏虚拟环境的真实感,甚至导致仿真结果不可用。其产生的原因大致有以下三个方面:各计算结点的系统时间不同步、各计算结点的仿真坐标系不一致、结点计算延迟和网络传输延时。目前,基本解决了时间不同步和仿真坐标系不一致导致的时空不一致问题。减少结点计算和网络传输延迟导致时空不一致的方法大致包括:本地滞后技术、回卷技术、推算定位、相关数据过滤、实体迁移。然而,这些方式具有一些固有的不足之处:滞后策略很难确定一个满足各项要求的滞后量;回卷策略不适合实时仿真,会给用户造成仿真结果自相矛盾的印象;推算定位策略有时会造成推算结果与仿真结果的不一致;相关过滤只能在一定范围内减少而不能消除网络延迟;虚拟环境中存在大量不能迁移的实体。目前广泛采用的一致性控制技术是在分布式虚拟现实系统中通过添加一些约束条件或者采取一定的措施以保证系统中尽量不出现或者少出现状态不一致的情况。

4. 网络通信和网络协议

与分布式虚拟现实系统的高交互性和实时性相比,网络通信的带宽、延时就成为 DVR 系统的主要限制。分布式虚拟现实系统要支持快速实时的网络通信,主要有两方面的问题:一方面是当 DVR 的规模变大时,多个虚拟实体之间的通信量会激增,在 DVR 中,大量分布于不同地点的计算机通过网络连接在一起,要使各工作站保持连续状态是 DVR 颇具挑战性的课题之一;另一方面是一些传统的网络协议并不能满足 DVR 的需求,必须研究新的面向 DVR 的网络协议。

5. 大规模分布式虚拟实体行为建模与仿真

(1) 分布式虚拟实体行为建模

实体的实体行为模型包括感知模块、认知处理模块和行为输出模块三部分组成。其中,感知模块用来接受外界的信息;认知处理模块包括形势评估、决策制定、规划、学习等;行为输出模块用来输出行为并对外界环境加以影响。

分布式虚拟实体行为建模研究的重点是指对认知处理模块的建模。其中,认知处理技术包括形势评估和决策制定技术。形势评估是对当前所处形势的估计以及对未来形势的预测,它的实现技术主要包括黑板系统、专家系统、基于范例的推理机制和贝叶斯信任网技术。决策制定主要是基于效用理论的决策方法,包括基本的效用理论、多属性效用理论以及随机效用模型等。规划模型的实现技术主要包含:产生式规则或决策表方法、组合式搜索或遗传算法、采用规划模板或基于范例的推理、基于仿真的规划方法。学习模型是行为建模中最难实现的一个部分,目前的大多数仿真系统中都还不具备学习这一功能,即使有,也只是在局部进行了实现。常见的学习模型包括:基于规则的模型、基于范例的模型、神经网络技术以及其他方法。

另外,群体和组织行为建模研究的主要目标是实现群体和组织行为的连贯性,这也是分布式人工智能要研究的重点内容,包括:通信、交互作用语言与协议;群体协同关系和实体组织建模;群体决策任务的描述、分解与分配;多主体学习等。

（2）分布式虚拟实体行为仿真

分布式虚拟实体行为仿真涉及的因素众多，包括各种数据（地形数据、行为规则等）和模型（环境模型、装备模型和认知模型），系统构建技术难度很高，工作量很大。比较有效的技术途径是研究基于 SOA（Source Oriented Architecture）的行为仿真系统构建，利用 SOA 提供的服务描述语言、服务匹配算法实现对仿真模型、数据、仿真引擎等各类仿真资源的共享，使得用户可以方便地使用网上资源构建自己的分布式行为仿真系统，并在分布式虚拟现实系统中运行。

6. 远程自适应实时绘制

远程自适应实时绘制技术是分布式虚拟环境技术的最新发展。即远程用户通过网络绘制服务器的虚拟场景，并且具有本地实时绘制效果的技术。"实时"是指系统对用户的输入能立即做出反应并产生相应的场景和事件的同步，以及画面更新，达到人眼观察不到闪烁的程度；"自适应"是指服务器根据数据的特征、网络延迟和带宽等属性、客户端平台的绘制性能、服务器的性能和加载模型时间、交互等级与屏幕分辨率等用户的选择参数，最优化自动选择和分发用户所需的数据。

远程自适应实时绘制关键技术包括：

（1）远程绘制系统的逻辑结构

远程绘制系统的逻辑结构处于研究阶段，以 Martin 的 ARTE 逻辑结构最为著名。但该逻辑结构中的代码变换引擎设计思路上具有局限性，需要进行渐进式和视点相关扩展；而且缺少对传输的数据状态的跟踪，对传输的数据状态进行跟踪可提高系统的性能；最重要的是基于网格或 Web 服务设计思想进行扩展，引入 Web Service 机制。

（2）服务器端场景的组织和可见性判断

系统运行时，服务器基于远程用户的视点信息遍历三维场景，进行可见性剔除。可见性判断需要基于视点的局部范围观测划分整个三维场景，并基于视点进行所需模型的预取（利用了时间局部性原理）。相对复杂的可见性判断而言，服务器场景的优化和内存管理策略具有更重要的意义。具体实现时，主要从提高 I/O 效率、减小 I/O 对帧速率的影响以及预测和预取等三方面来提升性能，当前以 Out-of-core 的研究最为瞩目。

（3）自适应生成和管理技术

利用细节层次（Level of Detail, LOD）建立自适应机制是当前的通用技术思路。当前 LOD 简化技术已趋于成熟，层次式点聚合和层次式动态简化算法已成为多种简化方法的通用框架，研究的重点也从几何逼真度转移到感知逼真度问题。

（4）三维模型的压缩和流传输技术

为了降低数据传输的网络带宽，提高远程绘制的性能，需要对传送的虚拟场景进行压缩，并以流的方式进行传输（先传输粗糙模型、后传输精确模型的渐进式传输方式）。大多数现有的几何压缩算法都侧重压缩多边形网格的拓扑连接信息，而压缩网格模型属性信息（如法向量、颜色等）的算法则比较少。三维几何模型通信协议（3TP）研究如何高效、正确地传输三维几何模型，研究延迟和丢包率等问题。

1.4　分布式虚拟现实的应用领域

近年来，分布式虚拟现实系统研究和实现受到越来越多的关注，并被广泛应用于各个领域。相比较于现实环境的昂贵危险的仿真，虚拟仿真更廉价安全，相关技术可以应用于科学计算可视化、建筑设计漫游、产品设计（特别是汽车设计、碰撞仿真等）、军事仿真、商务应用、远程教育、信息地理、娱乐、培训等很多领域。

1. 科学可视化

虚拟现实的一个重要应用领域是大规模科学计算。大多数科学计算产生的数值是难以解释的，这些数值可能来自于图形图像学、遥感技术、考古学、医学、海洋学、计算流体力学等。为了更好地理解这些计算值结果，采用虚拟显示技术生成一个逼真的分布式虚拟环境，使分布在不同地理位置的科学家在进入到同一个虚拟环境后，如同进入一个虚拟会议室，对可视数据集合进行讨论。科学家在此类虚拟环境中的工作不是各自进行不同的任务，而是对于所看到的数据进行讨论并提供不同意见。

三峡大学结合长江三峡工程二期厂坝施工的实践，开发了基于 Web3D 的水电工程施工过程可视化仿真和施工信息的交互查询，为施工管理者提供了远程科学决策的信息支持。海军工程大学遵循 IETM 技术思想，开发了基于 Web3D 的交互式维修支持系统，通过对装备维修和技术培训提供支持，有效提高武器装备的保障、维修以及培训的质量。大庆石油学院采用 Web3D 技术实现了油田井下工程事故处理的三维展示系统，为井下作业人员学习施工过程、了解事物发生原因及过程、借鉴以往事故处理的经验提供了一个直观形象的三维网络平台。

2. 产品协同设计

在典型的协同设计系统里，有一小群用户，对虚拟世界中的物体进行同步或异步的建造和操作。通过虚拟工程空间的应用，可以在设计阶段对产品进行虚拟生产、装配检测、组装制造和测试。在工程设计中，国外已经提出了两种基于虚拟现实的工程设计方法：一种是增强可视化，它利用现有的 CAD 系统产生模型，然后将模型输入到 VR 环境中，用户充分利用头盔显示器等各种增强效果设备而产生临境感；另一种是 VR-CAD 系统，设计者直接在虚拟环境中参与设计。由于在三维的虚拟环境中进行精确设计很难办到，因此目前的协同设计主要局限于对设计结果进行评论和对新设计进行讨论。

3. 军事仿真

虚拟现实技术在军事上有着广泛的应用和特殊的价值。DVE 技术在军事仿真上主要运用于战场环境模拟、武器系统试验仿真和军事训练。通过对战场环境较为逼真的模拟，使指战员们在积累战场经验的同时降低了军事训练科目的实战危险性，节约了部队的费用开支。DVE 系统的功能可扩充性还能为部队提供丰富的训练科目种类，达到全方位训练的目的。

4. 教育领域

现在的教学方式，不再是单纯地依靠书本、教师授课的形式。计算机虚拟教学的开发，弥补了传统教学的不足，使学生在宽松、愉快的氛围中得到学习和提高。把分布式虚拟现实系统用于建造人体模型、电脑太空旅游、化合物分子结构显示等远程教育领域，用户可以通过网络在虚拟的教室里进行交流而不受地域的限制，使得教育资源不平衡的问题得以解决。由于分布式虚拟现实系统中的数据更加逼真，大大提高了人们的想象力，激发了受教育者的学习兴趣，学习效果十分显著。在虚拟环境中进行教育培训不仅可以减少费用，而且可以使高冒险训练、高难度训练在虚拟环境中得到化解。用虚拟环境代替真实环境可以减少高风险环境下对人类的伤害，如虚拟驾驶飞行、虚拟高山滑雪、虚拟手术等。同时，随着计算机技术、心理学、教育学等多种学科的相互结合、促进和发展，系统将能够提供更加协调的人机对话方式。

在虚拟教学方面，瑞士皇家技术学院开发了共享型虚拟学习环境 CyberMath，用三维立体的方式来表现抽象数学模型，体现了数学科学的内在艺术性。中国第二军医大学现代教育中心人员使用 QTVR 技术开发了一个胎儿学的网络教学课程,该课程可以让学生在网络上全方位地观察畸形胎儿的标本,从而加深学生理解和认识先天性胚胎发育畸形的原因。中国地质大学利用 Web3D 技术进行了晶体学研究和教学应用,通过直观演示它们的内部结构,大大加深了学习者对晶体结构的了解。此外,国内外的一些教育资源开发者将 Web3D 技术结合中小学的地理课程开发了一些关于宇宙天体、火星全景、火山爆发、太阳系运动等漫游型和演示型网络教学课程,这些课程向学生直观地展示了平时无法观察和接触到的自然现象。

在虚拟实验方面,国内外研究主要包括休斯顿大学和 NASA 约翰逊空间中心开发的虚拟物理实验室,美国 Michigan 大学的 VRiCHEL(Virtual Reality in Chemical Engineering Laboratory)实验室,美国北卡罗莱纳大学的用户用手操纵分子运动的 VR 系统,中国科技大学基于 Web3D 开发的物理实验仿真软件,北京师范大学现代教育技术研究所研发的三维电子线路实验环境 Evlab 系统,海军航空工程学院青岛分院自主开发的"电路与电子网上虚拟实验教学系统",浙江大学研制的基于网上虚拟现实的大学工程化学实验系统,清华大学的面向网络实验教学的虚拟协同装配技术研究等。

5. 信息地理

分布式虚拟现实技术在信息地理领域的应用主要包括虚拟城市建设规划、虚拟旅游、虚拟信息地理等。

虚拟城市建设规划是通过将城市的街道、建筑物和高层建筑物,根据城市的功能和城市美学的原理,进行多种方案的对比分析,选择出一种合理的城市规划、设计和改造方案。

虚拟旅游技术利用计算机系统、虚拟现实硬件和软件构成虚拟现实环境,并通过多种虚拟现实交互设备使用户置身于该虚拟现实环境中,在该环境中,用户可以直接与虚拟现实旅游场景中的事物进行交互,使用户足不出户就可以领略世界各地的秀丽风光和美丽景色,使用户产生一种与现实旅游相同的感受,并实现用户与虚拟旅游环境直接的交互。

虚拟信息地理是以第二代三维立体网络程序设计语言为基础来描述地理空间数据,其目的是让用户通过一个在 Web 浏览器安装的标准的 X3D 插件来浏览地理参考数据、地图和三维地形模型。它的出现将为在网络环境下实现虚拟地理环境提供一个良好的数据规范平台,将大大促进网络虚拟地理环境的应用。

国外在虚拟展示方面的研究较早,IBM 东京研究所与日本民族学博物馆合作的全球数字博物馆计划,主要支持网络环境中藏品信息的检索及互动式网络编辑浏览。国内虽然起步较晚,但由于受数字技术全球化趋势的影响,近年来各行业也相当重视,开发了很多基于 Web3D 的虚拟展示系统。

高校基于 Web3D 的虚拟展示仿真研究的代表性作品有:厦门大学开发了基于 Web3D 的体育馆展示并售票系统,用户通过 Internet 直接对体育馆进行全方面浏览,了解体育馆的各种设施方位,并与系统进行交互购票;首都师范大学开发的村镇民俗旅游景观系统集成 WebGIS 技术、Web3D 技术、多媒体技术等实现立体展示村镇的风景名胜、风土人情、休闲娱乐、旅游交通等;哈尔滨工业大学开发了基于网络技术的虚拟寒山寺,虚拟表现寒山寺的工程美。

企业基于 Web3D 的虚拟展示仿真研究的代表性应用如下:

(1) 故宫博物院的超越时空的紫禁城:这座"紫禁城"用高分辨率、精细的 3D 建模技术虚拟出宫殿建筑、文物和人物,并设计了 6 条观众游览路线。虚拟紫禁城囊括了目前故宫所有对外开放的区域,游客可以通过网络足不出户地"游览"故宫全貌。

(2) 网上世博会:通过采用 virtools 和 Turntool 两种技术,开发了网上世博会的一系列展馆,包括园区内 152 个独立建筑外观、200 多个游览型展馆和近 100 个由参展方自行开发建设的体验型展馆、"一轴四馆"等 13 个组织方展馆,让网民们足不出户就能看遍世博园区每个角落。

6. 娱乐

娱乐领域是分布式虚拟现实的一个重要应用领域。如今,互联网不再是单一静止的世界。随着 Web3D 的发展和智能动态三维立体场景的引入,动态 HTML、Flash 动画、流式音视频和虚拟娱乐游戏层出不穷。由于 DVE 有非常好的真实感和参与感,从而使人们能够享受其中的乐趣,带来更好的娱乐感觉,比如让用户在火山口或者月球表面漫步,和鱼儿一起游泳等。虚拟娱乐站点通过在页面上创建三维虚拟主持人这样的角色,来吸引浏览者进行虚拟访问互动。这必将造成新一轮的视觉冲击,使页面的访问量急剧上升。此外,DVE 也可用于开发大型的网络游戏系统,系统中的用户可以根据游戏中设定的情节和任务,用非常自然的方式感知环境并和其他用户进行交互。

7. 商务应用领域

虚拟现实三维立体的表现形式,能够全方位地展现一个商品。利用虚拟现实技术将产品发布成网上三维立体的形式,能够展现出逼真的产品造型,通过交互体验来演示产品的功能和使用操作,充分利用互联网的高速迅捷的传播优势来推广公司的产品。

另外,分布式虚拟现实系统的应用可以使那些在网络上有业务发展的公司与它们的潜在客户之间建立直接的联系,从而大幅度改善客户购买商品的经历。例如,顾客可以访问虚拟世界中的商店,通过与虚拟环境进行交互,获得商品的三维信息,挑选完商品后通过网络办理付款手续,商店则及时把商品送到顾客手中。

基于互联网的虚拟现实展示通过构建一个三维场景,人以第一视角在虚拟空间漫游穿行,场景和用户之间能够产生交互,使用户产生身临其境的感觉,这为虚拟展厅、建筑房地产、虚拟漫游展示等也提供了有效的解决方案。

大连理工大学应用 Web3D 技术开发了基于网络产品信息发布系统,并以部分电子产品为应用对象,实现了新产品信息发布、浏览产品信息、产品三维模型互动操作展示、产品快速查询、用户信息反馈等功能,用户不仅能从文字、图片了解产品功能,还可以通过互动操作从不同角度观察产品,对产品的属性有一个更加直观的了解;武汉理工大学开发了基于 Web3D 的汽车内饰设计中的材质交互式设计模块,满足客户的个性化需求;陕西科技大学开发了基于 Web3D 的汽车产品虚拟设计系统,从而提高产品的信息表达效果;河北理工大学依托于陶瓷企业现有的电子商务网站,采用 Web3D 技术构建三维在线互动形式的陶瓷产品虚拟展示平台;西北工业大学开发了一套基于网络的交互式虚拟展示系统,并基于该系统展示了医疗设备 X 光机产品外形、结构和性能仿真效果。分布式虚拟现实技术在商务领域应用越来越广泛。

2 分布式虚拟现实体系结构

2.1 网络拓扑结构

在分布式虚拟现实系统的许多应用中,需要建立高度交互系统模拟 3D 虚拟世界,多个用户共享虚拟世界中的状态。每个用户以虚拟替身(Avatar)的形式在虚拟环境中表现出来,用户到达虚拟世界中的一个地点,就会看到相应的周边环境,并与周围其他用户进行交互。虚拟替身的行为由用户来操作,其行为会改变自身的状态,同时也影响周边虚拟对象的状态。这些用户之间的交互行为,需要安全稳定、可扩展性良好的网络通信技术来支持。随着用户数量的增大,可以采用不同的拓扑结构来满足 DVR 应用系统的要求。

由于分布式虚拟现实系统要求多台计算机共同维护一个共享的虚拟环境,根据计算机之间通信方式的不同,构建分布式虚拟现实系统可以采用的网络结构有四类:对等模式(Peer to Peer,P2P)、客户机/服务器模式(Client/Server,CS)、组播模式(Multicast,MC)、混合模式(Mixed)。

1. 对等模式

对等模式是最早使用的拓扑结构,它是在使用专用服务器代价很高的时候被引入系统得到应用的。在这种拓扑结构中,为了维护系统的一致性,每个客户机向其他所有在同一虚拟环境中的客户机发送信息,其网络拓扑结构如图 2-1 所示。

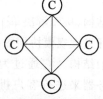

单播通信的工作方式如下:一般情况时,在 LAN 上的每台机器都直接给所有其他机器发信息。采用这种模式构建系统的优点为系统中没有中心的瓶颈,每个节点的加入、退出都是相对独立的,不会因单个计算机故障造成运行失败,而且由于不需要经过服务器统一执行消息的分发,减少了操作处理延迟,系统响应相对较快;缺点为难以管理

—— 单播通信 Ⓒ 客户机

图 2-1 对等模式

整个虚拟环境,同一操作的执行时间在触发该操作的本地节点和接收该操作的远端节点是不同的,会造成状态不一致,对网络资源的消耗随着系统规模的扩大而迅速增加,而且实现起来较为复杂。

2. 客户机/服务器模式

客户机/服务器模式是使用最广泛的一种模式。在这种拓扑结构中,每个客户机将信息发送给服务器,由服务器负责进行信息的转发,以维护虚拟环境的一致性,其拓扑结构如图 2-2 所示。

由于客户机/服务器模式采用单服务器系统,一台服务器分别与各台客户机建立通讯路径,因此采用这种模式构建系统的优点是很容易在服务器端采用过滤机制或通过对数据包进行压缩

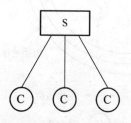

—— 单播通信 Ⓒ 客户机

图 2-2 客户机/服务器模式

降低网络中的冗余数据流,服务器作为场景管理者进行更有效的一致性控制、冲突检测和安全控制等,由于每个客户端只需要与服务器建立逻辑连接,将大大降低网络结构和通信的复杂度,实现起来较为容易;缺点是:由于系统内部的信息流在服务器端汇总,而服务器的处理能力和带宽资源是有限的,随着虚拟环境的扩大和用户数量的增加,容易在服务器端引起消息拥塞,这时服务器可能成为系统的瓶颈,服务器故障将引起整个系统的瘫痪。

3. 组播模式

随着计算机网络技术的发展,特别是新一代网络协议 IPv6(Internet Protocol Version 6)的诞生和路由器对组播的支持,使得研究将组播技术应用于分布式虚拟现实成为热点之一,并产生了组播模式。组播模式要求用户只发送一条信息给所有与组播地址相连的其他用户所在的客户机,而无需考虑组播组中客户机的数量,其拓扑结构如图 2-3 所示。

这种拓扑结构的优点是系统具有很好的可伸缩性,缺点在于缺少中心控制器对分布式虚拟现实系统进行整体上的管理。为了解决这个问题,后来的系统将服务器引入到组播模式中,这种模式又称为混合模式 CS+MC。

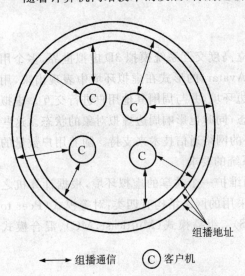

图 2-3　组播模式

4. 混合模式

混合模式分为 CS+MC 模式和 CS+P2P 模式两种,它们的基本思想是将客户机/服务器模式(CS)进行扩展,通过采用多个服务器的层次结构,从而解决单个服务器引起的系统瓶颈问题,使系统具有更强的容错能力和鲁棒性,适应开发大规模协同虚拟环境的需要。混合模式 CS+MC 是客户机/服务器模式和组播模式的折中结构。它通过为每个组播地址分配一个服务器来进行客户机的管理和虚拟现实环境的维护,其拓扑结构如图 2-4 所示。

混合模式 CS+P2P 是客户机/服务器模式和对等模式的折中结构。它采用多个服务器管理系统中的客户机,每个客户机只与一个服务器相连,由服务器负责进行消息的转发,其网络拓扑结构如图 2-5 所示。

基于混合模式的多服务器系统的优点有:在多个服务器之间基于负载进行动态共享并维护唯一的世界模型;缺点有:服务器之间的通信可能增加网络延迟。

在设计和实现 DVR 系统时,需要考虑的网络通信因素包括:

(1) 带宽。网络带宽是虚拟世界大小和复杂度的一个决定因素。当参与者增加时,带

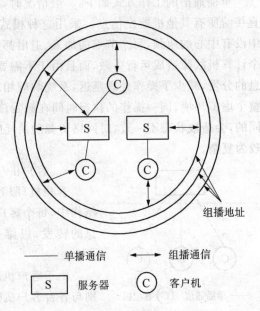

图 2-4　混合模式(CS+MC)

宽需求也随着增加。这个问题在局域网中并不突出，但在广义网上，带宽通常限制为 2Mbps，而通过互联网访问的潜在用户数目却比较大。

（2）分布机制。它直接影响系统的可扩充性。常用的消息发布方法为广播、多播和单播。其中，多播机制允许任意大小的组在网上进行通信，它能为远程会议系统和分布式仿真类的应用系统提供一对多和多对多的消息发布服务。

（3）延迟。影响虚拟环境交互性的因素是延迟。如果要使分布式环境仿真真实世界，则必须实时操作，从而增加真实感。对于 DVR 系统中的网络延迟可以通过使用专用联结、对路由器和交换技术进行改进、快速交换接口和计算机等来缩减。

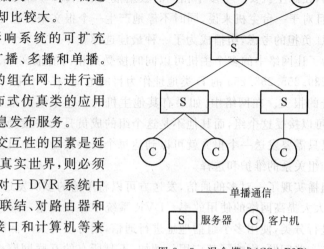

—— 单播通信

S 服务器　C 客户机

图 2-5　混合模式（CS＋P2P）

（4）可靠性。在增加通信带宽和减少通信延迟这两方面进行折中时，则要考虑通信的可靠性问题。可靠性由具体的应用需求来决定。有些协议有较高的可靠性，但传输速度慢，反之亦然。

在构建分布式虚拟现实系统时，可以根据系统的特点选择合适的网络拓扑结构，例如：为了满足交互性选择对等模式或组播模式，为了满足简单性选择服务器/客户机模式，为了满足可扩充性选择对等模式或混合模式 CS＋MC，为了满足可靠性选择混合模式 CS＋P2P 等。

2.2　网络通信协议

进行网络应用开发常用的网络协议主要有单播、组播、广播三种类型。

1. 单播协议

单播协议分为两类：TCP 和 UDP

TCP 是可靠的、面向连接的协议，它允许从一台主机发出的字节流可靠、有序地发往互联网上的其他主机。应用层向 TCP 层发送用于网间传输的、用 8 位字节表示的数据流，然后 TCP 把数据流分割成适当长度的报文段，之后 TCP 把结果包传给 IP 层，由它来通过网络将包传送给接收端实体的 TCP 层。TCP 为了保证不发生丢包，就给每个字节一个序号，同时序号也保证了传送到接收端实体的包的按序接收。接收端实体对已成功收到的字节发回一个相应的确认。如果发送端实体在合理的往返时延内未收到确认，那么对应的数据将会被重传。TCP 用一个校验和函数来检验数据是否有错误，在发送和接收时都要计算校验和。

UDP 是不可靠、无连接的协议，与 TCP 不同，UDP 协议并不提供数据传送的保证机制。如果在从发送方到接收方的传递过程中出现数据包的丢失，协议本身并不能做出任何检测或提示。UDP 由于排除了信息可靠传递机制，将安全和排序等功能移交给上层应用来完成，极大降低了执行时间，使速度得到了保证。因此它适合于对通信的快速性要求较高，而对准确率要求不严的场合，如视频、语音通信等。

2. 组播协议

组播是一种数据包传输方式。当有多台主机同时成为一个数据包的接受者时，如果采用单播的方式,那么源主机必须不停地产生多个相同的报文来进行发送,对于一些对时延很敏感的数据,在源主机要产生多个相同的数据报文后,再产生第二个数据报文,这通常是无法容忍的,而且对于一台主机来说,同时不停地产生一个报文来说也是一个很大的负担。出于对带宽和 CPU 负担的考虑,组播成为了一种最佳选择。

为了让网络中的多个主机可以同时接受到相同的报文,采用组播的方式,通过把 224.0.0.0—239.255.255.255 的 D 类地址作为目的地址,有一台源主机发出目的地址是以上范围组播地址的报文。在网络中,如果有其他主机对于这个组的报文有兴趣的,可以申请加入这个组,并可以接受这个组,而其他不是这个组的成员是无法接受到这个组的报文的。这样,源主机可以只需要发送一个报文就可以到达每个需要接受的主机上,这中间还要取决于路由器对组员和组关系的维护和选择。

组播实现了一对多的通信,发送方可以将单播的多次发送降低为一次发送,节约了带宽开销,能大大提高网络的使用效率。DVR 系统中存在大量一对多的数据收发关系,若能将通信数据进行分类,使用多个组播地址进行通信,则可以大大降低网络带宽的占用。然而目前组播也存在一些问题,影响了其应用。例如,不是所有的互联网路由器都支持组播,互联网上的组播地址也需要申请。组播路由器也存在着开销和限制,尤其在复杂的组播树情况下,组播的加入和退出都需要时间进行更新,组播更新的动态性较差。另外,IP 组播是不可靠的,组播的可靠性研究不仅仅是"确认——重传"机制的实现,一对多的通信方式决定了可靠组播算法的复杂性,如果发送方对每个数据报文都要一一确认每个接受方是否收到,必然会造成发送方负担过重而无法正常发送数据。目前来看,可靠组播算法的选择是应用相关的,没有通用的可靠组播算法。

3. 广播协议

TCP/IP 网络中有一个特殊的保留地址,专门用于同时向局域网中所有节点进行发送消息,称为广播地址。当报文头中目的地址域的内容为广播地址时,该报文被局域网上所有网络节点接收,这个过程称为广播。例如,C 类网络 192.168.1.0 的默认子网掩码为 255.255.255.0,其广播地址为 192.168.1.255,当发送一个目的地址为 192.168.1.255 的分组时,它将被交换设备直接分发给该网段上的所有节点。广播报文是基于 UDP 的,因此也是不可靠传输。

由于主机之间"一对所有"的通讯模式,网络对其中每一台主机发出的信号都进行无条件复制并转发,所有主机都可以接收到所有信息(不管你是否需要),而无需进行路径选择,所以其网络成本可以很低廉。由于服务器不用向每个客户机单独发送数据,所以服务器流量负载极低。有线电视网就是典型的广播型网络,我们的电视机实际上是接受到所有频道的信号,但只将一个频道的信号还原成画面。

和单播、组播相比,广播几乎占用了子网内网络的所有带宽,但由于广播只能在同一子网内传播,因此在大中型局域网中,一般进行子网划分来达到隔离广播风暴的目的。在数据网络中也允许广播的存在,但其被限制在二层交换机的局域网范围内,禁止广播数据穿过路由器,防止广播数据影响大面积的主机。

由于在 DVR 系统中需要交换的信息种类很多,单一的通信协议已不能满足要求,这时就需要开发多种协议,以保证在 DVR 系统中进行有效的信息交换。协议可以包括:联结管理协议、导航控制协议、几何协议、动画协议、仿真协议、交互协议和场景管理协议等。在使用过程中,可以根据不同的用户程序类型,组合使用以上多种协议,图 2-6 即为一个例子。

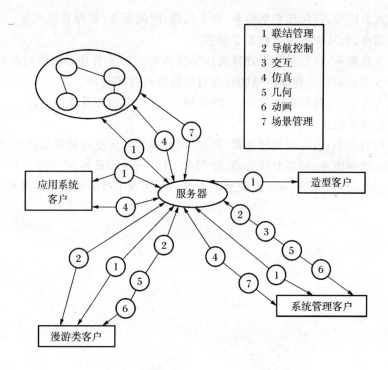

图 2-6　不同的客户需要使用不同的协议

2.3　分布式虚拟现实通用模型

英国 Nottingham 大学的 Dave Snodon 等人综合前人所作的研究,提出了一个 DVR 系统的通用参考结构模型,如图 2-7 所示。该模型把整个系统分为七个组成部件:

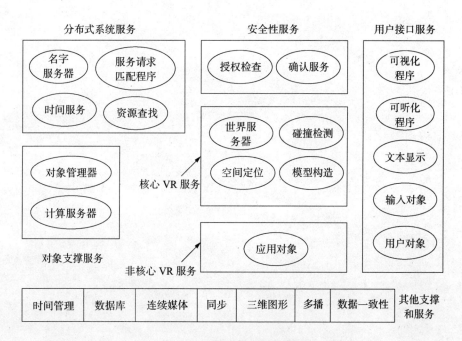

图 2-7　通用参考结构模型

（1）分布式系统服务：包括名字服务、服务代理、时间服务、资源查找服务。

（2）安全服务：包括授权服务和鉴定服务。

（3）对象支撑服务：包括对象管理器和计算服务器。对象管理器提供对面向对象数据的管理。计算服务器对对象管理器存储的轻载对象提供运行环境。

（4）核心 VR 服务：包括碰撞检测、空间管理、世界服务器和世界构造器。

（5）非核心 VR 服务。

（6）用户接口服务：包括输出驱动器（声音、图像等）、输入驱动器和用户代理。

（7）其他支撑和服务：包括时间管理、数据库支持、三维图形等。

现有的大多数分布式虚拟现实系统基本上都只是实现了参考模型中的某些功能。

3 分布式虚拟现实国际标准

3.1 分布式交互仿真

随着仿真技术的发展，仿真解决的问题也越来越复杂，单个仿真系统已经不能满足更高层次的需要。20 世纪 80 年代初期，出现了以协调完成复杂的仿真任务为目的，通过多台计算机和高速通信网络，将分散于不同地点、不同类型的仿真设备集成为一个整体的分布式交互仿真研究。分布式交互仿真是一种面向仿真应用的分布式虚拟现实技术，其发展过程经历了 1983年美国国防部高级研究计划局 DAPRA 和美国陆军共同制定的 SIMNET 计划、1993 年通过的 IEEE 1278-DIS 标准、分别在 1998 年和 2000 年成为美国国防部和 IEEE P1516 的 HLA 标准等。到目前为止，经过十多年的发展，IEEE P1516 标准仍然处于活动状态，得到了工业界的积极参与。

将一项仿真任务分配到分布式系统上运行并不表示该仿真是分布式仿真。分布式仿真的主要特征如下：

（1）从计算平台体系结构上讲，分布式仿真使用的计算环境多为松耦合型；

（2）从计算模型上讲，分布式仿真系统更加注重不同仿真模型之间的互操作性以及协同完成仿真计算的能力，运行在每个计算平台上的仿真程序并不相同。

另外，并行仿真要求系统中所有的事件必须按照它们的因果关系顺序执行，因果关系主要是由每个事件的时戳决定；而在分布式仿真中，系统对事件的因果顺序没有这么严格的要求，有时候系统甚至可以允许事件丢失。

3.1.1 DIS

1983 年，美国国防部高级研究计划局和美国陆军共同制定了 SIMNET 计划，在 SIMNET的基础上，美国军方和工业界进一步发展了异构型网络互联的分布式交互仿真技术 DIS。DIS是 SIMNET 技术的标准化和扩展，SIMNET 中的许多原则，如对象/事件结构、仿真结点的自治性、采用 Dead Reckoning(DR)算法降低网络负载等成为 DIS 的基础。

在一个 DIS 网络中，包含很多仿真节点，每个仿真节点可以是仿真主机，也可以是一个网络交换设备。每个仿真主机中包含一个仿真应用，仿真应用主要负责实现本地节点的仿真功能，如动力学和运动学模型解算、视景生成、音响效果合成、网络信息接收与发送、人机交互等，另外还负责维持网络中其他实体的状态信息。多个互相交互的仿真应用构成了一个分布式交互仿真系统。

在仿真主机中，仿真应用负责维护一个或多个仿真实体的状态，在仿真进行的过程中，每个仿真实体都将本地节点的数据通过网络发送给其他的仿真应用，同时接收来自其他仿真应用的信息。在 DIS 中，为了使各仿真节点间交换的信息标准化，节点之间传送信息是通过PDU 来实现的。DIS 应用协议中定义了 PDU 的内容，包括：数据项标记、数据项的公共表示、数据项的 PDU 装配、PDU 发送的时机和场合、对 PDU 的接收和实现的算法。

由于 DIS 中的仿真节点的分布范围一般较广,其网络通信结构一般采用局域网或广域网互联的结构。DIS 通信协议定义了服务要求(最佳效果的多点通信和可靠的单点通信)、多点通信要求(广播式通信、多点通信和其他通信)、性能要求(网络带宽要求和通信质量要求)。

除了 DIS 应用协议和 DIS 通信协议外,DIS 标准中还包括 DIS 演练管理和反馈协议(演练的规则、设置、执行、管理和评估)、DIS 校验验证和确认协议(建立逼真度特征和描述的标准分类等)以及 DIS 逼真度描述协议(面向对象分析和结构化分析/设计技术,将逼真度划分为 DIS 资源、逼真度领域、能力、实现、特征和描述六个层次)。

通过上述规范,DIS 在逻辑上采用了一种网状的结构,实现了分布的仿真系统间的互操作。DIS 的这种网状逻辑结构从网络管理的角度来说是比较容易实现的。然而,这种建立在数据交换标准之上的体系结构毕竟是一种低层次的随意的体系结构,这种体系结构对于处理具有复杂的逻辑层次关系的系统是不完备的。由于自治的仿真节点之间是对等的关系,所以,每个仿真节点不仅要完成自身的仿真功能,还要完成信息的发送、接收、理解等处理。这种方式不但增加了很多不必要的网络传输量,而且还增加了仿真节点的负担。而且,由于这种逻辑结构不能很好地解决地理分布、计算分布与系统内部逻辑层次表示之间的综合和协调,也增加了分布式交互仿真系统设计和实现的复杂性。

3.1.2 高层体系结构 HLA

为了实现分布式仿真的重用和互操作性,美国国防部的国防建模与仿真办公室(Defense Modeling and Simulation Office, DMSO)于 1995 年 10 月公布了建模与仿真主计划(Modeling and Simulation Master Plan, MSMP),目标是为国防领域的建模和仿真制定一个通过的技术框架。该框架由三部分组成,分别是高层体系结构(High Level of Architecture, HLA)、任务空间概念模型(Conceptual Model of the Mission Space, CMMS)和数据标准(Data Standard, DS),其中,HLA 是该技术框架的核心。1997 年 12 月,HLA 被仿真互操作标准组织(SISO)执行委员会接受,并被 IEEE 批准作为一个 IEEE 标准进行开发;2000 年 9 月 21 日,经 IEEE 标准协会投票批准,HLA 正式成为 IEEE P1516 标准。

HLA 按照面向对象的思想和方法构建仿真系统,它是在面向对象分析与设计的基础上划分仿真成员,构建仿真联邦的技术,图 3-1 展示了 HLA 仿真系统的层次结构。

在基于 HLA 的仿真系统中,联邦(Federation)是为实现某种特定仿真目的而组织到一起,彼此进行交互作用的仿真系统、支撑软件和其他相关的部件构成一个联邦,它由若干个相互作用的联邦成员构成。所有参与联邦运行的应用程序都可以称为联邦成员。联邦中的成员

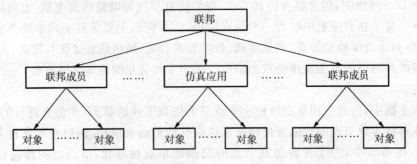

图 3-1　基于 HLA 的仿真系统的层次结构

有多种类型,如用于联邦数据采集的数据记录器成员,用于联邦管理的联邦管理器成员等等,其中最典型的一种联邦成员是仿真应用(Simulation)。仿真应用是使用实体模型来产生联邦中某一实体的动态行为。联邦成员由若干互相作用的对象构成,对象是联邦对某一应用领域内所要仿真的物体建立的模型。对象是联邦的基本元素。

DMSO HLA 1.3 规范主要有三部分组成:HLA 规则(HLA Rules),HLA 接口规范(Interface Specification),HLA 对象模型模板(Object Model Template,OMT)。为了保证在仿真系统(即"联邦")运行阶段各联邦成员之间能够正确交互,HLA 规则定义了在联邦设计阶段必须遵循的基本准则。HLA 对象模型模板定义了一套描述 HLA 对象模型的部件。HLA 的关键组成部分是接口规范,它定义了在仿真系统运行过程中,支持联邦成员之间互操作的标准服务。

HLA 是分布式交互仿真的高层体系结构,它不考虑如何由对象构建成员,而是在假设已有成员的情况下考虑如何构建联邦。HLA 主要考虑在联邦成员的基础上如何进行联邦集成,即如何设计联邦成员间的交互以达到仿真的目的。正因为如此,所以把它称为"高层体系结构"。HLA 的基本思想就是采用面向对象的方法来设计、开发和实现仿真系统的对象模型(Object Model,OM),以获得仿真联邦的高层次的互操作和重用。

在 HLA 中,互操作定义为一个成员能向其他成员提供服务和接受其他成员的服务。由成员构建联邦的关键是要求各成员之间可以互操作。虽然 HLA 本身并不能完全实现互操作,但它定义了实现联邦成员互操作的体系结构和机制。除了方便成员之间的互操作外,HLA 还向联邦成员提供灵活的仿真框架。在 HLA 框架下,一个典型的仿真联邦的逻辑结构如图 3-2 所示。

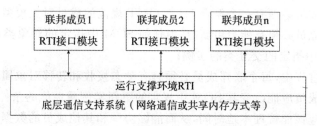

图 3-2　HLA 仿真的逻辑结构

各联邦成员和运行支撑环境 RTI(Run-Time Infrastructure,也叫运行时间基础结构或运行支撑系统)一起构成一个开放的分布式仿真系统,整个系统具有可扩充性。其中,联邦成员可以是真实实体仿真系统、构造或虚拟仿真系统以及一些辅助性的仿真应用,如联邦运行管理控制器、数据采集器等。

图 3-2 中的 RTI 即是按照 HLA 的接口规范开发的服务程序,它实现了 HLA 接口规范中所有的服务功能,并能按 HLA 接口规范提供一系列支持联邦成员互操作的服务函数。它是 HLA 仿真系统进行分层管理控制、实现分布仿真可扩充性的支撑基础,也是进行 HLA 其他关键技术研究的立足点。对采用 HLA 体系结构的仿真系统,联邦的运行和仿真成员之间的交互和协调都是通过 RTI 来实现的。RTI 的实现及其运行性能的好坏,是分布式交互仿真系统实现的关键。在仿真系统系统运行过程中,RTI 犹如软总线,满足规范要求的各仿真软件及其管理实体,都可以像插件一样插入到软总线上,从而有效地支持仿真系统的互联和互操作,并能支持联邦成员级的重用。

HLA 是一个开放的、支持面向对象的体系结构。它最显著的特点就是通过提供通用的、相对独立的支撑服务,将应用层同底层支撑环境分离,即将具体的仿真功能实现、仿真运行管理和底层通信三者分开,隐蔽各自的实现细节。从而可以使各部分相对独立地进行开发,最大程度地利用各自领域的最新技术来实现标准的功能和服务,适应新技术的发展。同时 HLA 可实现应用系统的即插即用,易于新的仿真系统的集成和管理,并能根据不同的用户需求和不同的应用目的,实现联邦的快速组合和重新配置,保证了联邦范围内的互操作和重用。HLA 的联邦成员有能力确定:它们将产生什么信息,它们喜欢接受什么信息,数据传输服务的类型(例如可靠的或快速的)等等。正因为如此,采用 HLA 后,整个联邦范围内所发送的数据量将明显减少,因而可以使一个网络上同时有更多的仿真应用,而且仿真软件也被简化。另外,HLA 既不规定对象由什么构成(对象是被仿真的实际物体,例如坦克和导弹),也不规定对象交互的规则,它考虑的重点是如何实现成员之间的互操作,即如何将已有的联邦成员集成为联邦。

3.1.2.1 HLA 规则

HLA 规则共有十条,前五条规定联邦必须满足的要求,后五条规定联邦成员必须满足的要求。

1. 联邦规则

(1) 每个联邦必须有一个联邦对象模型,且其格式应与 HLA OMT 兼容;

(2) 联邦中,所有与仿真有关的对象实例应该在联邦成员中描述而不是在 RTI 中描述;

(3) 在联邦执行过程中,各成员间的交互必须通过 RTI 进行;

(4) 在联邦运行中,所有联邦成员应按照 HLA 接口规范与 RTI 交互;

(5) 联邦运行过程中,任一时刻同一实例属性至多只能为一个联邦成员所拥有。

2. 成员规则

(1) 每个联邦成员必须有一个符合 HLA OMT 规范的成员对象模型;

(2) 每个联邦成员必须有能力更新/反射任何 SOM 中指定的对象类的实例属性,并能发送/接收任何 SOM 中指定的交互类的实例;

(3) 联邦运行过程中,每个联邦成员必须具有动态接收和转移对象属性所有权的能力;

(4) 每个联邦成员应能改变其 SOM 中规定的更新实例属性值的条件;

(5) 联邦成员应该能管理本地时间,从而能够协调和其他成员的数据交换。

3.1.2.2 HLA 对象模型模板

HLA 是一个开放的体系结构,其主要目的是促进仿真系统间的互操作性,提高仿真系统及部件的重用能力。为了达到这一目的,HLA 要求采用对象模型来描述联邦及联邦中的每一个联邦成员。该对象模型描述了联邦在运行过程中需要交换的各种数据及相关信息。通常来讲,对象模型可以用各种形式来描述,但 HLA 规定必须用一种统一的表格——对象模型模板(Object Model Template, OMT)来规范对象模型的描述。OMT 是 HLA 实现互操作和重用的重要机制之一。

HLA OMT 是一种标准的结构框架(或模板),它是描述 HLA 对象模型的关键部件,之所以采用标准化的结构框架,是因为它可以做到以下几点:

(1) 提供一种通用、易于理解的机制,用来说明联邦成员之间的数据交互和运行期间的协作;

(2) 提供一个标准的机制,用来描述一个联邦成员所潜在具备的、与外界进行数据交互及协作的能力;

(3) 有助于促进通用的对象模型开发工具的设计与应用。

在 HLA OMT 中，HLA 定义了两类对象模型，一类是描述仿真联邦的联邦对象模型（Federation Object Model，FOM），另一类是描述联邦成员的成员对象模型（Simulation Object Model，SOM）。这两种对象模型的主要目的都是促进仿真系统间的互操作和仿真部件的重用。HLA FOM 的主要目的是提供联邦成员之间用公共的、标准化的格式进行数据交换的规范，它描述了在仿真运行过程中将参与联邦成员信息交换的对象类、对象类属性、交互类、交互参数的特性。HLA FOM 的所有部件共同建立了一个实现联邦成员间互操作所必须的"信息模型协议"。HLA SOM 是单一联邦成员的对象模型，它描述了联邦成员可以对外公布或需要定购的对象类、对象类属性、交互类、交互参数的特性，这些特性反映了成员在参与联邦运行时所具有的能力。基于 OMT 的 SOM 开发是一种规范的建模技术和方法，它便于模型的建立、修改、生成和管理，便于对已开发的仿真资源的再利用，能够促使建模走向标准化。

3.1.2.3 HLA 接口规范

RTI（Run-time Infrastructure，运行支撑系统）作为 HLA 的核心，是联邦运行的基础，它定义了在仿真系统运行过程中，支持联邦成员之间互操作的标准服务。这些服务可分为六大类：即联邦管理服务、声明管理服务、对象管理服务、所有权管理服务、时间管理服务和数据分发管理服务，这六大类服务实际上反映了为有效解决联邦成员间的互操作所必须实现的功能。

1. 联邦管理

联邦管理（Federation Management）是指对一个联邦执行的创建、动态控制、修改和删除等过程。联邦管理的基本过程如下：

在一个成员加入一个联邦之前，联邦执行必须存在。一旦一个联邦执行已经存在，联邦成员的加入和退出可以按照任何对联邦用户来说有意义的顺序进行，但联邦的撤销必须在所有成员退出后进行。图 3-3 表示了联邦执行生命周期内所有状态转换的过程。

在初始状态时，联邦运行并不存在，当联邦成员调用了 RTI Create Federation Execution 服务之后，联邦执行开始存在。但此时联邦运行中并没有联邦成员，直到第一个联邦成员调用 Join Federation Execution 服务之后，联邦成员加入到联邦运行中。此时联邦运行将拥有支持其执行的联邦成员集，紧随第一个联邦成员之后，将不断有联邦成员加入或退出联邦执行。当最后一个联邦成员退出联邦之后（通过调用 RTI 的 Resign Federation Execution 服务），联邦执行中将不再有联邦成员，此后调用 Destroy Federation Execution 服务将撤销联邦执行，回到初始状态。联邦的同步、保存和恢复等操作可以在联邦执行的生命周期内根据需要调用相应的 RTI 服务来完成。

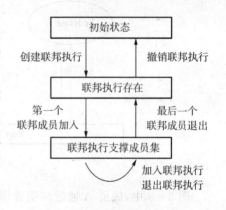

图 3-3　联邦执行的创建与撤销

联邦执行创建与撤销的整个过程都是在 RTI 的支持下，由联邦成员来推动的。在这个过程中，联邦成员与 RTI 之间的关系和交互过程如图 3-4 所示。图中的箭头表示在联邦执行的生命周期内，联邦成员和 RTI 之间

图 3-4　联邦成员和 RTI 之间的关系

的交互。

2. 声明管理

HLA采用了一种"匹配"（或称"过滤"）机制,即数据"生产者"向RTI声明自己所能"生产"的数据,数据的"消费者"向RTI订购自己所需要的数据,由RTI负责在"生产者"和"消费者"之间进行匹配。RTI保证只将"消费者"需要的数据传递给"消费者",这种匹配可以在类（对象类或交互类）层次上进行,也可以在实例（属性实例或交互实例）层次上进行。声明管理（Declaration Management, DM）为联邦成员提供了类层次上的表达（声明或订购）机制；数据分发管理（Data Distribution Management, DDM）则提供了实例层次上的表达机制。联邦成员既可以单独使用声明管理,也可以将声明管理和数据分发管理结合起来用。

HLA声明管理的主要目的是在联邦范围内建立一种公布和订购关系,以利用RTI的控制机制减少网络中的数据量。图3-5描述了声明管理对联邦中信息流的影响。

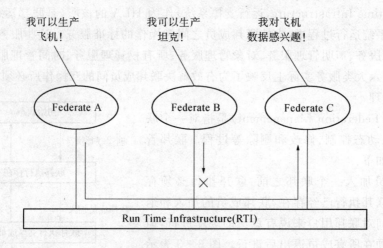

图3-5　声明管理

图3-5中,成员A通过声明管理服务向联邦公布对象类Plane,即成员A向联邦表明它能模拟飞机的行为；同样联邦成员B也向联邦公布了对象类Tank,表明它能模拟坦克的行为；而成员C向联邦订购了对象类Plane,表明它对飞机的数据感兴趣。在仿真运行过程中,成员A发出的数据（如更新属性等）最终只能传给成员C和其他订购了对象类Plane的成员而不会传给成员B。同样,如果联邦中有其他成员订购了对象类Tank,那么成员B发出的数据只能传送给订购了对象类Tank的联邦成员。这种机制是由RTI的声明管理服务来实现的。在图3-5中,如果联邦范围内没有其他成员订购Tank类,即成员B提供的Tank类不存在消费者,那么RTI将通过控制信号通知联邦成员B不向联邦发送数据。当有其他成员订购了Tank类时,RTI将通知成员B开始注册对象实例并更新实例属性值,一旦所有的Tank类的消费者离开了联邦执行（即退出联邦执行）,RTI就会通知成员B停止注册对象实例和更新实例属性值。

3. 对象管理

对象管理是在声明管理基础上,实现对象实例的注册/发现、属性值的更新/发射、交互实例的发送/接收以及对象实例的删除等功能。具体过程如图3-6所示。联邦成员的对象类发布之后,联邦中并不存在该对象类的对象实例,只有注册之后,该对象类的实例才开始存在。每个对象类可以注册多个对象实例,RTI为每个对象实例分配唯一的ID值。而注册的该对

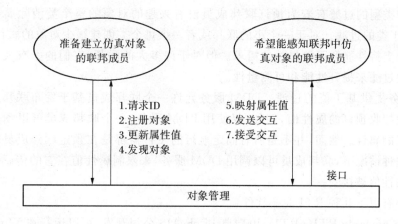

图 3 - 6 联邦中对象管理过程

象类实例,只有已订阅该对象类的联邦成员,才能收到 RTI"发现对象实例"的通知。

4. 所有权管理

所有权关系指的是实例属性和联邦成员之间的一种关系,如果联邦成员有权更新某个实例属性的值,我们就称该联邦成员拥有该实例属性,这种拥有关系称为所有权关系。在联邦运行生命周期的任一时刻,实例属性最多只能被一个联邦成员所拥有,当然它也可以不被任何联邦成员拥有。但是,只有唯一拥有属性所有权的联邦成员才有权更新该实例属性的值。

所有权管理是 HLA 接口规范的重要内容之一。仿真运行过程中,联邦成员和 RTI 将利用所有权管理服务来转移实例属性的所有权,并利用所有权管理服务来支持联邦范围内对对象实例的协同建模。要想拥有实例属性的所有权,在公布对象实例的类时,联邦成员必须公布该实例属性的对应类的属性。在 HLA 中,所有权管理的管理对象是联邦中已注册对象的实例属性的所有权。所有权管理的基本内容就是协调和管理联邦范围内实例属性所有权的转移,根据所有权转移过程的不同,所有权管理包括两大类:一类是所有权的转移,另一类是所有权的获取。

5. 时间管理

时间是分布仿真中的核心概念,本节在介绍时间管理相关概念的基础上,重点讨论 HLA 中时间管理的基本原理。HLA 支持多种时间管理策略,在仿真开发过程中,时间管理服务是可选服务。但是,理解时间管理的基本原理,以及采用不同时间管理策略的成员间进行时间协调的方式,对仿真开发来说非常重要。

6. 数据分发管理

在 HLA 中,RTI 的声明管理在对象类属性层次上为联邦成员提供了表达发送和接受信息意图的机制,而数据分发管理(Data Distribution Management,DDM)则在实例属性层次上进一步增强了联邦成员精简数据需求的能力。数据的生产者可以使用 DDM 服务以用户定义空间声称它们的数据特性。数据的消费者可以使用 DDM 服务以同样的空间确定它们的数据需求。RTI 基于这些特性和需求的匹配,从生产者到消费者分发数据。HLA DDM 服务的目标,是将大规模分布联邦中的联邦成员接收到的消息限制为仅仅感兴趣的消息,以减少接受消息的联邦成员处理的数据量和网络消息流量。

RTI 提供的发布和订购声明管理(DM)允许联邦成员来初始化数据流动。一个联邦成员,订购了一个类的属性值,将接受在整个联邦中当前存在的该类的所有对象指定属性值的所有更新。这种类型的过滤有着为预订联邦成员没有兴趣的对象的整个类消除属性传递的特点,称之为基于类的过滤。对于一个小的联邦或者一个每个类创建很少对象的联邦,基于类的过滤可能足以支持性能和可测量性的需求。但对于许多大的联邦,它们的类有大量对象时就需要更详细地过滤来提升性能和可测量性。

DDM 服务提供基于值的过滤。DDM 服务允许一个联邦成员基于发布联邦成员的特性的值有选择地接收预订的属性值,例如,仅使用 DDM 服务,一个联邦成员可以预订所有固定航行的飞行器的属性。然而,并不是所有固定航行的飞行器都是在预定联邦成员传感器的探测范围。在这种情况下,联邦成员可以调用 DDM 服务,来限制属性值在它的传感器范围的那些飞行器的属性值被接受。

目前主要有以下几种 RTI 商业软件:

(1) Pitch portable RTI(pRTI):由瑞典 Pitch AIS 公司开发,可以运行在 Windows、Sun、SGI、RedHat Linux 和其他平台上。该软件在多种平台上提供了包括 C++ 捆绑在内的全面互操作性。

(2) Mak Real-time RTI:由美国 MAK 公司开发,可以被配置为使用点对点、广播或组播通信,实现了跨越不同网络体系结构的灵活性。此外,Mak RTI 对 CPU 和内存的要求极小,并简化了与 HLA 兼容的仿真体系结构。

(3) DMSO RTI1.3-NG:由美国国防部建模与仿真办公室(DMSO)提倡和开发,并免费提供给所有具备资格的联邦开发者。DMSO RTI1.3-NG 提供了一个通用服务集合,并可以通过标准编程语言进行访问。

(4) RTI-Kit Developed RTIs(FDK-DRTI):是一个函数库集合,用于支持并行和分布仿真系统。根据用户功能需求的不同,每个函数库可以独立使用,也可以和其他的 RTI-Kit 函数库一起使用。

此外,国内也有一些科研单位和院校开发了具有自主知识产权的 RTI,例如国防科技大学开发的 KD-RTI、航天机电集团第二研究院开发的 SSS-RTI 等。

3.1.2.4 联邦开发和执行过程模型

为了给联邦开发提供一个通用的基本步骤,美国国防部建模与仿真办公室(DMSO)提供了 FEDEP(Federation Development and Execute Process,联邦开发和执行过程)模型。FEDEP 模型是指导 HLA 分布仿真系统设计和开发的基本方法,它为联邦开发和执行描述了一个高层次框架,是一个通用的、一般的联邦开发过程,它规定了联邦开发过程中所有必须的活动和过程,以及每个活动和过程的前提条件和输出结果,其目的是指导联邦开发者合理地安排联邦开发的需求分析、总体设计、详细设计、编程和测试等各个步骤,以便于联邦开发的组织和管理,避免人为失误影响开发进度。FEDEP 将联邦的开发和执行过程抽象为 7 个步骤,如图 3-7 所示。

(1) 定义联邦目标:联邦用户、发起者以及联邦开发团队所达成的一致的联邦开发的目标和为了得到目标必须完成的文档;

(2) 开发联邦概念模型:根据问题的特征,开发联邦概念模型;

(3) 设计联邦:确认已有的可重用联邦成员和对重用的成员需要进行的修改,确认新成员的行为、需要的功能。开发一份联邦的开发和实施计划;

(4) 开发联邦:开发联邦对象模型 FOM,建立成员协议,完成新的联邦成员以及已有的联邦成员的修改;

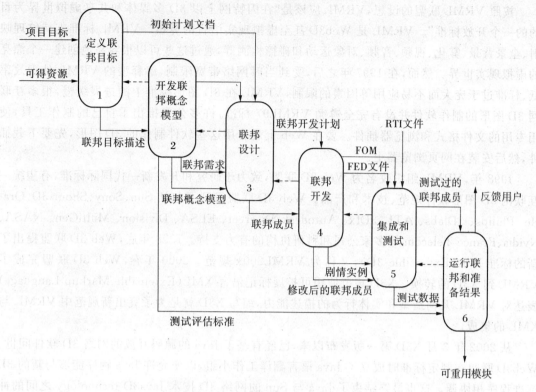

图 3-7 联邦开发和执行过程 FEDEP

（5）集成和测试联邦成员：执行所有必须的联邦集成，进行测试以保证满足互操作要求；

（6）执行联邦并准备结果：执行联邦并对联邦执行结果进行预处理；

（7）分析数据并评价结果：对联邦输出结果进行分析和评价，将结果返回给用户/发起者。

3.2 Web3D 技术

随着 Web 技术的发展，在互联网上运行虚拟现实界面引起了人们的关注，Web 应用对 3D 图形技术提出了新的要求。受到互联网的传输速度、浏览器的资源调度和处理能力的限制，Web 上的 3D 模型需要尽量简化，并能适应于较低的带宽应用。Web3D 就是虚拟现实技术在互联网上的一种应用，是分布式虚拟现实技术的一个重要组成部分。

3.2.1 VRML/X3D

最初的 Web3D 标准是国际 VRML(Virtual Reality Markup Language)组织 VRML Consortium 制定的 VRML，1994 年 10 月在芝加哥召开的第二届 WWW 大会上公布了规范的 VRML1.0 草案；1996 年 8 月在新奥尔良召开的优秀 3D 图形技术会议——Siggraph'96 公布了规范的 VRML2.0 第一版，它是以 SGI 公司的动态境界 Moving Worlds 的提案为基础，在 VRML1.0 的基础上进行了补充和完善。1997 年 12 月 VRML 作为国际标准正式发布。1998 年 1 月正式获得国际标准化组织 ISO 的批准，简称 VRML97。VRML97 只是在 VRML2.0 的基础上进行了少量的修正。VRML97 使 Web 上可以传输 3D 模型文件，而不是视频图像文件。

按照 VRML 联盟的设想，VRML 应该是"在因特网上以 3D 多媒体和共享虚拟世界为目的的一个开放标准"。VRML 是 Web3D 甚至虚拟现实语言的鼻祖。VRML 标准支持纹理映射、全景背景、雾化、视频、音频、对象运动和碰撞检测等，通过这些可以很容易地创建一个漂亮的虚拟现实世界。然而，在 1997 年之后，受到当时网络带宽限制、解释型的 VRML 处理效率低、标准过于庞大而不易应用等因素的限制，VRML 在 3D 图形标准上的进展缓慢，很多互联网 3D 图形的制作软件并没有完全遵循 VRML97 标准，许多公司推出了自己的制作工具，使用专用的文件格式和浏览器插件。要在 Web 上观看用这些软件制作的 3D 图形，先要下载插件，然后安装在网页浏览器上。

1998 年，VRML 组织改名为 Web 3D 联盟，致力于研究和开发新一代国际标准，有望统一互联网 3D 图形软件规范、技术和产品。Web 3D 联盟得到了包括 Sun、Sony、Shout 3D、Oracle、Philips、3Dlabs、ATI、3Dfx、Autodesk/Discreet、ELSA、Division、MultiGen、NASA、Nvidia、France Telecom 等多家公司和科研机构的有力支持。1998 年底，Web 3D 联盟提出了新的标准 X3D(Extensible 3D)，又称为 VRML200x 规范。2000 年春，Web 3D 联盟完成了 VRML 到 X3D 的转换。X3D 规范使用可扩展标记语言 XML(Extensible Markup Language) 表达对 VRML 几何造型和实体行为的描述能力，缩写 X3D 就是为了突出新规范中 VRML 与 XML 的集成。

从 2002 年 3 月 X3D 第一版发布以来，已经有基于 Java 的源码开放的网络 3D 软件问世。Web3D 联盟在制定标准时成立了 Java 语言翻译工作小组，以便允许 Java 程序能够与新的 3D 标准程序相协调。这也最终结束了 Java 与 Sun 的网络 3D 技术 Java3D technology 之间的冲突。Web3D 联盟于 2003 年 10 月向国际标准化组织提出标准申请，2004 年 8 月 X3D 被国际标准化组织 ISO 批准为国际标准 ISO/IEC 19775，X3D 正式成为国际通用标准。

X3D 定义了如何在多媒体中整合基于网络传播的交互三维内容。X3D 可以在不同的硬件设备中使用，并可用于不同的应用领域中。X3D 也致力于建立一个 3D 图形与多媒体的统一的交换格式。相对于 VRML，X3D 提供了更先进的应用程序界面、新添的数据编码格式、严格的一致性、组件化结构用来允许模块化的支持标准的各部分。

X3D 体系结构的设计是以软构件技术为指导的。构件是指功能相关的一个或多个节点类型的一个集合，一个构件扩展内核在某一特定领域的功能。X3D 首先将 VRML 的关键特性封装为一个小型的、可扩展的内核，然后通过特性集扩展内核，实现复杂的或是应用程序定义的功能。用户可以在内核上建立一个完整的 VRML97 扩展，从而实现对 VRML97 规范的兼容；也可以添加其他扩展，如 NURBS 扩展、二进制文件格式扩展及 Goral 扩展等。X3D 体系结构如图 3-8 所示。

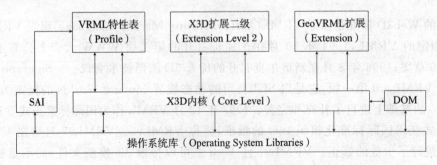

图 3-8 X3D 体系结构的模型

1. 操作系统库

操作系统库(Operating System Libraries)为一般的操作系统库,用来运行核心技术和增加扩展性。X3D 内核程序占用很少的系统资源,X3D 二级扩展是一个补充延伸,提供 VRML 功能,并且使用可扩展标记语言 XML。VRML97 特性基于核心 X3D 之上,并且提供 VRML97 完整的扩展。X3D 提供应用程序接口 DOM 和 SAI,使 X3D 开发设计更加方便、灵活。

2. 内核(核心特性集)

内核定义了 VRML 中最关键的特性,形成核心构件,并将其封装为一个小型的、可扩展的内核。规范规定内核实现的大小应在 Flash 和 RealPlayer 之间,可被用户快速下载,运行时占用很少的系统资源。当前的核心特性集已确定只实现 VRML97 的 54 个节点中的 23 个节点。

3. VRML97 特性集

实现内核以外的 VRML97 元素。VRML97 的节点被设计为可插拔的构件,通过扩展内核,完整地实现了 VRML97 规范定义的功能,从而确保了 X3D 与已有的 VRML 应用兼容。

4. 应用程序接口

X3D 是描述几何体和行为的一种文本格式,由于使用 XML 编码规范,文档对象模型(Document Object Model,DOM)自动为 X3D 提供了一组应用程序接口(API),外部应用程序可以通过 DOM 访问 X3D 文件;作为另一种选择,场景创作接口(Scene Authoring Interface,SAI)是来自 VRML 自身的场景图像接口,它将外部创作接口(External Authoring Interface,EAI)和 VRML97 规范中的脚本接口(Script)融合,为外部或内部编程提供了一个单一的编程接口。最新的 SAI 草案正努力提出一个将 DOM 和 SAI 合并的统一接口。

5. 扩展集

通过在内核之上进行特性集扩展,实现复杂的或是用户自定义的功能。用户可以在内核之上建立一个完整的 VRML97 特性集,也可以添加其他的扩展,如 NURBS 扩展、二进制文件格式扩展等。通过扩展可以利用 VRML97 规范中未定义的新的硬件渲染技术。构件化的设计为 X3D 的内核提供了一种插件机制,允许扩展功能被实时地加入运行内核。

X3D 标准由 XML、X3D 文件格式和一个 3D 引擎组成。X3D 沿袭了 VRML97 的节点、域、域值的结构,并且兼容 VRML97 标准。除此之外,X3D 还兼容 MPEG-4 格式。3D 引擎基于 Java Applet,无论是文字、图片还是声音都可以方便地与 3D 内容结合,无需安装专用的插件就可以在浏览器中观看。

X3D 突出了新规范中 VRML 与 XML 的集成。X3D 采用可扩展标记语言编码,定义了一个小型运行内核、一组 API 和多个扩展集,具有小型化、组件化和可扩展等特性。X3D 提供了如下的新特性:

(1) 3D 图形:多边形化几何体、参数化几何体、变换层级、光照、材质、多通道/多进程纹理贴图;

(2) 2D 图形:在 3D 变换层级中显示文本、2D 矢量、平面图形;

(3) 动画设计:计时器和插值器驱动的连续动画、人性化动画和变形;

(4) 空间化的音频和视频:在三维立体空间场景几何体上映射影视、听觉文件;

(5) 用户交互:基于鼠标的选取和拖曳、键盘输入的交互感;

(6) 导航功能:用户在 3D 场景中移动、碰撞、亲近度和可见度的智能监测;

(7) 用户定义对象:通过创建用户定义的数据类型,可以扩展浏览器的功能;

（8）脚本：通过程序或脚本语言，可以动态地改变场景；

（9）网络功能：可以用网络上的资源组成一个单一的 X3D 场景，可以通过超链接对象，连接到其他场景或网络上的其他资源；

（10）物理模拟：地理信息系统、分布式交互模拟协议（DIS）的整合。

从概念上来说，每一个 X3D 应用都是一个包含图形、视觉和听觉对象的三维时空，并且可以从不同的机制动态从网络存取或修改。每个 X3D 应用为所有应用中包含的已经定义的对象建立一个隐含的境界坐标空间，由一系列 3D 和多媒体定义和组成，可以为其他文件和应用指定超链接，可以定义程序化或数据驱动的对象行为，可以通过程序或脚本语言连接到外部模块或应用程序。

X3D 为适应各种市场和技术需求确立了以下的设计目标：

（1）分离数据编码和运行时间结构；

（2）支持大量的数据编码格式，包括 XML；

（3）增加新的绘图对象、行为对象、交互对象；

（4）给 3D 场景提供可选的应用程序界面；

（5）定义规格的子集"概貌（Profiles）"以适合不同的市场需求；

（6）允许在不同层次（Levels）的服务上都能实现 X3D 规格；

（7）尽可能添加完善规格中行为的定义或描述。

X3D 是下一代具有可扩展性的三维图形规范，并且延伸了 VRML97 的功能。从 VRML97 到 X3D 是三维图形规范的一次重大变革，而最大的改变之处，就是 X3D 结合了 XML 和 VRML97。X3D 将 XML 的标记式语法，定义为三维图形的标准语法，并且已经完成了 X3D 的文件格式定义（Document Type Definition，DTD）。目前世界上最新的网络三维图形标准——X3D 已经成为网络上制作三维图形的新宠，可以相信 X3D 必将对 Web 应用产生深远的影响。

3.2.2 其他 Web3D 技术

由于基于网络的 Web3D 技术在网络化时代具有广泛的应用，许多公司推出了全新的网络 3D 技术，如 Cult3D、Java3D、Viewpoint、Virtools 等。

1. Cult3D

Cult3D 是瑞典 Cycore 公司推出的网络 3D 技术，也是一个跨平台的 3D 引擎，具有很好的跨平台性能，它支持目前主流的各种浏览器和各种常用的操作系统，是目前图形质量较好的渲染引擎之一。其文件体积小、下载速度快，并能保证良好的画面质量，非常适合于在网络环境不理想的情况下进行实时动态的产品展示。现在，Cycore 的 Cult3D 技术在电子商务的商品展示与推销领域已经得到了广泛的应用。

Cult3D 技术除了跨平台、渲染速度快等特点外，不仅可以在网页上表现三维动画效果，还具有强大的交互设计功能。利用 Cult3D 在网页中制作 3D 实体作品，使用者可以方便快捷地对 3D 实体作品进行交互操作，例如平移、缩放、旋转，充分体现真实物体的属性。另外，还可以在 3D 实体中加入音效，使用者的每一个互动操作都配有声音的伴随，让使用者在虚拟环境中充分体验到真实。Cult3D 作品除了发布到网上外，还可以发布到 PowerPoint、PDF 等格式的文档中。

Cult3D 主要用于在线显示三维商品模型，用在电子商务中对商品进行在线三维展示，给电子商务带来了积极的作用。同时,它也用在商品服务和培训领域,使用 Cult3D 技术制作在线商品手册、FAQ 和基础训练等。Cult3D 还应用于在线游戏和娱乐,增加游戏的交互性和三维特性。

2. Java3D

Java3D 是 Java 语言在三维图形领域的扩展,是一组实现 3D 显示的应用编程接口(API),由 sun 公司开发定义。Java3D 从高层次为开发者提供对三维实体的创建、操纵和着色,使开发工作变得极为简单。利用 Java3D 提供的 API,可以编写出基于网页的三维动画、在线的三维展示、各种计算机辅助教学软件和三维游戏等等。只需要编程人员调用这些 API 进行编程,而客户端只需要使用 Java3D 标准的 Java 虚拟机就可以浏览,因此具有不需要安装插件的优点。

Java3D 的编程方法与 Java 一样,都是面向对象的编程,Java3D 是建立在 Java2(Java1.2)基础之上。Java 语言的使用简单性特点使 Java3D 的推广成为了可能,它主要实现了以下三维显示的几方面功能:

(1) 生成简单或复杂的三维形体(也可以直接调用现存的三维形体);

(2) 使形体具有颜色、透明效果、贴图等物理属性;

(3) 在三维环境中可以生成灯光,并移动灯光;

(4) 具有行为主动的处理判断能力(键盘、鼠标、定时等);

(5) 生成雾、背景、声音辅助效果;

(6) 使形体变形、移动、生成三维动画;

(7) 可以编写非常复杂的应用程序。

3. Viewpoint

Viewpoint Experience Technology(简称 VET)的前身是由在 3D 业界享有盛誉的 Meta-creation 公司和大名鼎鼎的 Intel 公司开发的 Metastream 技术。Metacreations 公司是一家 3D 业界的公司,拥有一系列的优秀产品,如有名的 Canoma、Bryce、Poser、arrara、KPT 滤镜等。

Metastream 技术具有独特的压缩技术,生成的 3D 作品文件非常小,而且其三维多边形网格结构具有可伸缩和流传输特性,使得 Viewpoint 非常适合于在网络上传输。Viewpoint 具有一个纯软件的高质量实时渲染引擎,渲染效果接近真实而不需要任何的硬件加速设备。

Viewpoint 在网络展示中除了可以真实再现 3D 物体之外,在交互性操作上使用了 XML。XML 可以为不同的数据类型提供一个统一的平台,这为 Viewpoint 兼容其他媒体格式打下了良好的基础,事实上这才是 Viewpoint 技术发展的核心。它可以和使用者发生交互操作,通过鼠标或浏览器事件引发一段动画或是一个状态的改变,从而动态地演示一个交互过程。它除了可以展示三维对象外,还犹如一个能容纳各种技术的包容器。它可以把全景图像作为场景的背景,将 Flash 动画作为“贴图”来使用。

4. Virtools

Virtools 是由法国全球交互三维开发解决方案公司达索所开发,是虚拟现实的一种开发工具,透过直觉式图形开发界面,设计人员只需要拖放所需要的行为交互模块赋予相应的对象上,以流程图方式进行脚本设计,就可构建复杂的互动应用程序,可同时满足无程序设计背景的设计人员以及高级工程师的需要,让 3D 美术设计与程序设计人员进行良好分工与合作,有效缩短开发流程、提升效益,其三维引擎已成为微软 XBOX 认可的系统。其特点是方便易用,应用领域广。

Virtools 让原本深不可测的 3D 数字产品研发变得简单，使一般对于程序望之却步的艺术人才有更大的发展空间，不再受限于程序语言的屏障，让传统与科技相互结合，活化数字电子产品生命能量，回归到"创意"的原点，大大降低学习的门槛，让撰写游戏程序不再是程序人员的专利，程序人员可以更放心地去处理深层的建构与规划，增进了效率，节省了成本。Virtools 灵活、易操作、交互强的特点，使之可用于 3D 游戏、虚拟导览、多媒体学习、医学模拟、商品展示等领域。

4 分布式虚拟现实中的图形绘制技术

4.1 建模技术

建模是分布式虚拟现实系统建立的基础，主要包括三维视觉建模和三维听觉建模。其中，视觉建模主要包括几何建模、运动建模、物理建模、对象行为建模以及模型分割等。听觉建模通常只是把交互的声音响应增加到用户和对象的活动中。虚拟现实建模与传统 CAD 和动画建模有着本质上的不同，其主要差别有：

（1）虚拟现实建模中要说明的内容比 CAD 系统建模要多，除说明造型外还要说明许多系统连接，如自由度（Degree of Freedom，DOF）。

（2） 由于要实时运行三维模型，其建模方法与以造型为主的建模有很大的不同，大多用其他技术（如纹理）而不是增加几何造型复杂度来提高逼真度。

4.1.1 几何造型

建模和造型是三维计算机图形学的核心，几何造型技术旨在研究在计算机中如何表达物体模型形状。最常用的是几何建模，即由一组几何数据及数据之间的关系来表示所要显示的形体，一般是规则形体。为表示不规则的形体，出现了分数维造型、基于文法的造型等技术。有时甚至需要创造出自然界中根本不存在的物体、场景和现象。在几何造型系统中，描述物体的三维模型有三种，即线框模型、表面模型和实体模型。这三种模型都含有形状信息，可以相互转换。

1. 线框模型

线框模型是用轮廓线和小的元素面来描述三维物体的模型。其优点是结构简单，公理容易，即使对于特别复杂的三维模型也很容易操作。缺点是它只包含三维物体的一部分形状信息，由于没有面的信息，不能表示表面含有曲面的物体；另外它不能明确定义给定点与物体之间的关系（点在物体内部、外部或表面上），所以线框模型不能生成剖切图、消隐图、明暗色彩图，不能用于数控加工等。但因为该模型可实现描述的快速性，所以在表面模型的建模之前，常常被用作动态仿真实验。

2. 表面模型

表面模型在线框模型基础上增加了物体中面的信息，用面的集合来表示物体，而用环来定义面的边界。表面模型能够满足面面求交、线面消隐、明暗色彩图、数控加工等的需要，但无法计算和分析物体的整体性质，如物体表面积、体积、重心等，也不能将这个物体作为一个整体去考察它与其他物体相互关联的性质，如是否相交等。虽然三维表面模型表示三维物体的信息并不完整，但它能够表达复杂的雕刻曲面，在几何造型中具有重要作用，对于支持曲面的三维实体模型，表面模型是它的基础。由于参数表示的曲线、曲面具有几何不变性等优点，计算机图形学中通常用参数形式描述曲线、曲面。曲线分为规则曲线与不规则曲线，曲面也相应分为规则曲面与不规则曲面。规则曲线有圆锥曲线、圆柱曲线、渐开线等,这些曲线都可用函数或参数方程表示;不规则曲线则是根据给定的离散数据点用曲线拟合逼近得到,常见的有参数样条曲线、Bezier 曲线、B 样条曲线等,这些曲线采取分段的参数方程来表示。规则曲面常见的有柱面、锥面、球面、环面、双曲面、抛物面等,这些曲面都可用函数或参数方程表示;常见的不规则曲面有 Bezier 曲面、B 样条曲面等,这些曲面采取分片的参数方程来表示。数学上曲线和曲面的表示有多种形式,曲线和曲面的表示方程有参数表示和非参数表示之分。

3. 实体模型

实体模型是最高级的三维物体模型,它能完整地表示物体的所有形状信息,进一步满足物性计算、有限元分析等应用的要求。实体模型对长方体、球体、圆柱体等基本结构单位进行命名,通过对这些简单立体元素进行几何等运算,最终构成复杂的三维模型。对实体模型的表示基本上可分为分解表示、构造表示和边界表示三大类。

分解表示是将形体按某种规则分解为小的、更易于描述的部分,每一小的部分都是一种固定形状的单元,形体被分解成这些分布在空间网格位置上的具有邻接关系的固定形状单元,在计算机内存中对应开辟一个三维数组。形体占有的空间,存储单元中为 1,其余空间为 0。这种表示方法简单,容易实现形体的交、并、差计算,但是占用存储量太大,物体边界面没有显式的解析表达式,不便于运算,实际应用中一般不采用。

构造表示是按照生成过程来定义形体的方法,构造表示通常有三种,即扫描表示、构造实体几何表示和特征表示。扫描表示是基于一个基体沿某一路径运动而产生形体。扫描表示需要被运动的基体和基体运动的路径两个分量,如果是变截面扫描,还要给出截面变化规律。扫描是生成三维形体的有效方法,但用扫描变换产生的形体可能出现维数不一致的问题,而且不能直接获取形体边界信息,表示形体的覆盖域非常有限。构造实体几何(CSG)表示是通过对体素定义运算而得到新形体的一种表示方法,体素可以是立方体、圆柱、圆锥等,也可以是半空间,其运算为变换或正则集合运算并、交、差。这种方法的优点是:数据结构比较简单,数据量比较小,内部数据管理比较容易;可方便地转换成边界表示;表示的形体的形状比较容易修改。缺点是:对形体的表示受体素种类和对体素操作种类的限制,也就是说,该方法表示形体的覆盖域有较大局限性,对形体的局部操作不易实现。特征是面向应用、面向用户的,特征模型的表示仍然要通过传统的几何造型系统来实现,不同应用领域具有不同应用特征。特征方法表示形体的覆盖域受限于特征的种类。20 世纪 80 年代末,出现了参数化、变量化的特征造型技术,并出现了以 Pro/E 为代表的特征造型系统,在几何造型领域产生了深远的影响。特征技术产生的背景是以 CSG 和 Brep(边界表示)为代表的几何造型技术已较为成熟,实体造型系统在工业界得到了广泛应用,同时,用户对实体造型系统也提出了更高的要求。人们并不满足于用点、线、面等基本的几何和拓扑元素来设计形体,原因是多方面的,一是几何建模效率较低,二是需要用户懂得几何造型的一些基本理论,很显然,用户更希望用他们熟悉的设计特征来建模。还有一个重要原因是实体造型系统需要与应用系统集成。

边界表示是几何造型中最成熟、无二义的表示法。它已成为当前 CAD/CAM 系统的主要表示方法。实体边界通常是由面的并集来表示,而每个面又由它所在的曲面的定义加上其边界来表示,面的边界是边的并集,而边又是由点来表示的。边界表示的一个重要特点是,在该表示法中描述形体信息包括几何信息和拓扑信息两个方面:拓扑信息描述形体上的顶点、边、面的连接关系;几何信息描述形体的大小、尺寸、位置、形状等。在边界表示法中,边界表示按照体→面→环→边→点的层次,详细记录构成形体的所有几何元素的几何信息及其相互连接的拓扑关系。在进行各种运算和操作中,就可直接取得这些信息。边界表示的优点是:表示形体的点、边、面等几何元素是显式表示的,使绘制边界表示的形体速度较快,而且比较容易确定几何元素间的连接关系;容易支持对物体的各种局部操作;便于在数据结构上附加各种非几何信息,如精度、表面粗糙度等。边界表示的缺点是:数据结构复杂,需要大量的存储空间,维护内部数据结构的程序比较复杂;不一定对应一个有效形体,通常运用欧拉操作来保证边界表示形体的有效性、正则性等。

上述介绍的基于几何的传统实体造型技术的主要描述工具是直线、平滑的曲线、平面及边界整齐的平滑曲面,这些工具在描述一些抽象图形或人造物体形态时是非常有力的,但对于一些复杂的自然景象形态,诸如山、树、草、火、云、波浪等就显得无能为力了。这是由于从欧氏几何来看,它们是极端无规则的。为解决复杂图形生成问题,出现了分形造型技术。分数维图形是由一片陌生而美妙的画面组成的,不是由画家精心创造的,而是由数学家探索绘制出来的,可用计算机停在屏幕上用明暗点绘图来邀游这一世界。生成图形的关键是要有合适的模型来描述图案,目前主要有随机插值模型和粒子系统模型两种。

一些自然景象(如海岸线和山等)具有空间自相似性,即离得越近,看到的细节越多。传统的绘制图形模型把物体看做是由确定数量和固定尺寸的基元组成。这样会造成远看时细节难以分辨,而逐个处理图形基元显得冗余;近看时表面光滑而无纹理细节,使物体显得不真实。故通常采用随机插值模型,用一个随机过程的采样路径作为模型,保持了物体的自相似性,同时避免了观察距离的局限性。

粒子系统模型是 1983 年为模拟火焰由 W T Reeves 提出的。粒子系统模型用大量粒子图元来描述景物,粒子的位置和形状随时间变化,并由随机数决定。火焰可被看成是喷出的许多粒子,众多粒子运动轨迹构造了火焰模型,用随机数决定每个粒子的属性(如初始位置、初始速度、颜色、大小等)。现在该模型还用来描述草丛、森林等景象。

4.1.2　运动建模

仅仅建立静态的三维几何体对虚拟现实来讲还是不够的。在虚拟环境中,物体的特性涉及位置改变、碰撞、捕获、缩放、表面变形等等。

1. 物体位置

物体位置包括物体的移动、旋转和缩放。在视景仿真中,我们不仅对绝对坐标感兴趣,也对三维对象相对坐标感兴趣。对每个对象都给予一个坐标系统,称之为对象坐标系统。这个坐标系统的位置随物体的移动而改变。

2. 碰撞检测

在虚拟现实系统中,我们经常需要检查对象 A 是否与对象 B 碰撞,例如用户的手是否已触到了虚拟的球。碰撞检测需要计算两个物体的相对位置。如果要对两个对象上的每一个点都做碰撞计算,就要花许多时间。因而,许多虚拟现实系统在实时计算中,有时采用矩形边界检测以节省时间,但往往把精确性给牺牲了。事实上,这种方法类似光线跟踪技术中的包围盒技术。

4.1.3　物理建模

虚拟对象物理建模包括定义对象的质量、重量、惯性、表面纹理、光滑或粗糙、硬度、形状改变模式(橡皮带或塑料)等等,这些特性与几何建模和行为规则结合起来,形成更真实的虚拟物理模型。计算机物理仿真传统作为数量分析和预测的工具,具有一定的作用。建立仿真系统需要物理学与计算机图形学配合。

带有高速 3D 图形功能的高性能计算机的出现为重要的物理仿真提供了硬件基础,并且可以在交互过程内看到结果。这个发展为人们找到了许多新奇的和令人激动的物理学方法,例如用户在虚拟世界完成物理实验,或者给带有物理求解的抽象数学提供可视化的图形接口。

因为我们习惯了解真实世界的操作技巧,因此,使用物理仿真作为交互环境的感觉,是这些物体模型为真实物体的抽象。例如在自动控制系统中的数学模型就是对控制系统特性的抽象和概括。传统的仿真建模阶段与实际仿真执行是完全分离的,前者包括人工推导和系统运动方程编码。增加仿真可以预先提供模型的操作能力,但是这个能力的限制之一是没有动态建立新模型的能力以及修改已经存在的模型,例如在玩具世界的组合和虚拟机械的实验中,增加新的块,产生和打断联系,不同的块方便地粘接和分离等等。

动态建立虚拟物体对象的关键在于适当地动态约束处理,将简单的对象合并成复杂的对象,如可以用来表示一些拼图和滑梯等对象,或者将一堆零件装配成机器。动态约束也允许用户定义所期望的对象的形式和行为。

在物理系统中增加或删除约束将从结构上改变系统运动方程,约束的改变导致力的变化。交互环境必须反映这些变化,可以自动地求解新的运动方程,并且没有明显的滞后现象发生。

4.1.4 对象行为建模

除了对象运动和物理特件对用户行为直接反应的数学建模外,我们还可以建立与用户输入无关的对象行为模型。

行为,简单地说是指动态实体的活动、变化以及与周围环境和其他动态实体之间的动态关系。它的目标是模拟不同的动态对象(例如:植物、动物、飞机等)的行为。虚拟环境中实体的行为可划分为"确定性的"和"非确定性的"两种基本类型。描述某一实体的行为是"确定性的"是指:它的状态是时间的一元函数,也就是说,我们可以确定实体在任意给定的仿真过程中的完整状态。"非确定性的"是指:其行为是不可预见的,具有一定智能的实体,如人、动物,其行为是不可预见的。行为模型定义了 agent 的内部行为和外部行为及其活动的特征。内部行为是指 agent 本身所特有的活动行为,外部行为是指该 agent 与周围环境及其他 agent 有关的交互行为。例如,在 VRT 系统中有一个虚拟的办公室,墙上有一口钟,窗口有温度计,桌上有日历本。时间和日期将随计算机系统的时间而改变,温度将随外部温度与计算机相连而显示当时的实际温度。每当用户"走过"办公室时,时钟、日历和温度计数据都将改变,这使得虚拟物体具有一定程度的与用户行为无关的"智能"。

4.1.5 模型分割

虚拟环境的几何体和物理建模所得到的是一个非常复杂的模型,大量的多边形使绘制速度大大减慢。如果现有 RAM 不能满足绘制对大量内存的需求,就会导致大量的内存交换,从而降低系统的交互速度。

这些问题在建筑仿真中也出现了。因为要虚拟化整个大型建筑的地板、办公室、家具、走廊、楼梯等等,这样一个模型可能有成千上万的多边形。同样的问题也存在于虚拟外科手术的仿真上。我们知道,人的解剖结构是非常复条的,我们不可能在满足交互速率的条件下以足够的细节去绘制出整个人体的真实感图形。

任何应用都可能面对建模复杂度问题。在建立模型中,可采用几个办法,如单元分割、变化细节和分辨率显示、脱线预先计算以及内存管理技术等,来提高系统运行的实时性。

4.2 真实感图形显示技术

真实感图形显示技术就是使三维空间中的物体生成具有色彩、纹理、阴影、层次等真实感图形的技术。其目的是对于空间的各种物体和自然景物,利用计算机图形生成技术生成恰如照片一样的真实感效果,即生成三维场景的真实感图形或图像。使用计算机在图形设备上生成连续色调的真实感对象图形必须完成四个基本任务:

(1) 用数学方法建立所需三维场景的几何描述,并将它们输入至计算机。这部分工作可以由三维立体造型或曲面造型系统来完成。场景的几何描述直接影响了图像的复杂性和图像绘制的计算消耗。选择合理有效的数据表示和输入手段是极其重要的。

(2) 将三维几何描述转换为二维视图。这可通过对场景的透视变换来完成。

(3) 确定场景中的所有可见面。这需要使用隐藏面消除算法将视域之外或被其他物体遮挡的不可见面消去。

(4) 计算场景中可见面的颜色。严格地讲,就是根据基于光学物理的光照模型计算可见面投射到观察者眼中的光亮大小和色彩,并将它转换成合适图形设备的颜色值,从而确定投影画面上的每一像素的颜色,最终生成图像。

4.2.1 可见性判定和消隐技术

在虚拟现实中,针对整个虚拟场景,由于视线的方向性、视角的局限性以及物体相互遮挡,人眼所看到的往往只是场景中的一部分。由于仿真中所创建的三维景物将远远大于每次仿真的具体要求,有些物体根本不在当前显示内容中,为充分利用绘制硬件的有限资源,就必须利用物体空间的相关性进行可见性判定和裁剪。

针对整个虚拟场景,进行可见性判定采用 20 世纪 70 年代末发展起来的对象分层表示法来进行空间划分。层次表示有两种主要方法:包围盒技术和八叉树技术。这两种方法的主要特点是将场景组织成为一棵树,充分利用空间连贯性以加速场景的遍历,从而大大减少了画面绘制过程的空间复杂度。不论哪种空间划分技术,这些方法都是利用物体空间的相关性来加快可见性的判定的。

在虚拟场景中,针对某个虚拟物体,我们只能看到三维物体的某些面(向前面),而有些面是看不到的(背离面)。我们将那些完全或部分被遮挡的面称为隐藏面,消隐技术就是要消除相对空间给定观察位置的背离面和隐藏面,这样就能得到不透明物体图像的最基本的真实感。按消隐对象分类,消隐可分为线消隐和面消隐,前者的消隐对象是物体上的边,消除物体上不可见的边;后者的消隐对象是物体上的面,消除物体上不可见的面。将执行这种消隐功能的算法称为消隐算法。

根据消隐空间的不同,可将消隐算法分为三种类型:

(1) 物体空间的消隐算法:如光线投射、Robets,将场景中每一个面与其他每个面比较,求出所有点、边、面遮挡关系;

(2) 图像空间的消隐算法:如 Z 缓冲器(Z-buffer)、扫描线、Warnock,对屏幕上每个像素进行判断,决定哪个多边形在该像素可见;

（3）物体空间和图像空间的消隐算法：如画家算法，物体空间中预先计算面的可见性优先级，再在图像空间中生成消隐图。

4.2.2 颜色模型

颜色是外来的光刺激作用于人的视觉器官而产生的主观感觉。因而物体的颜色不仅取决于物体本身，还与光源、周围环境的颜色，以及观察者的视觉系统有关系。颜色视觉是真实感图形学的生理基础，要产生具有高度真实感的图形，颜色是最重要的部分。从原理上讲，任何一种颜色都可用红、绿、蓝三原色按照不同比例混合得到。从心理学和视觉角度出发，颜色有三个特性：色调（Hue）、饱和度（Saturation）和亮度（Lightness）。所谓色调，是一种颜色区别于其他颜色的因素，也就是人们平常所说的红、绿、蓝、紫等；饱和度是指颜色纯度，鲜红色饱和度高，而粉红色的饱和度低。从光学物理学角度出发，颜色的三个特性分别为主波长（Dominant Wavelength）、纯度（Purity）和明度（Luminance）。主波长是产生颜色光的波长，对应于视觉感知的色调；光的纯度对应于饱和度；而明度就是光的亮度。这是从两个不同方面来描述颜色的特性。了解颜色的基础知识后，接下来介绍常用颜色模型。所谓颜色模型就是指某个三维颜色空间中的一个可见光子集，它包含某个颜色域的所有颜色。

1. RGB 颜色模型

RGB 颜色模型通常用于彩色阴极射线管等彩色光栅图形显示设备中，它是使用最多的颜色模型。它采用三维直角坐标系，以红、绿、蓝为原色，各原色混合在一起可以产生复合色。RGB 颜色模型通常采用单位立方体来表示，在正方体的主对角线上，各原色的强度相等，产生由暗到明的白色，也就是不同的灰度值。需要注意的一点是，RGB 颜色模型所覆盖的颜色域取决于显示设备荧光点的颜色特性，是与硬件相关的。

2. CMY 颜色模型

以红、绿、蓝的补色青（Cyan）、品红（Magenta）、黄（Yellow）为原色构成的 CMY 颜色模型，常用于从白光中滤去某种颜色，又被称为减性原色系统。CMY 颜色模型对应的笛卡儿坐标系的子空间与 RGB 颜色模型所对应的子空间几乎完全相同，差别仅仅在于前者的原点为白，而后者的原点为黑。前者通过在白色中减去某种颜色来定义一种颜色，而后者是通过从黑色中减去颜色来定义一种颜色。了解 CMY 颜色模型对于认识某些印刷硬复制设备的颜色处理很有帮助，因为在印刷行业中，基本上都是使用这种颜色模型。

3. HSV 颜色模型

RGB 和 CMY 颜色模型都是面向硬件的，相比较而言，HSV（Hue、Saturation、Value）颜色模型是面向用户的，该模型对应于圆柱坐标系的一个圆锥形子集。HSV 颜色模型对应于画家的配色方法，画家用改变色浓和色深的方法来从某种纯色获得不同色调的颜色。其做法是：在一种纯色中加入白色以改变色浓，加入黑色以改变色深，同时加入不同比例的白色、黑色即可得到不同色调的颜色。

4.2.3 光照模型

光照模型又称明暗模型，是生成真实感图形的基础，主要用于物体表面某点处的光亮度的计算，可用描述物体表面光强度的物理公式推导出来。早期光照明模型都是基于经验的模型，只能反映光源直接照射的情况，而一些比较精确的模型，通过模拟物体之间光的相互作用，可产生更好的真实感效果。

在介绍光照模型前,先介绍一下光反射的几种类型:

(1) 漫反射光。当光源来自一个方向时,漫反射光均匀向各方向传播,与视点无关,它是由表面的粗糙不平引起的,因而漫反射光的空间分布是均匀的。

(2) 镜面反射光。对于理想镜面,反射光集中在一个方向,并遵守反射定律。对一般光滑表面,反射光集中在一个范围内,且由反射定律决定的反射方向光强最大。因此,对于同一点来说,从不同位置所观察到的镜面反射光强是不同的。

(3) 环境光。环境光是指光源间接对物体的影响,是在物体和环境之间多次反射,最终达到平衡时的一种光。可近似地认为同一环境下的环境光,其光强分布是均匀的,它在任何一个方向上的分布都相同。

1. 局部光照明模型

在真实感图形学中,将仅处理光源直接照射物体表面的光照明模型称为局部光照明模型。其典型代表是 Phong 光照明模型,该模型生成图像的真实度已经达到可接受的程度。

Phong 光照明模型中用一个常数来模拟环境光,镜面反射光产生的高光区域只反映光源的颜色,镜面反射系数是一个与物体颜色无关的参数,该模型通过改变物体的漫反射系数来控制物体颜色。在 Phong 光照明模型中,由于光源和视点都被假定为无穷远,最后光强计算公式就变为物体表面法向量的函数,这样对于当今流行的显示系统中用多边形表示的物体来说,它们中的每个多边形由于法向一致,因而多边形内部像素的颜色都是相同的,而且在不同法向的多边形邻接处,不仅有光强突变,还会产生马赫带效应,即人类视觉系统夸大具有不同常量光强的两个相邻区域之间的光强不连续性。为保证多边形之间的光滑过渡,使连续的多边形呈现匀称的光强,出现了增量式光照明模型。其基本思想是在每一个多边形顶点处计算合适的光照明强度或参数,然后在各个多边形内部进行均匀插值,得到多边形的光滑颜色分布。它包含两个主要算法:双线性光强插值和双线性法向插值,它们又被分别称为 Gouraud 明暗处理和 Phong 明暗处理。

2. 整体光照明模型

将可以处理物体之间光照的相互作用的模型称为整体光照明模型。在现有整体光照明模型中,主要有光线跟踪和辐射度两种方法,它们是当今真实感图形学中最重要的两个图形绘制技术,得到了广泛应用。

(1) 光线跟踪算法

光线跟踪算法是真实感图形学中的主要算法之一,该算法具有原理简单、实现方便和能够生成各种逼真的视觉效果等突出优点。1980 年 Whitted 提出了第一个整体光照明 whitted 模型,并给出一般性光线跟踪算法的范例,综合考虑了光的反射、折射、透射、阴影等。由光源发出的光到达物体表面后,产生反射和折射,由光源发出的光称为直接光,物体对直接光的反射或折射称为直接反射和直接折射。相对地,把物体表面间对光的反射和折射称为间接反射和间接折射。这些是光线在物体之间的传播方式,是光线跟踪算法的基础。最基本的光线跟踪算法是跟踪镜面反射和折射。从光源发出的光遇到物体表面,发生反射和折射,光就改变方向,沿着反射方向和折射方向继续前进,直到遇到新物体。但是光源发出光线,经反射与折射,只有很少部分可以进入人的眼睛。因此,实际光线跟踪算法的跟踪方向与光传播的方向是相反的,而是视线跟踪。光线跟踪算法实际上是光照明物理过程的近似逆过程,这一过程可跟踪物体间的镜面反射光线和规则透射,模拟理想表面的光的传播。

光线跟踪算法的发展可以归纳为两大方面:一是对光线跟踪求交算法的改进,包括光线跟踪不同的景物几何以及利用辅助手段改善光线与景物的求交测试过程等;二是进一步改善光线跟踪技术对整体光照明效果的模拟,如利用分布式光线跟踪模拟镜面反射和规则透射、运动模糊、景物深度、半影等效果,以及利用蒙特卡洛方法将整体漫反射效果结合到光线跟踪算法之中。最近利用正向光线跟踪技术产生环境镜面光照效果的双向光线跟踪技术,以及和辐射度方法相结合的二步法技术,也逐渐受到人们的重视,它们能够较全面地模拟自然界中的光照明效果。显然,光线跟踪对整体照明效果模拟得越精确,其求交计算量也就越大,因此,提出和发展一个高效率的求交算法是光线跟踪技术发展的重要环节和任务。

(2) 辐射度方法

尽管光线跟踪算法成功地模拟了景物表面间的镜面反射、规则透射及阴影等整体光照效果,但由于光线跟踪算法的采样特性和局部光照明模型的不完善性,该方法难以模拟景物表面之间的多重漫反射效果,因而不能反映色彩渗透现象。1984 年,美国 Cornell 大学和日本广岛大学学者分别将热辐射工程中的辐射度方法引入到计算机图形学中,用辐射度方法成功模拟了理想漫反射表面间的多重漫反射效果。辐射度方法是继光线跟踪算法后真实感图形绘制技术的一个重要进展,它利用热辐射工程中的能量传递理论,从整体上将环境中各表面上的光能分布较精确地计算出来,从而表现包括面光源在内的复杂环境的整体光照明效果,能模拟诸如色彩渗透、软影、间接光照明(如镜面反射、规则透射产生的间接光照明)等用以前传统技术所不能模拟的特殊效果。经过十多年发展,辐射度方法模拟的场景越来越复杂,图形效果越来越真实。

辐射度方法基于物理学能量平衡原理,采用数值求解技术来近似每一个景物表面的辐射度分布。由于场景中景物表面的辐射度分布与视点选取无关,辐射度方法是一个视点独立(View independent)的算法,这表明当观察者位置改变时,只要重新计算环境的镜面分量即可。辐射度方法基于热辐射工程的能量传递和守恒理论,即在一封闭环境中能量经多重反射后,最终会达到一种平衡状态。由于这种能量平衡状态可用一系统方程来定量表达,因而与以往光照明模型和绘制算法不同,辐射度方法是一种整体求解技术。辐射度方法中计算量约占 90% 的形状因子是一纯几何量,所以改变环境中景物表面的色彩、纹理以及环境的照明光源时,将不必更新计算形状因子。事实上一旦得到辐射度系统方程的解,就知道了每个景物表面的辐射度分布,进而可选取任一视点和视线方向对整个场景进行绘制。

3. 光透射模型

对于透明或半透明的物体,透射光是在光线与物体表面相交时产生折射,经折射后的光线将穿过物体而在物体另一面射出的现象。视点在折射光线的方向上时,就可以看到透射光。1980 年 Whined 提出了一个光透射模型,并第一次给出光线跟踪算法的范例,实现了 Whitted 模型。在简单光照明模型基础上,加上透射光一项,就得到 Whitted 光透射模型。

1983 年 Hall 进一步给出 Hall 光透射模型,考虑了漫透射和规则透射光。Hall 光透射模型是在 Whitted 光透射模型基础上推广而来的,它能够模拟透射高光的效果,实际上就是在 Whitted 模型光强计算中加入光源引起的规则透射分量,同时还可处理理想的漫透射。

4. 阴影

阴影是现实生活中一个很常见的光照明现象,它是由于光源被物体遮挡而在该物体后面产生的较暗的区域。在真实感图形学中,通过阴影可反映出物体之间的相互关系,增加图形立体效果和真实感。

阴影的区域和形态与光源及物体形状有很大关系。一般只需考虑由点光源产生的阴影,即阴影本影部分,从原理上讲实现非常简单,从阴影产生原因上看,有阴影区域的物体表面都无法看见光源,只要把光源作为观察点,那么任何一种面消隐算法都可用来生成阴影区域。实际上,现有整体光照明模型,如光线跟踪算法和辐射度方法都可很好地处理阴影的生成问题。

5. 材质

材质是指某个表面最基础的材料,如木质、塑料、金属或玻璃等。在表示三维图形时,用物体对光的反射属性来表达一个物体的材质,这样可将材质看做是物体表面对光的反射特性。一种材质由环境色、扩散色、镜面高亮色等组成,分别说明它对环境光、漫反射光和镜面反射光反射的多少及反射率。材质影响物体颜色、反光度和透明度等。例如,一个只反射蓝光的物体,在一束白光照射下就呈蓝色。材质不仅包括表面纹理,还包括物体对光的属性及颜色等,比如金属和木质的物体对光的反射是截然不同的。

4.2.4 纹理映射技术

现实世界中的物体表面通常有它的表面细节,即各种纹理。纹理是表达物体质感的一种重要特性,物体仅有体和面的几何结构,是不能产生仿真的真实感觉的,纹理的生成使图形更具真实感。从根本上说,纹理是物体表面的细小结构,纹理附着在材质上,如生锈的钢板、结满霜的玻璃等,纹理要有丰富的视觉感受和对材质质感的体现。

纹理分为两种不同类型:颜色纹理和几何纹理。颜色纹理是在物体光滑表面上描绘附加定义的图案或花纹,它依赖于物体表面的光学属性。颜色纹理一般都是二维图像纹理,当然也有三维纹理。几何纹理又称凹凸纹理,则是在物体表面上产生凹凸不平的形状,以表达物体表面的微观几何特性。一种最常用的几何纹理就是对物体表面的法向进行微小扰动来表现物体表面的细节。获取纹理的方法有:

(1) 图像绘制软件交互地创建、编辑和存储纹理位置;

(2) 用照片拍下所需纹理,然后扫描得到。

纹理生成过程或技术常称为纹理映射。纹理映射又叫贴图,在图形学中指的是二维平面图到三维景物表面的转换。颜色纹理和几何纹理的生成分别称为颜色纹理映射和几何纹理映射。目前图形硬件(如 SGI 工作站)都具有实时纹理处理能力,允许二维图像位图上的像素值加到三维实体模型的对应顶点上,以增强图像的真实感。使用纹理映射技术有以下优点:

(1) 增加了细节水平及景物的真实感;

(2) 由于透视变换,纹理提供了良好的三维线素;

(3) 纹理大大减少了环境模型的多边形数目,提高了图形显示的刷新频率。

在纹理映射技术中,最常见的纹理是二维纹理,映射将这种纹理变换到三维物体表面,形成最终的图像。二维纹理域映射对于提高图形的真实感有很大作用,但由于纹理域是二维的,图形场景物体一般是三维的,在纹理映射时是一种非线性映射,在曲率变化很大的曲面区域就会产生纹理变形,极大地降低了图像真实感,而且对于二维纹理映射,一些非正规拓扑表面,纹理连续性不能保证。三维纹理映射的纹理空间定义在三维空间上,与物体空间是同维的,在纹理映射时,只需把场景中的物体变换到纹理空间的局部坐标系中即可。

在自然环境的虚拟仿真中,利用纹理映射技术,在构造地面、房屋、树木等场景时不用建造真实的三维模型,而给地面、房屋、树木等加上纹理,在维持图形速度的同时增强真实感。在这些景物中,树的纹理比较特殊,用一个面贴上一棵树的图像以后,如果视线转动到与面的法向垂直时,这个面就变成了一条直线,解决这个问题可以采用两种方法:

一种方法是使用标志牌技术。将待贴纹理的面定义为标志牌，并且预先规定它的法向随着视线绕 Z 坐标轴方向转动，在以后的场景漫游中该面的法向将始终与视线方向平行。将标志牌面贴上一棵树的图像，就可以解决上述问题。

另一种方法是用两个互相垂直的面贴上树的图像，这样当视线随树转动时，不会出现上述问题。这种方法较为简单，它省去了编程上的麻烦，但在显示时，当视点离得太近时会产生图像失真。

4.3 实时绘制技术

在三维虚拟环境运行中，实时性主要体现在以下几个方面：

（1）运动物体位置、姿态的实时计算和动态绘制；

（2）画面更新必须达到人眼觉察不到闪烁，即相当平滑的程度，通常为 20—30 帧/秒，至少不能低于 10 帧/秒；

（3）虚拟环境要求随用户活动及时产生相应画面，即对用户交互动作立即作出反应，并产生相应环境和场景。交互延迟时间不应大于 0.1 秒，最多不能大于 1/4 秒。

虽然图形软、硬件得到了极大发展，但对真实感图形绘制速度方面上的支持仍然不够，满足不了虚拟现实对图形实时绘制所提出的要求。从本质上来看，实时绘制技术其实就是一种限时计算技术，即要求算法在一定时间内，完成对场景的绘制。由于目前图形软、硬件条件的限制，实时图形绘制算法往往是以牺牲图形质量为代价来实现快速绘制。当场景模型变得复杂时，在现有硬件条件下，用传统图形绘制技术很难实现上述绘制速度，人们开始尝试用图形质量来换取绘制速度的绘制方法，毕竟绘制速度也是相当重要的。总的来说，实时绘制技术的提出其实就是在真实感和实时性这对矛盾间找到一个平衡点，兼顾两者，以满足用户对图形绘制质量和速度的要求。

4.3.1 层次细节显示

在当前大多数使用实时真实感图形技术构建虚拟现实三维场景时，真实感和实时性是一对基本矛盾。生成具有真实感三维场景的计算量很大，三维图形生成和绘制的实时性就成为真实感表现的首要条件，而过分追求真实感会导致计算机系统开销过大，达不到实时性要求。为物体提供不同的细节层次描述是控制场景复杂度的一个有效的方法。在生活中我们知道：当物体离得越来越远时，人们不再能辨清该物体上的许多细节结构，如光滑的曲面。因此，绘制一个远处的物体时，用该物体细节描述非常复杂的模型是完全没有必要的，也势必白白浪费图形处理资源和处理时间。早在 1987 年，Clark 就指出，当物体仅覆盖较小区域时，可以用该物体描述较粗的模型进行绘制，以便实现快速、有效的复杂场景绘制。Clark 用实例给出了同一物体采用不同细节层次模型描述所具有的优点，并指出应自动生成同一物体的多层次细节模型。

层次细节显示简化技术就是在不影响画面视觉效果的条件下，通过逐次简化景物表面细节来减少场景的几何复杂性，从而提高绘制算法的效率。该技术通常对一个原始多面体模型建立几个不同逼近程度的几何模型。与原模型相比，每个模型均保留一定层次的细节，当从近处观察物体时，采用精细模型，而当从远处观察物体时，则采用较粗糙的模型，这样对于一个较复杂场景而言，可减少场景的复杂度，同时对于生成的真实图像质量的损失还可在用户给定的阈值以内,而生成图像的速度也可大幅度提高,这是层次细节显示和简化技术的基本原理。有了物体的细节层次模型之后,需要进行不同细节层次模型的切换。根据人的视觉特征,细节层次模型的切换主要依据以下标准:

(1) 根据物体与视点的距离来选择不同的细节层次模型;

(2) 根据物体在投影平面所占空间的大小来选择,即根据物体在屏幕上所占像素的大小来选择不同的细节层次模型;

(3) 根据物体与视线方向的夹角来选择,因为视网膜中心的成像看得更清楚,而周围视觉则更易察觉物体的动感;

(4) 根据人与物体是否存在相对运动来决定物体的精细程度的描述。

但需要注意的是,由于运动的突发性,当视点连续变化时,两个不同层次的模型之间就存在一个明显的跳跃,有必要在相邻层次模型之间形成光滑的视觉过渡,即几何形状过渡,使生成的真实感图像序列是视觉光滑的。为解决这一问题,目前所采用的方法是 Eading 和 Morphing。在不同层次评定距离时,Eading 将物体看做是这两个不同层次模型的混合(Blending),即利用图形硬件的透明绘制效果,赋予不同层次模型相应的透明指数,同时绘制造两个不同层次模型。虽然这种方法很大程度上解决了突变问题,但由于必须在绘制一帧画面的时间内绘制同一问题的两个不同细节层次的模型,其时间耗费较大,并且图形硬件实现的透明并不能充分表示混合效果。Morphing 利用动画变形方法,建立不同层次模型间物体的对应关系,中间插值得到中间物体的描述,较好地解决了突变问题,其效率较高。

层次细节显示和简化技术是实时真实感图形学技术中应用比较多的一种技术,通过这种技术,可较好地简化场景复杂度,同时,采用不同分辨率的模型来显示复杂场景的不同物体,使在生成的真实感图像质量损失很小的情况下,实时产生真实感图像,满足某些关键任务的实时性要求。

4.3.2　实时消隐

实时消隐是一种快速确定并剔除不可见物体,在后续绘制处理中就不用考虑那些不可见物体,从而大大提高绘制速度的技术,最有代表性的算法是层次 Z 缓存器算法。

在众多消隐算法中,Z 缓存器算法是唯一具有线性计算复杂度的消隐算法。目前,Z 缓存器算法可以通过图形硬件来实现,成为应用最为广泛的图形消隐算法。传统的 Z 缓存器算法是将视域内的景物面片在屏幕上投影区域所覆盖的像素逐一进行深度比较,当场景比较复杂而且遮挡率比较高时(例如,在虚拟城市进行漫游时,绝大多数面片是不可见的),就没有必要对这些面片进行逐个消隐。一个高效的消隐算法应该能根据当前视点位置快速剔除不可见面片。基于这样的想法,Green 等提出了层次 Z 缓存器算法。

层次 Z 缓存器算法对传统 Z 缓存器算法进行了改进,将屏幕像素的可见点按其深度值组织成层次包围盒四叉树,简称屏幕包围盒树。该层次包围盒按从下至上的方式构造,叶节点是由单个像素窗口和该像素的可见点定义,合并相邻四个像素可见点的包围盒作为上一层节点的包围盒。上述过程递归进行,直至树的顶层。树的根节点即为整个屏幕可见点集合的包围盒。判断一表面的可见性时,使用该表面包围盒与屏幕包围盒求交测试。若表面包围盒与树中的某一节点的包围盒相交,则继续与该节点的子节点进行求交测试,直到某一层不与所有子节点相交为止。如果此时还没有到达叶节点,那么该面片为不可见,否则按照传统 Z 缓存器算法绘制。

为进一步提高测试效率,该算法将场景中的景物组织成八叉树结构,并利用景物的空间连贯性来考察每一八叉树节点的可见性。若八叉树节点对应的立方体的六个表面关于当前缓冲器不可见,则立方体上任何景物均不可见,否则,重复迭代其子节点。若为可见叶节点,则该节点内所有景物需逐一绘制。

4.3.3　实例技术

当三维复杂模型中具有多个几何形状相同但位置不同的物体时,可采用实例技术。例如,一个动态的地形、地貌场景,有很多结构、形状、纹理相同的树木,树木之间的差别仅在于所种的位置、大小、方向的不同,如果把每棵树都放入内存,将造成极大的浪费。所以我们可以来用内存实例的方法,相同的树木只在内存中存放一份实例,将一棵树木进行平移、旋转、缩放之后得到所有相同结构的树木,从而大大地节约了内存空间。

1. 变换矩阵

三维图形的几何变换矩阵可用 T_{3D} 表示,平移、旋转、缩放可以表示为统一矩阵形式。其表示式如下:

$$T_{3D} = \begin{bmatrix} a_{11} & a_{12} & a_{13} & a_{14} \\ a_{21} & a_{22} & a_{23} & a_{24} \\ a_{31} & a_{32} & a_{33} & a_{34} \\ a_{41} & a_{42} & a_{43} & a_{44} \end{bmatrix}$$

从变换功能上来看,T_{3D} 可分为四个子矩阵,其中:

$$\begin{bmatrix} a_{11} & a_{12} & a_{13} \\ a_{21} & a_{22} & a_{23} \\ a_{31} & a_{32} & a_{33} \\ a_{41} & a_{42} & a_{43} \end{bmatrix}$$

产生比例、旋转等几何变换;$\begin{bmatrix} a_{41} & a_{42} & a_{43} \end{bmatrix}$ 产生平移变换;

$$\begin{bmatrix} a_{14} \\ a_{24} \\ a_{34} \end{bmatrix}$$

产生投影变换;$\begin{bmatrix} a_{44} \end{bmatrix}$ 产生整体比例变换。

2. 平移变换

若点 $P(x,y,z)$ 平移到 (t_x,t_y,t_z) 位置,则平移方程为:

$$[x',y',z',1] = [x,y,z,1] \begin{bmatrix} 1 & 0 & 0 & 0 \\ 0 & 1 & 0 & 0 \\ 0 & 0 & 1 & 0 \\ 0 & 0 & 0 & 1 \end{bmatrix} = [x+t_x, y+t_y, z+t_z, 1]$$

3. 比例变换

若缩放比例为 (S_x,S_y,S_z),比例变换的参考点是 (x_f,y_f,z_f),则其变换矩阵为:

$$[x',y',z',1] = [x,y,z,1] \begin{bmatrix} S_x & 0 & 0 & 0 \\ 0 & S_y & 0 & 0 \\ 0 & 0 & S_z & 0 \\ 0 & 0 & 0 & 1 \end{bmatrix}$$

相对于参考点 $F(x_f, y_f, z_f)$ 作比例、旋转变换的过程积分三步：

（1）把坐标原点平移至参考点；

（2）在新坐标系下相对原点作比例、旋转变换；

（3）将坐标系再平移回原点。

4. 绕坐标轴的旋转变换

左右手坐标系下，相对坐标系原点绕坐标轴旋转 θ 角的变换公式是：

绕 x 轴旋转：

$$[x', y', z', 1] = [x, y, z, 1] \begin{bmatrix} 1 & 0 & 0 & 0 \\ 0 & \cos\theta & \sin\theta & 0 \\ 0 & -\sin\theta & \cos\theta & 0 \\ 0 & 0 & 0 & 1 \end{bmatrix}$$

绕 y 轴旋转：

$$[x', y', z', 1] = [x, y, z, 1] \begin{bmatrix} \cos\theta & 0 & -\sin\theta & 0 \\ 0 & 1 & 0 & 0 \\ \sin\theta & 0 & \cos\theta & 0 \\ 0 & 0 & 0 & 1 \end{bmatrix}$$

绕 z 轴旋转：

$$[x', y', z', 1] = [x, y, z, 1] \begin{bmatrix} \cos\theta & \sin\theta & 0 & 0 \\ -\sin\theta & \cos\theta & 0 & 0 \\ 0 & 0 & 1 & 0 \\ 0 & 0 & 0 & 1 \end{bmatrix}$$

采用内存实例的主要目标是节省内存，从这个意义上来说，内存占用少，显示速度会加快，但同时由于物体的几何位置要通过几何变换得到，又会影响显示速度，所以采用内存实例的方法是对速度与内存综合考虑的问题。

我们以建筑物在场景中的显示为例来说明实例技术的运用。可将一间房屋进行平移、旋转、缩放之后得到多个相同结构的房屋，这在实例场景显示时十分重要，因为它大大地节约了内存空间。

4.3.4 基于图像的绘制

层次细节显示和简化是从物体场景的几何模型出发的，通过减少场景的几何复杂程度，即减少真实感图形学算法需要渲染的场景面片数目，来提高绘制真实感图像的效率，达到实时要求。但是，随着计算机水平的发展，人们可以得到高度复杂的三维场景，对于这种场景，即使对其层次简化到一定程度，它的复杂度仍然很高，而不能被目前的硬件实时处理，同时又不能对场景作程度很大的简化，以免导致图像质量的严重降低，而无法达到真实感图像的最初目的。这就需要一种能够对高度复杂的场景进行实时真实感图形绘制的技术，而且要求这种技术可在普通计算机上应用。基于图像的绘制技术就是这样一种技术，它利用已有图像来生成不同视点下的场景真实感图像，生成图像的速度和质量都是以前的技术所不能比拟的，具有很好的应用前景。

基于图像的绘制技术与前面的真实感图像算法完全不同，它是从一些预先生成好的真实感图像出发，通过一定的插值、混合、变形等操作，生成不同视点处的真实感图像。在这种技术中,不需要知道复杂场景的完全几何模型,需要的仅是与这个场景有关的一些真实感图像,因而图形的绘制与场景复杂度是相互独立的,从而彻底摆脱传统方法的场景复杂度的实时瓶颈,在这种技术中,绘制真实感图像的时间仅与图像分辨率有关。预先生成好的图像可以是通过对真实场景摄影得到的真实照片,也可以是由传统真实感图形学算法计算机生成的图片,由于这个步骤是在预处理阶段进行的,可以使用任何一种复杂的真实感图形算法,构造足够复杂的场景,而不需要考虑时间因素。无论是通过哪种方法,能够得到的真实感图像的真实度都非常高,因而用基于图像的绘制技术生成的图像的真实度也可以很高。采用基于图像的绘制技术最重要的一点是,这种方法对计算机的要求不高,可以方便地在普通计算机上实时生成真实感图像,对真实感图形学的应用有很大促进作用。

基于图像的绘制技术已有不少优秀的图像绘制方法。视图插值方法是由 Chen 于 1993 年提出的,因为基于图像的绘制技术中给出的是几幅某个场景的真实感图像,而要生成其他角度的真实感图像,就需要解决如何由这几个真实感图像来插值得到目标图像的问题。视图插值方法就是为解决这个问题而提出来的。还有其他一些方法,如层次图像存储技术、全景函数技术、光场采样技术等。总之,基于图像的绘制技术,相对于传统真实感图形学图像生成技术而言,是一种思想全新的技术,是计算机图形学中一个新的研究热点。

4.3.5　单元分割

将仿真环境模型分割成较小的环境模型单元称为模型单元分割。当模型被分割后,只有在当前模型中的环境模型对象被渲染,因此可极大地减少环境模型的复杂程度。

这种分割方法对大型地形模型和建筑模型是非常适用的。在分割后,模型的大部分在给定的视景中是不起作用的。每个视野中的多边形数基本上不随视点的移动而变化,除非越过某个阈值(从一个房间到另一个房间,此时的单元大致是房间)。对于某些规整的模型,分割容易自动地实现;而对于那些完成后一般不再轻易变化的建筑模型,分割能在预先计算阶段离线完成。

5 分布式虚拟现实交互技术

分布式虚拟现实的人机交互与虚拟现实的人机交互研究,始终都是以对人类行为和感官因素的研究为前导的。由于人体行为的复杂性和个体化,至今还没有建立一个能够综合反映人体知觉和行为的模型,现在科学家对一个人状态或特征的描述,往往是定性的而无法用数学方式定量化描述。在此基础上进一步分析人机交互技术就更加困难了。人为因素包含越多,就越难对这种交互有一个正确的描述。为了弄清楚人与外界环境的交互,需要借助实验心理学的系统分析方法。总体上,人与外界环境的交互分成两大部分:感知与行为。人是通过视觉、听觉、触觉及嗅觉等感知外界环境及其变化的,例如,用眼睛看,用耳朵听,用手触摸等,这就是感知系统。人对环境的作用是通过行为和语言等方式完成的,例如用手抓取物体,与其他人交谈等,这就是行为系统。

20 世纪 60 年代美国实验心理学家 J J Gibson 博士认为:要想让参与者在虚拟世界中得到"真实"的体验,必须对感知系统及行为系统进行分析,对此他们做了大量的实验工作,给出了感知系统及行为系统的机理模型。在感知系统模型中,Gibson 博士把感知系统划分成视觉、听觉、触觉、味觉、嗅觉和方向六个子系统,并分别列出了这些子系统的行为方式、接收单元、器官模拟、器官行为、刺激元和外部信息。实验心理学对感知系统的研究,已经成为虚拟现实系统中感知系统设计的基础。根据 Gibson 的六个感知子系统,可以为虚拟现实系统设计相应的传感器。然而,目前的技术水平还不能设计出所有需要的传感器,特别是与化学接收器相关的传感器。因此,目前虚拟现实系统中的感知系统在一定程度上使参与者有"真实"的体验。目前传感器的研制和开发主要集中在视觉子系统、听觉子系统和触觉子系统上。

Gibson 博士把行为系统分为姿态、方向、运动、饮食、动作、表达和语义七个子系统,人类通过这些子系统影响外部环境及自身。其中,姿态子系统用于维持身体平衡;方向子系统用于确定和改变人体的方向;运动子系统用于改变人体在外部环境中的位置;饮食子系统即人的消化系统;动作子系统用于改变外部世界;表达子系统包括利用手势、面部表情等表示各种情感;语义子系统即语言子系统。从概念上讲,有了这些子系统,用户就能以自然的方式影响和控制虚拟世界。然而,与感知系统一样,在目前的技术条件下,完全实现这些系统几乎是不可能的。在目前研制和已经得到应用的系统中,比较成熟的子系统有方向、表达和语义系统。

下面简要介绍虚拟现实人机交互系统中常见的接口设备,包括:视觉显示设备、听觉显示设备、位姿传感器设备、力觉和触觉显示设备等。

5.1 视觉显示设备

理想的视觉显示与日常经历中的场景对比,在质量、修改率和范围方面应该是无法区分的。但是当前的技术还不支持这种高真实度的视觉显示,而且也不清楚是否多数应用要求这种高真实度。对任何给定的应用,必须认真评价各种显示特性的重要性,这包括视觉特性(视场、分辨率、亮度、对比和彩色）、人类工程学、安全、可靠和价格。视觉显示的基本要求是提供立体视觉。

根据视觉显示设备的显示表面类型看，最常用的技术成熟的显示类型是阴极射线管（CRT）和背光液晶显示（LCD）。虽然这些技术对近期的虚拟现实应用是很有用的，但几个缺点却妨碍其长期的发展。CRT 技术是多年来在电视机和计算机监视器上广泛应用的成熟技术，CRT 技术能给头盔显示器提供小的高分辨率高亮度的单色显示，但这些 CRT 较重，并把高电压放在人头部上的设备中。此外，开发小型高分辨率高亮度彩色 CRT 是困难的。LCD 技术以低电压产生彩色图像，但只具有很低的图像元密度，LCD 显示器有待提高其分辨率。与基于 CRT 或 LCD 的显示器不同的工作是在华盛顿大学人类接口技术（HIT）实验室研究的基于激光微扫描技术的显示 VRD，它用微型固体激光器扫描视网膜上的彩色图像。它的特点是不使用笨重的光学设备，可能开发高分辨率、轻便、低价格显示系统，在头盔、移动电话以及医学上有广泛的应用。CRT、LCD、VRD 等显示技术的对比如表 5-1 所示。

表 5-1　CRT、LCD、VRD 三种显示技术性能对比

	分辨率	产品	价格	重量	电压	功耗	环境
CRT	高	很成熟	低	重	高压	大	不很亮
LCD	低	成熟	低	轻	低压	小	不很亮
VRD	很高	没有	高				很亮

根据视觉显示设备的光学系统类型看，VR 应用有两类主要的视觉显示光学系统：头盔显示和非头盔显示。头盔显示通过安装显示硬件在头盔上或在头带上。头盔显示的一个显著优点是显示定位伺服机械由人的躯干和颈部提供。这允许不附加硬件就产生完全环绕的观看空间，并消除某些非头盔显示中显示表面定位系统引入的延迟。在许多 HMD 中，所有图像是合成的，由计算机产生。头盔显示的缺点是重量和惯性约束引起的疲劳，以及随着增加头部惯性而增加运动眩晕征状。非头盔式显示分为立体眼镜和自动立体显示两种。非头盔立体眼镜方式显示采用立体屏幕与投影显示。高分辨率彩色立体屏幕和投影显示系统价格较低，因此往往用于计算机图形学和娱乐业。这些系统只要求一对轻便的主动或被动眼镜产生高质量的立体显示，给用户施加最小的惯性约束，并是舒适的。在舒适的观看范围的限制下，屏幕和投影显示的静态视场和空间分辨率取决于用户到显示平面的距离，并且屏幕和投影显示一般比 HMD 更大更重，这种空间和重量限制是其缺点。自动立体显示不要求辅助的观看设备（如场顺序或偏振眼镜），不给用户附加惯性约束。观看区域或观看体积的大小可能有所不同，自动立体显示也可由多人观看。

常用的虚拟环境视觉显示设备如图 5-1 所示。头盔式、立体眼镜式、自动立体显示的对比如表 5-2 所示。

表 5-2　头盔式、立体眼镜式、自动立体显示的性能对比

	视场	重量	约束	价格	产品	分辨率
头盔	大	大	大	高	成熟	较高
立体眼镜	小	小	小	低	成熟	高
自动立体显示	大	无	无		无	高

立体眼镜

专业显示头盔

环形屏幕

图 5-1　常用的虚拟环境视觉显示设备

5.2　听觉显示设备

虚拟环境的听觉接口应能给两耳提供一对声波。它应有高逼真性,能以预订方式改变波形,作为听者各种属性和输出的函数(包括头部位姿变化),排除所有不是 VR 系统产生的声源(如真实环境背景声音)。虚拟现实中常用的声音显示设备主要是耳机和喇叭。

耳机:一般讲,用耳机最容易达到虚拟现实的要求。耳机有不同的电声特性、尺寸重量以及安在耳上的方式。一类耳机是护耳式耳机,它是大且重的,并用护耳垫连在耳朵上。另一类耳机是插入耳机(或耳塞),声音通过它送到耳中某一点。插入耳机可能很小,并封闭在可压缩的插塞中(或适于用户的耳膜),它放入耳道中。在 VR 领域涉及听觉显示的多数研究开发集中在由耳机提供声音,但这有两个缺点:一是它要求把设备安在用户头上,从而增加负担;二是它只刺激听者耳膜。

喇叭:设计非耳机声音显示(如喇叭)多年来是音响工业的焦点。现有的许多喇叭系统在动态范围、频率响应和失真等特征上适用于所有 VR 应用。对 VR 应用,喇叭系统的主要问题是达到要求的声音空间定位(包括声源的感知定位和声音的空间感知特性)。喇叭系统空间定位中的主要问题是难以控制两个耳膜收到的信号,以及两个信号之差。在调节给定系统,对给定的听者头部位姿提供适当的感知时,如果用户头部离开这个点,这种感知就很快衰减。至今还没有喇叭系统包含头部跟踪信息,并用这些信息随着用户头部位姿变化适当调节喇叭的输入。

5.3　位姿传感器设备

机器人、生物学、建筑、CAD、教育等应用领域,都要求知道运动物体实时的位置和方向。

虚拟现实系统则要求知道人体各部分实时的位置和方向。位姿跟踪和映射是 VE 系统的基本要求。常用的要求包括：

① 视觉显示对头和眼的跟踪；
② 触觉接口对手和臂的跟踪；
③ 视觉显示对身体的跟踪；
④ 面部表情识别、虚拟衣服和医用遥控机器人的映射；
⑤ 建立数字化几何模型的环境映射。

位姿跟踪常用的性能参数有：精度、分辨率、采样率、执行时间、范围、工作空间、价格、障碍、方便、对模糊的敏感、容易校准、同时测量的数目、方向相对位置跟踪。用于位姿跟踪和映射的基本传感系统有：机械链接、磁传感器、光传感器、声传感器和惯性传感器。

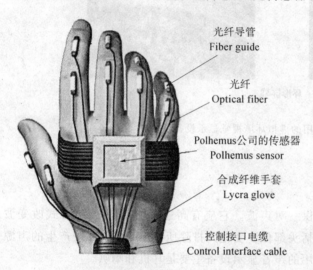

光纤导管
Fiber guide

光纤
Optical fiber

Polhemus公司的传感器
Polhemus sensor

合成纤维手套
Lycra glove

控制接口电缆
Control interface cable

图 5-2　数据手套 DataGlove 的结构图

机械式传感器的典型产品是支持与仿真有基于手姿交互的传感手套，它们都用传感器测量全部或部分手指关节的角度，某些传感手套还用 3-D 传感器跟踪用户手腕的运动。至今应用最多的传感手套是 VPL 公司的数据手套 DataGlove，它也是第一个推向市场的。图 5-2 表示数据手套 DataGlove 的结构。

传感手套使用光纤，光纤安装在轻便且有弹性的 Lycra 手套上。手指的每个被测的关节上都有一个光纤维环。纤维经过塑料附件安装，使之在手指弯曲时做小的移动。光纤传感器的优点是轻便和紧凑，用户戴上手套感到很舒适。光纤连接到光电子接口。每个纤维环的一端联到 LED 发光管，光敏晶体管敏感返回到另一端的光线。当纤维是直的时，传输的光线没有衰减，因为圆柱壁的折射率小于中心材料的折射率。在手指关节弯曲时，光纤壁改变其折射率，于是在手指弯曲处的光线就漏出，这样就可能根据返回光线的强度间接测出关节角。

电磁传感器是常用的位姿传感器之一。电磁传感器的组成包括发射器、接受器、接口和计算机。它的优点是简单，经济，不怕遮挡，精度适中，使用方便，可以满足测量头，手以及其他设备的位姿等一般要求，也可以用多个磁跟踪器跟踪整个身体的运动，并且增加跟踪运动的范围。销售电磁传感器的主要公司是建立于 1970 年的 Polhemus，占有运动测量设备市场的 70%，主要产品为 Fasttrak。Fasttrak 的产品如图 5-3 所示。

图 5-3　Fasttrak 的产品组成

电磁传感器的主要缺点包括适中的精度和大的等待时间（20～30ms）。大的等待时间特别难解决，因此它限制了在真实交互中的应用。此外，在交流传感器的情况，外部磁场的影响使之难以保证其精度，没有简单方法确定和补偿干扰磁场。

超声传感器同样用来测量头、手以及其他设备的位姿。超声传感器包括三个超声发射器的阵列（安装在天花板上）、三个超声接受器（安装在被测物体上）、用于启动发射的红外同步信号，以及计算机。使用超声传感器的示意图如图 5-4 所示。在用户头部前额上的正三角形架子上安装了三个超声接受器，另一个大的正三角形架子上安装了三个超声发射器。

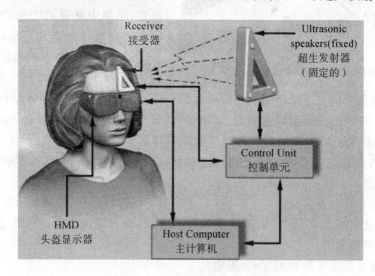

图 5-4 使用超声传感器示意图

超声传感器的优点是不受电磁干扰，不受临近物体的影响，轻便的接受器易于安装在头盔上，精度适中，可以满足一般要求。Logitech 提供两种超声跟踪产品，即超声 3D 鼠标跟踪器和超声头部跟踪器，这两种产品都可以提供六个自由度的跟踪，可以用于计算机动画、建模、机器人控制和虚拟现实。

超声传感器的主要缺点是工作范围有限，信号传输不能受遮挡，受到温度、气压、湿度的影响改变声速而造成误差，受到环境反射声波的影响。

对于适当精度和速度的点跟踪，超声传感器比电磁传感器更便宜。

惯性传感器使用加速度计和角速度计测量加速度和角速度。加速度计的输出需要积分两次，得到位置；角速度计的输出需要积分一次，得到姿态角。惯性传感器的主要优点是没有信号发射，因此不怕遮挡，没有磁干扰、视线障碍和环境噪音等问题，有无限大的工作空间。它的缺点是为了得到位置和方向，传感器输出必须积分而导致积分误差。

高性能 HMD 的跟踪应该应用组合惯性传感器与其他技术的混合系统。典型的混合传感器由超声和惯性传感器组成，它包括安在天花板上的超声发射器阵列、三个超声接受器、用于超声信号同步的红外触发设备、加速度计和角速度计、计算机。这种混合是为了达到更高的精度和更低的延迟。InterSense 公司建立于 1996 年，研制生产惯性的、混合的以及 SensorFusion 的运动跟踪设备。InterSense 提供的混合跟踪器产品 IS600 使用惯性和超声传感器，以及传感器融合算法，它提供 6D 的位姿跟踪，可以预测未来 50ms 的运动。IS600 的产品外观如下图 5-5 所示。

混合传感器的特点是改进更新率、分辨率及抗干扰性（由超声补偿惯性的漂移），可以预

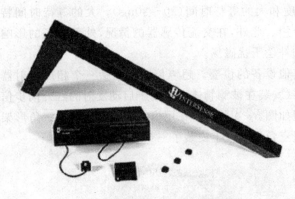

图 5-5 S600 产品组成图

测未来运动达 50ms,克服仿真滞后,快速响应(更新率 150Hz,延迟极小),无失真。但它的工作空间受限制(大范围时超声不能补偿惯性的漂移),要求视线不受遮挡,受到温度、气压、湿度影响,6D 的跟踪要求三个超声接受器。

光学传感器是基于高对比度的视频图像,图像中具有若干标记,这些图像反映了被测物体的运动。标记的数量取决于运动的类型和要求的跟踪质量,标记的安放取决于要测的数据。单个标记只测量一个点。安在头部的三个标记用于测量头部的位姿。如果要求更多的转动信息,则要求安装更多的标记。早期的光学跟踪系统有 20 世纪 80 年代的 Op-Eye 和 SelSpot。1983 年 MIT 建立了系统 Graphical Marionette,利用光学跟踪器测量人体,该系统包括两个摄像机和安装在人体关节上的发光管,系统的缺点是更新速率低和硬件价格高。此后,图形硬件提高了系统性能,使之更广泛用于计算机动画。

光学传感器的特点是有较大的工作空间,运动不受妨碍,标记的价格很小以及足够快的采样率,但测量对光和反射敏感,标记不能受阻挡,跟踪时间可能很大而且可能变化,测量非实时,摄像机对校准敏感等。

各种位姿跟踪器的比较如表 5-3 所示。

表 5-3 各种位姿跟踪器性能比较

	发射源	便携	精　　度	价格	刷　新　率	延迟	范　　围	干　扰　源
机械式	无	差	很高	较高	高	很小	很小	无
磁场式	有	好	较高	较低	较高	较大	单传感器小;多传感器大	金属及磁场
超声式	有	较好	时间法低;相位法高	很低	时间法低;相位法高	小	较小	空气流动,超声噪声
光学式	有	较好	较高	昂贵	高	小	大	光反射,红外光源
惯性式	无	好	较低		昂贵	很高		随时间和温度漂移

5.4 力觉和触觉显示设备

力觉和触觉是人类感觉的重要组成部分,人们利用力觉和触觉反馈信息可以识别并操纵特定的对象,从而提高任务完成的效率和准确度。力觉和触觉显示设备在虚拟现实系统中具有重要的应用。例如,在没有力觉和触觉反馈的虚拟现实系统中,用户操纵的虚拟手由于没有接触到物体的实际触觉感知,往往会出现虚拟手穿透物体的动作,严重影响用户的沉浸感和真实感的体验。

力觉感知包括反馈力的大小和方向。与触觉显示设备相比,应用于虚拟现实系统的力觉显示设备相对成熟一些。目前虚拟现实系统中的力觉显示设备主要有机械臂式力反馈装置和操纵杆式力反馈装置等。

机械臂式力反馈装置是为控制远程机器人而设计的,内置位置传感器和电子反馈执行器,通过主机来计算虚拟作用力。手臂有四个自由度,设计紧凑,使用直接驱动的电驱动器。有六个自由度的腕力传感器安在手柄。传感器测量加于操作者的反馈力和力矩。图 5-6 显示提供虚拟物体和由操纵手臂控制的虚拟手臂。

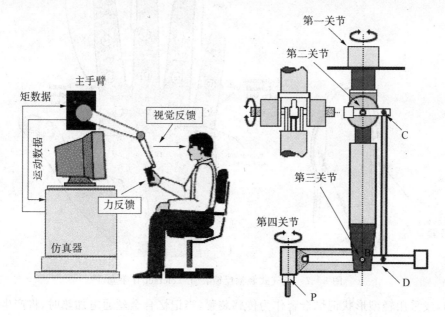

图 5-6　机械臂式力反馈装置

　　机械臂式力反馈装置的缺点是造价高和复杂，它不太轻便，使用户在某些方式下操作困难。

　　操纵杆式反馈装置是一种桌面设备，结构简单，重量轻，价格低，便于携带。它有一个与两根坐标轴相连的旋转轴，每个关节上装有一个可调整的旋转轴，可实现旋转和滑动。操纵杆式力反馈装置既可作为位置（相对或绝对）的输入工具，又可在辅助模式下工作，产生多种力量和触摸感觉，如直接作用力、脉冲、颤动等。

　　触觉的感知内容非常丰富，触觉感知包括普通的接触感、进一步的感知材料的质感（布料、海绵、橡胶、木材、金属、石料等）、纹理感（平滑、粗糙程度等）以及温度感等。目前成熟的商品化的触觉反馈装置只能提供最基本的触到了的感觉，无法提供材质、纹理、温度等感觉。根据触觉反馈原理，手指触觉反馈装置可以分为五类：基于视觉的、充气式、振动式、压电刺激式以及神经肌肉刺激式反馈装置。

　　基于视觉的触觉反馈是基于视觉判断是否接触，用户的手指事实上并没有接收到任何接触的反馈信息，而只是通过碰撞检测计算在虚拟环境中显示两个物体相互接触的情景。这是目前虚拟现实系统中普遍使用的方法。

　　充气式触觉反馈通过在传感手套中配置一些微小气泡，这些气泡可以按需要充气或排气。每个气泡都有两条很细的进气和出气管道，所有气泡的进/出气管捆在一起，连到控制器。充气时气泡膨胀而压迫皮肤，排气时气泡收缩而释放压迫，从而达到触觉反馈的目的。图 5-7表示充气式触觉反馈装置 Teletact II 手套的原理图。图(a)表示了手指上的气泡，(b)为 Teletact II 手套上 29 个小的气泡和 1 个大的气泡在手上的分布。食指有 4 个气泡的阵列，可以顺序驱动，模仿虚拟物体滑动。此外，1 个大的气泡放在手掌，当加压到 30 磅/平方英寸时，它抵抗用户的抓取动作，提供对手掌的力反馈。

　　振动式触觉反馈通过将声音线圈缠绕在指尖，通过声音线圈产生的振动刺激皮肤来获得

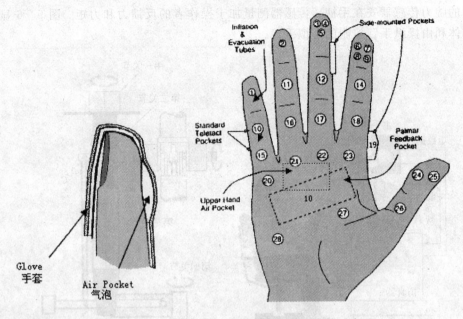

图 5-7 充气式触觉反馈装置 Teletact II 手套

触觉感知，或采用轻型形状记忆合金作为传感装置，当记忆合金丝通电加热时，将产生缩进，从而拉动触头，触头顶出表面接触手指皮肤而产生触觉反馈。当电流中断时，记忆合金丝冷却下来，触头恢复原状。为了产生触觉的位置感，把微型触头排列成点阵形式，每一触点都是可编程控制的。如果顺序地进行通/断控制，就可以使皮肤获得在物体表面滑动的感觉。图 5-8 表示形状记忆合金触头结构。

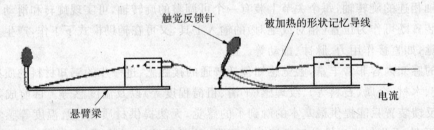

图 5-8 形状记忆合金触头结构

压电刺激式触觉反馈是通过压力生成电脉冲信号刺激皮肤，以达到触觉反馈的目的。20世纪 80 年代中期，美国空军的科研人员把压电晶体缝进数据手套的末端，当压电晶体受到适当的激励时将发生颤动，从而产生触觉感知。神经肌肉刺激式反馈是通过生成相应刺激信号去刺激用户相应感觉器官的外壁，从而产生相应的触觉反馈。由于压电刺激式触觉反馈和神经肌肉刺激式反馈都使用了物理刺激信号，因此该类装置有一定的操作危险性，使用时需要注意。

6 多服务器分布式虚拟现实技术

随着分布式虚拟现实技术的发展,出现了多服务器分布式虚拟现实技术。参与分布式虚拟环境的主机,根据其功能特性可分为客户机和服务器两类。通常情况下,每个客户机维护一个用户化身,以及该用户化身兴趣域内的若干实体和场景。分布式虚拟现实在每个客户端都维护一个视图(View)。视图是指根据用户化身在虚拟环境中的位置和视点方向,将分布式虚拟现实环境中的某一部分影射成在显示器上产生的图像。视图随着用户化身在虚拟环境中的运动而变化。服务器端作为客户机的管理者,负责时钟同步控制、系统安全设置、用户权限分配等;作为分布式虚拟现实环境的管理者,进行用户化身管理、数据传输、碰撞检测、协同控制等。采用多服务器共同维护分布式虚拟现实环境,可以解决单个服务器计算负载的限制和通信瓶颈的约束。区域管理服务器作为分布式虚拟现实环境和客户机的管理者,可以有效地进行系统维护。用户将在分布式虚拟现实环境中的状态发送给与之连接的区域管理服务器,并由区域管理服务器负责将状态更新消息实时传送给其他区域管理服务器和其他用户,保证服务器维护的整个分布式虚拟现实环境具有状态一致性的特征。

6.1 多服务器分布式虚拟现实体系结构

在实际的应用系统中,由于用户可以随时加入或退出虚拟现实环境,这使得系统的负载处于不稳定的状态。当分布式虚拟现实环境在某一段时间内涌入大量的用户时,可能导致区域服务器端的负载过大,当所有的区域服务器都处于超载状态时,系统的运行性能就会大大地降低。为了提高系统的服务质量,最根本的算法就是配置新的区域服务器进行管理。而当大量的用户退出分布式虚拟现实系统时,区域服务器的负载也迅速地降低,导致大量的资源闲置。这时可以将系统中长期低负载的区域服务器中的用户转移给其他区域服务器进行管理,空负载的区域服务器可以退出系统。

由于系统中区域服务器数量的不确定,以及用户管理权的迁移,采用主服务器对整个分布式虚拟现实环境中的负载进行分配。主服务器采用适当的分区算法,将整个分布式虚拟现实环境划分成若干区域,并将每个区域的管理权发送给一个区域服务器。当区域服务器负载过大,主服务器启动动态负载平衡算法进行负载迁移。由于所有区域服务器与主服务器相连进行区域初始化配置,为了避免主服务器的崩溃造成系统的瘫痪,使用备用服务器对主服务器中的信息进行备份。备份服务器维护系统的分区信息,并接收来自主服务器的系统分区消息和用户管理权的更新消息。

根据上述分析,提出了可剪裁树模式的层次体系结构。基于可剪裁树模式的拓扑结构如图 6-1 所示。图中,实线表示不可变连接,虚线表示可变连接。主服务器作为树的根节点在系统中唯一并永久存在,区域服务器和备份服务器作为树中根节点的子节点,由于根节点是固定的,所以它们之间是不可变连接。由于区域服务器可以根据系统负载动态配置,所以整个拓

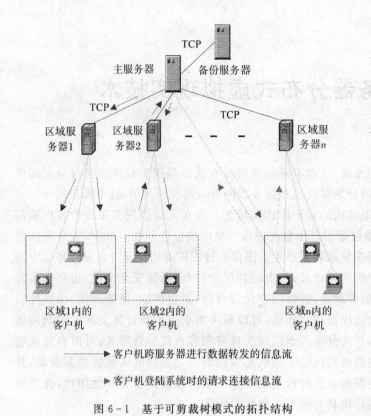

扑结构为可剪裁树模式。客户端作为树的叶结点,在登录系统时首先与主服务器相连,主服务器根据它所维护的用户化身在虚拟环境中的位置选择区域服务器作为它的父节点,然后客户机再请求与区域服务器相连,并将用户化身的所有更新信息都通过区域服务器进行转发,当用户化身跨越了该区域服务器的管理范围时,客户机根据用户化身所在的位置随时更换父结点。由于客户机的父节点随着系统运行而变化,所以客户机与服务器之间的连接是可变连接。根节点定时接收来自它子节点的系统消息,来决定是否重新分区并启动新的区域服务器参与分布式虚拟现实环境的维护。当某个区域服务器成为叶结点时,

TCP

主服务器　备份服务器

TCP

区域服务器1　区域服务器2　－－－　区域服务器n

TCP

区域1内的客户机　区域2内的客户机　区域n内的客户机

——▶ 客户机跨服务器进行数据转发的信息流

- - -▶ 客户机登陆系统时的请求连接信息流

图 6-1　基于可剪裁树模式的拓扑结构

这意味着没有客户机与它相连,它可以请求退出系统。根节点收到子节点的"退出系统"请求后,它首先计算系统中的当前负载,如果其他区域管理服务器都处于低负载状态,则发送肯定应答消息,断开与主服务器的连接;否则,启动负载平衡算法,将其他子节点的部分负载转移给空负载的子节点,从而避免子节点的频繁"加入"和"退出",导致主服务器在进行区域服务器的配置和管理上消耗过多的负载。

在基于可剪裁树模式的层次体系结构中,主服务器将分布式虚拟现实环境分成规则的小单元格,若干单元格构成一个区域,并构造分区管理表。分区管理表本质上是单元格到区域的多对一映射。所有区域服务器都与主服务器通过 TCP 协议相连以保证消息的可靠传送,当区域服务器与主服务器建立连接后,主服务器发送区域初始化命令,指定区域服务器的管理空间。主服务器定时计算更新分布式虚拟现实系统中的负载,以决定是否需要配置新区域服务器。

客户机登录系统时,根据用户化身在虚拟环境中的位置与某个区域服务器相连。用户在某个时刻只能与一个区域服务器相连,并与区域服务器建立可靠单播连接,将状态更新通过 TCP 协议发送给区域服务器。通常情况下,用户化身只对虚拟环境中的一部分区域感兴趣,客户端定义用户化身的兴趣域范围,区域服务器根据它的兴趣域范围计算它的消息订购范围,并将用户化身订购区域内的更新消息发送给客户端,从而更新客户端的本地视图。当区域之间存在着入口,而用户化身的订购范围由两个区域服务器管理时,区域服务器向主服务器发送更新消息,由主服务器负责进行消息的转发。同时,主服务器计算区域之间的通信量,作为判断区域划分优劣的标准之一。

区域服务器接收该区域内本地用户化身发送的所有更新消息,并进行消息的排序、优先级

的设定及消息队列的维护。另外,它还接收来自区域边界的其他区域服务器通过主服务器转发的远程用户化身的更新消息来维护客户端的视图一致性。因此,系统中的消息分为服务器之间的消息和服务器内部的消息两种类型。服务器之间的消息是指当两个兴趣域相交的用户化身由不同的区域服务器管理时,区域服务器将用户化身产生的更新通过主服务器转发给其他区域服务器的消息;其他不需通过主服务器转发的消息都属于服务器内部的消息,如图6-2所示。

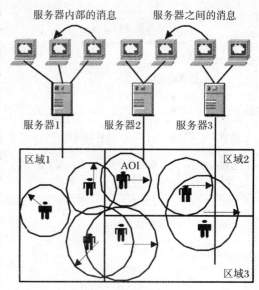

图 6-2 系统中的两种通信类型

为了降低系统的通信代价,应尽量降低服务器之间的通信量。理想情况下,选择那些在运行过程中不发生变化的静态实体作为区域的边界,可以把整个分布式虚拟现实环境划分成独立的子空间,用户只与所在区域内的实体进行消息传送,就可以将服务器之间的通信量降为零。但在实际情况下,区域之间存在着一定的入口互相连接,即用户化身可以自由地在不同的区域间穿梭。这时,为了降低服务器之间的通信量,应将共享兴趣域的用户化身尽可能分配给同一个区域服务器进行管理,使得位于区域边界的用户化身数最小化。

在基于可剪裁树模式的分布式虚拟环境系统中,主机分为主服务器、区域服务器和客户机三种类型。客户机的系统结构可划分为用户应用层、视图管理层、数据传输层、网络通信层。

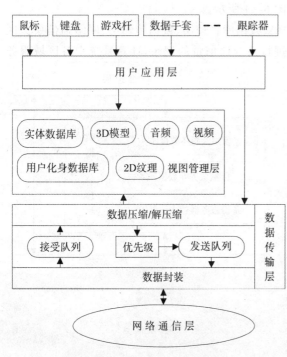

图 6-3 客户机的系统层次结构

用户应用层处理来自外部设备接口的消息数据,对本地用户化身进行行为仿真,更新本地视图。视图管理层维护虚拟环境中的实体和用户化身数据库,并接收虚拟环境中本地用户化身兴趣域内的 3D 模型、2D 纹理及音视频数据维护本地视图。数据传输层接收来自用户应用层的更新消息,通过数据压缩和优先权的设定送入发送队列进行消息封装;另外接收来自网络通信层的消息,存入接收队列等待解压缩。由于分布式虚拟现实系统对数据传输的实时性要求,可采用特殊的网络通信协议保证消息能够可靠有序地发送。网络通信层采用单播或组播模式进行消息发送。客户机的系统层次结构如图 6-3 所示。

区域服务器的系统结构可划分为系统维护层、仿真应用层、数据库管理层、兴趣域管理层、数据传输层、网络通信层。系统

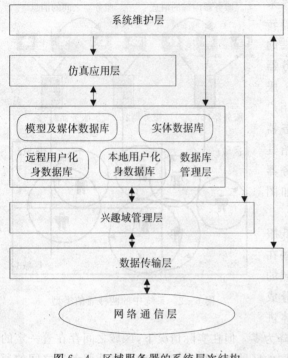

图 6-4　区域服务器的系统层次结构

维护层维护着与该服务器相连的所有客户机的逻辑/物理地址映射信息,接收来自主服务器的分区消息,并计算当前管理区域中的负载,定时向主服务器发送。由于它管理的空间不固定,可能随着用户化身的密度增大而减小,因此,区域服务器每次接收到新的分区消息时,仿真应用层、数据库管理层和兴趣域管理层都要发生相应的变化。仿真应用层可以维护动态实体的行为,并根据需要进行碰撞检测、一致性控制等仿真,它接收来自系统维护层的消息,来判断是否需要启动或停止对某些实体进行行为仿真。数据库管理层维护静态的模型及媒体数据库,客户机可以从静态库中下载维护视图所需要的模型及素材,另外还维护了实体数据库,它根据仿真应用层的实体行为作相应的更新。本地用户化身数据库维护着区域服务器管理空间中的用户化身,远程用户化身数据库维护着本地用户化身感兴趣的由其他服务器管理的用户化身。用户化身的更新消息可以改变实体数据库中实体的状态。兴趣域管理层负责维护该区域内本地用户化身的订阅表,当接收到更新消息时,判断需要转发的目的地址群。如果订阅表中存在着远程用户化身,还需要将消息发送给主服务器进行转发。数据传输层和网络通信层的功能与客户机类似。区域服务器的系统层次结构如图 6-4 所示。

　　主服务器的系统结构可划分为区域维护层、数据库管理层、数据传输层、网络通信层。区域维护层负责接收来自区域服务器的消息并进行系统通信量的记录,计算系统中各区域服务器的负载,动态地维护系统的分区信息。另外,区域维护层还侦听来自客户机的"登录系统"请求,计算客户机维护的用户化身所处的区域,通过搜索区域服务器数据库,查找出该区域服务器对应的物理连接地址作为应答发送给客户机。当系统需要配置新的区域服务器或有区域服务器退出系统时,改变数据库管理层中的数据库信息,并发送新的分区信息。在数据库管理层中,区域服务器数据库建立与主服务器相连的所有区域服务器的逻辑/物理地址映射信息,模型及媒体数据库维护着系统中所需的所有模型和媒体数据,并指定场景及静态实体的区域映射列表,每次接收到新的分区消息或转发消息后都会对两个数据库进行刷新或查询

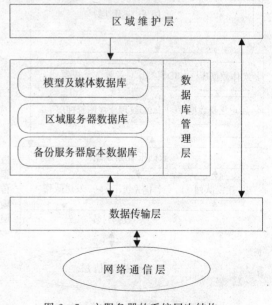

图 6-5　主服务器的系统层次结构

操作。备份服务器版本数据库保存备份服务器每次更新的状况，以便进行恢复操作。数据传输层和网络通信层的功能与其他主机的功能类似。主服务器的系统层次结构如图6-5所示。

备份服务器的系统层次结构与主服务器的完全相同，它是主服务器的拷贝，可以采用定时的方式对主服务器中的区域维护层及数据库管理层的更新进行备份。每次备份都产生新的版本，并添加到主服务器中相应的备份服务器版本数据库中。因此，备份服务器中备份服务器版本数据库的版本号总比主服务器中的备份服务器版本数据库的版本号低1位。

6.2 多服务器分布式虚拟现实系统分区算法

在基于可剪裁树模式的层次体系结构中，分区功能由主服务器的区域维护层实现。根据系统的层次结构模型可以看出，整个分布式虚拟现实环境的负载分为计算代价和通信代价两方面。其中，计算代价包括维护用户化身的行为特征和动态实体响应用户交互进行的状态更新所进行的计算，包括视图更新、碰撞检测、物理仿真计算等，计算代价与用户化身数量成正比，即虚拟环境中维护的用户化身越多，系统的计算代价越大。通信代价是指为了维护虚拟环境中的用户化身在不同的视图端具有状态一致性的特征而进行的消息通信。由于用户化身只对虚拟环境中的一部分区域感兴趣，为每个用户化身设定一个兴趣域AOI，使它只接收来自兴趣域内的更新消息。当一个用户化身在另一个用户化身的兴趣域内，这时用户化身之间有通信需求，当它们被不同的区域服务器所管理时就会产生服务器之间的消息传递，增加网络负载。

由于使用多个服务器共同管理分布式虚拟现实环境，分布式虚拟现实环境的分区问题可以归结为研究如何合理地将这些用户化身影射到不同的服务器中，从而实现对虚拟环境中负载的有效分割。根据系统响应特性实验证明，当分布式虚拟现实系统中的所有服务器都没有达到饱和点，即CPU的使用率没有达到100％时，系统的网络带宽和计算能力都没有耗尽，这时，服务器之间的通信量越大，系统平均响应时间就越长；而当系统中的一个服务器达到饱和点后，系统平均响应时间显著增加，这时服务器之间的计算负载越不平衡，系统的平均响应时间就越长。为了使分布式虚拟现实环境中的用户能更好地进行协同工作，应尽可能使参与同一协同任务的用户由同一服务器进行管理，具体表现为通过对共享兴趣域的用户化身由相同的服务器管理来降低网络负载，减小网络延时对系统状态一致性的影响。另外，当某一个服务器的计算代价超过了服务器的负载，会出现严重的消息传输延时问题，而任何一个服务器出现系统瓶颈都会使整个分布式虚拟现实系统的性能下降，在分区时必须保证所有的服务器的负载没有达到服务器处理能力的饱和点而产生系统瓶颈。

分区算法可以分为两类：基于单元格的分区、基于非单元格的分区。

基于单元格的分区——采用将分布式虚拟现实环境划分为矩形或六边形的单元格，区域由单元格组成，每个区域由一个服务器进行维护，维护该区域中的用户化身的客户机与区域指定的服务器相连。区域的形状与单元格的形状一致，当区域的形状为矩形时，当用户化身位于区域的边界点时，它可能需要从其他三个服务器接收消息，如图6-6所示。采用六边形的区域划分算法，它最多只需从其他两个服务器接收消息，如图6-7所示。使用六边形单元格可以降低系统中服务器之间的通信量，但在进行计算时会增加复杂度。

基于非单元格的分区——分区的大小不受单元格的限制，区域的形状也是不确定的。

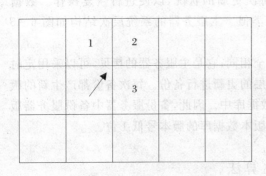

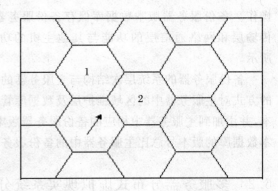

图 6-6　基于矩形划分的区域　　　　图 6-7　基于六边形划分的区域

6.2.1 基于系统响应的分区评价函数

当用户进入分布式虚拟现实环境后,用户所在的客户机与系统中的某一个区域服务器相连,这时区域服务器要绘制相应的用户化身表示该用户,该用户发送的所有消息都要在区域服务器端得到实时的响应,并转发给对该用户化身感兴趣的其他用户。因此,当新用户进入虚拟环境后,系统的区域服务器将增加网络通信负载量和计算负载量。虚拟环境的负载为系统服务器端的负载和,它是随着用户登录或退出系统而不断地发生变化。假设区域服务器端的通信代价为 C_p^L,区域服务器端的计算代价差为 C_p^W。若分布式虚拟现实环境中的负载为 W,被分为 P 个区域,第 i 个区域 R_i 的负载为 W_i,设区域 R_i 和区域 R_j 的通信代价为 D_{ij},则将 C_p^W 和 C_p^L 分别定义如下:

$$C_p^W = \sum_{i=1}^{P} \left(W_i - \frac{W}{P} \right)$$

$$C_p^L = \sum_{j=1}^{P} \sum_{i=1}^{P} D_{ij}$$

在分布式虚拟现实系统中,由于不同用户之间的协同工作是实时交互的过程,同一个协同工作组中的一个用户的动作是基于其他用户的动作和反应。因此,系统对用户的响应必须满足实时性的要求,实时性好的系统的平均响应时间应该尽可能小,即从用户发送更新消息到对它感兴趣的其他用户接收到更新消息之间的平均延时要尽可能的短。

设区域服务器 S_i 的负载最大值为 θ_i,则区域服务器 S_i 的 CPU 使用率 U_i 的近似值用符号 $\tilde{l}_i$ 表示,将 $\tilde{l}_i$ 定义为:

$$\tilde{l}_i = \frac{W_i}{\theta_i}$$

基于系统响应的分区评价函数 R_p 定义为:

$$R_p = C_p^L \times \max\{1, \tilde{l}_1, \tilde{l}_2, \cdots \cdots \tilde{l}_p\}$$

而最优分区策略 P^* 应满足使分区评价函数 R_p 最小化的条件,即满足下列条件:

$$R_p^* = \min_p \{R_p\}$$

根据上述定义可知,分区评价函数 R_p 之值与系统中各区域服务器之间的通信量成正比,而区域服务器过载越严重,即 $\tilde{l}_i$ 越大,R_p 的值也增长得越快。要寻找最小的 R_p 值应该使分区算法满足下列两个条件:

（1）所有的区域服务器的 CPU 使用率 $\tilde{l}_i$ 都不大于 1,即保证在用户数量不断增加的情况下，所有的区域服务器的计算能力和网络带宽没有耗尽；

（2）使系统的通信代价和 C_p^l 尽可能地小，即最大程度地将共享兴趣域的用户化身划分到同一个区域中，在用户数量不变的情况下使区域服务器之间的通信量最小化。

由此得出，基于系统响应的分区评价函数 R_p 基本上符合分布式虚拟现实环境的系统响应特性，根据该分区评价函数得到的最优分区策略 P^* 能够最大程度地满足系统实时性的要求。

6.2.2　基于任务聚类的动态自适应分区算法

在构建分布式虚拟现实系统中，采用基于可剪裁树模式的层次体系结构，使得分区数量具有不确定性，从而加大了分区算法的复杂度。因此，采用动态自适应分区算法动态的跟踪当前系统中用户化身的数量，并计算最佳分区数，通过基于任务聚类的方式将分布式虚拟现实环境进行动态的区域分割。

假设整个虚拟环境 E 被划分成 n 个矩形单元格 $c_1,c_2,\cdots,c_n$，单元格 c_i 中的用户化身个数表示为 $NUM(c_i)$，则单元格 c_i 中的用户化身密度 $\rho(c_i)$ 定义为

$$\rho(c_i) = \frac{NUM(c_i)}{\sum_{j=1}^{n} NUM(c_j)}$$

假设单元格 c_j 和 c_i 的距离 $D(c_i,c_j)$ 定义为从 c_i 到 c_j 需要穿越格子边缘的最少次数，如图 6-8 中，$D(c_1,c_8)=7$，$D(c_8,c_9)=8$。

如果一个单元格被选为区域的种子单元格 $Seed_m$，则单元格 c_i 到种子单元格的平均距离 $\overline{D}(c_i)$ 为

$$\overline{D}(c_i) = \frac{\sum_{j=1}^{m} D(c_i,Seed_j)}{m}$$

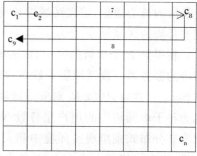

图 6-8　虚拟环境中的距离表示

其中，m 表示分布式虚拟现实环境中已经选出的种子的数量。由于 $\overline{D}(c_i)$ 与分布式虚拟现实环境中单元格的个数相关，因此定义单元格 c_i 的距离罚函数 $f^{(m)}(c_i)$ 表示为对 $\overline{D}(c_i)$ 进行归一化处理的结果：

$$f^{(m)}(c_i) = \frac{\overline{D}(c_i)}{n}$$

单元格的距离罚函数的意义可以看作是单元格 c_i 到所有种子单元格的平均距离占穿越整个虚拟空间中所有单元格的比例。根据距离罚函数的定义，靠近种子的单元格的距离罚函数值较低，远离种子的单元格的距离罚函数值较高，距离罚函数的作用是避免被选择的种子单元格聚集在一起。

单元格 c_i 的聚合度 $\varphi(c_i)$ 定义如下：

$$\begin{cases} \varphi^{(0)}(c_i) = \rho(c_i) \\ \varphi^{m}(c_i) = \rho(c_i) + f^{(m)}(c_i) \qquad m>0 \end{cases}$$

由于用户化身在分布式虚拟现实环境中通常是呈现基于任务的分布，将分布式虚拟现实环境按任务划分区域，可以减少位于区域边界的用户化身数量，从而减少区域服务器之间的通信量。例如，基于任务划分区域如图 6-9 所示，此时虚拟环境被分成四个任务区，种子单元格是任务区中用户化身密度最大的单元格。

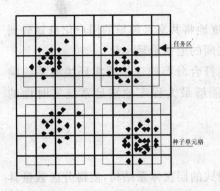

图 6-9 基于任务划分区域示意图

初始化时,单元格的聚合度定义为单元格的密度,随着被选出的种子数量 m 的增加,距离罚函数对聚合度的影响越来越大。根据聚合度的定义,具有较高聚合度的单元格是那些具有较高的密度,即用户化身数量较多,但又相对分散的单元格,这些单元格适合于被选为区域的种子。因此,使用聚合度函数进行种子单元格的选择,本质上是一种基于任务聚类的区域划分过程的第一阶段。

使用聚合度函数选择种子单元格是一种迭代的过程:

第一个种子 $Seed_1$ 为具有最大聚合度的单元格,即具有最大密度的单元格:

$$Seed_1 = \varphi^{-1}\{\max(\varphi^{(0)}(c_1), \varphi^{(0)}(c_2), \varphi^{(0)}(c_n))\}$$

种子 $Seed_2, Seed_3, \cdots\cdots, Seed_p$ 的选择根据下述公式可得:

$$Seed_{m+1} = \varphi^{-1}\{\max\varphi^m(c_1), \varphi^m(c_2), \cdots, \varphi^m(c_n))\} \quad (0 < m < p)$$

若将分布式虚拟现实环境划分成个 P 区域,根据上述算法可以得到 P 个区域的种子。

基于任务聚类的区域划分过程的第二阶段是在选择了区域的种子单元格后,根据区域生长法进行虚拟空间分割。区域生长法原本用于图像的分割,它的核心思想是:寻找初始区域核,并从区域核开始,逐渐增长核区域,形成满足一定约束的较大的区域。这里通过采用区域生长法的核心思想,定义区域生长规则和区域生长约数条件来完成任务聚类,实现分布式虚拟现实环境的区域划分。

在得到 P 个区域的种子后,采用区域生长法为分布式虚拟现实环境中所有的单元格指定相应的服务器。设区域服务器 S_i 的负载最大值为 θ_i,初始化时,每个区域 R_i 只包含种子单元格 $Seed_i$。这时,区域 R_i 对应的区域服务器的负载 $L(S_i)$ 可以简化为种子单元格中的用户化身数 $NUM(Seed_i)$。由于每个用户化身在分布式虚拟现实环境中和兴趣域内的用户化身进行信息交换,将单元格的大小 Cell 定义为所有用户化身的平均兴趣域半径 AOI,如图 6-10 所示,基本上保证用户化身只和周围八个单元格中的用户化身进行通信。

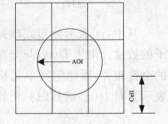

图 6-10 AOI 与 Cell 的关系

设区域 R_i 的邻域 $N(R_i)$ 为那些与区域 R_i 的距离为 1 的单元格的集合,则有:

$$c_i \in B(R_i) \quad \forall D(c_i, c_j) = 1 \quad \exists c_j \in R_i \wedge c_i \notin R_i$$

设区域 R_i 的边界 $B(R_i)$ 为那些邻域中有单元格被指定给其他区域的单元格的集合,则有:

$$c_i \in B(R_i) \quad \forall c_i \in R_i \wedge c_j \notin R_i \quad \exists c_j \in N(c_i)$$

可将区域 R_i 和 R_j 的通信代价 D_{ij} 简化为这两个区域的边界中所含用户化身个数之和,即

$$D_{ij} = NUM(B(R_i)) + NUM(B(R_j))$$

设定区域生长规则为:在区域 R_i 的邻域 $N(R_i)$ 中选择具有最大 $NUM(c_i)$ 的单元格合并到区域 R_i 中,那么:

$$c_i \in R_i \quad if \exists NUM(c_i) = \max\{NUM(c_i)\} \quad \forall c_j \in N(R_i)$$

并计算区域 R_i 对应的区域服务器中的新负载 $L(S_i)$ 的值

$$L(S_i) = NUM(R_i)$$

图 6-11 表示分布式虚拟现实服务器中 CPU 的使用率与系统响应时间的关系,当 CPU 的使用率超过 90% 后,系统的响应时间将迅速增加。为了保证系统的实时性,设定区域生长的约束条件为:当区域 R_i 的负载超过了阈值 $\theta_i \times 90\%$,区域 R_i 就停止生长。

在区域生长时,优先从邻域中选择具有最大用户化身数的单元格进行合并,可以保证具有较大 $NUM(c_i)$ 的单元格不会成为区域的边界,当所有的单元格都被指定了区域服务器之后,整个分布式虚拟现实环境也就被划分成 P 个区域,每个区域中的用户化身与所在区域对应的唯一的区域服务器连接。

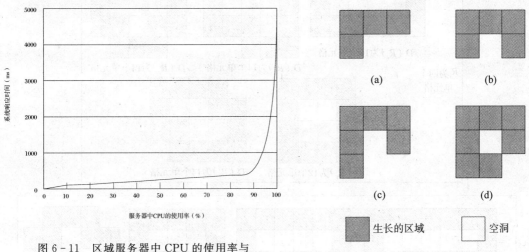

图 6-11　区域服务器中 CPU 的使用率与
系统响应时间的关系

图 6-12　区域生长时产生"空洞"

在基于区域生长的分区算法中,区域边界将出现锯齿状,甚至出现"空洞"现象,如图 6-12 所示。

这是由于区域生长的最小单位是一个单元格,而在生长的过程,只将单元格中的用户化身数作为唯一的生长条件进行判断。为了避免"空洞"现象的出现,在区域生长的过程中,当未指定的单元格 c_i 出现下列情况就执行相应的算法:

(1) 若单元格 c_i 的邻域都属于某个区域 R_i,即 $N(c_i) \in R_i$,则将 c_i 合并到区域 R_i 中,然后从区域 R_i 的边界 $B(R_i)$ 中剔除用户化身最小的单元格;

(2) 若单元格 c_i 的邻域属于某几个区域时 $R_i, R_j \cdots$,则计算将 c_i 合并到这几个区域后的边界值,假设 $c_i \in R_i$ 时,区域的边界值增量最低,则将 c_i 合并到区域 R_i 中,然后从区域 R_i 的边界 $B(R_i)$ 中剔除用户化身最小的单元格;

通过上述过程,可以消除"空洞"现象,并满足区域边界最小化约束的要求。

图 6-13 给出了区域 R_i 从一个单元格生长到五个单元格时,可能出现的所有边界形状及它的通信区域。从图中可以看出,当区域的边界为最小值时,它的通信区域面积也最小。

由于区域生长的过程是从邻域中选择具有最大用户化身数的单元格进行合并的过程,如果在区域生长的过程中,邻域中存在着两个单元格具有最大 $NUM(c_i)$ 值,则选择能使区域边界最小化的单元格进行合并,即

$$c_i \in R_i \quad if \begin{cases} \exists\, NUM(c_i) = \max\{NUM(c_k)\} \\ \exists\, NUM(c_j) = \max\{NUM(c_k)\} \quad \forall c_k \in N(R_i) \\ B(R_i \bigcup c_i) < B(R_i \bigcup c_j) \end{cases}$$

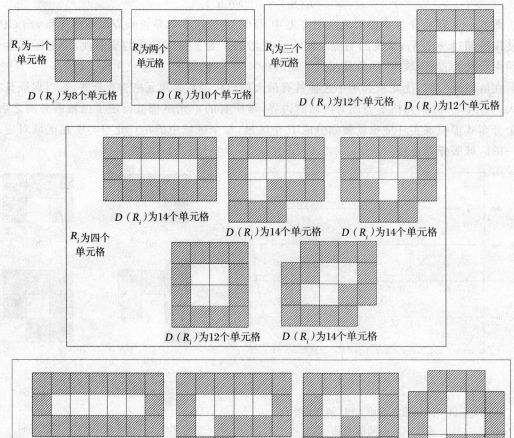

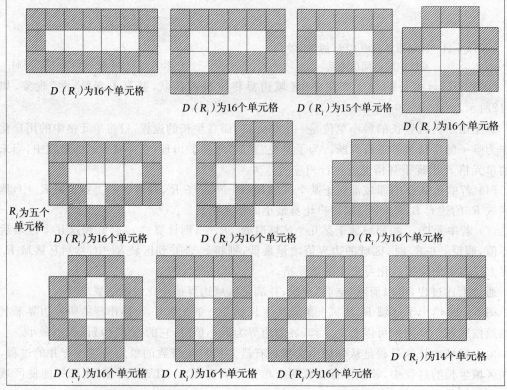

图 6-13 区域生长过程中出现的边界形状图

满足上述条件的区域生长优化算法可以使区域之间通信量的最小化,保证区域服务器端的通信代价和 C_P^t 最小。

为了验证基于任务聚类的分区算法的有效性,首先提出了基于任务聚类的固定分区算法,假设分布式虚拟现实环境分成 P 个区域,使用基于任务聚类的固定分区算法如算法 6-1 所示。

算法 6-1　基于任务聚类的固定分区算法

Step1　根据分布式虚拟现实环境中每个单元格 c_i 中的用户化身数 $NUM(c_i)$ 计算单元格的密度 $\rho(c_i)$;

Step2　选择最大密度的单元格作为第一个种子 $Seed_i$,这时 $m=1$;

Step3　计算距离罚函数 $f^{(m)}(c_i)$ 和聚合度 $\varphi^{(m)}(c_i)$;

Step4　选择聚合度最大的单元格作为种子 $Seed_{m+1}$;

Step5　若种子数小于分区个数 P,则 $m++$,且执行 Step3;

Step6　设定每个区域 R_i 只包含种子单元格,计算分布式虚拟现实环境中没有指定区域的单元格数 k;

Step7　计算区域 R_i 对应的区域服务器的负载 $L(S_i)$;

Step8　对于区域 R_i 的邻域 $N(R_i)$ 中有最大用户化身的单元格 e_j,若 $L(S_i)+NUM(c_j)<\theta_i\times90\%$,使用基于边界最小化约束的区域生长规则将新的单元格 c_j 合并到区域 R_i 中,k--;

Step9　若 $k>0$,执行 Step7,否则算法结束。

基于任务聚类的动态自适应分区算法在进行初始化分区配置时,设定分布式虚拟现实环境的分区数 P,则基于任务聚类的动态自适应分区算法的初始化分区和基于任务聚类的固定分区方法相同,如算法 6-1 所示。

当系统开始运行之后,假设某一时刻系统中有 r 个区域服务器,每个服务器的阈值为 $\theta_i(1\leq i\leq r)$。主服务器根据下列条件判断是否需要对分布式虚拟现实环境进行重新分区:

主服务器定期接收来自区域服务器的负载消息,当分布式虚拟现实环境中的负载超过了区域服务器的阈值和的 90%,这意味着当前分布式虚拟现实环境中的负载较重,这时启动分区算法,并配置新的区域服务器,新的分区个数 P 由下列公式可得:

$$P=\frac{W-\sum_{i=1}^{r}\theta_i\times90\%}{\frac{1}{r}\sum_{i=1}^{r}\theta_i}+r$$

设分布式虚拟现实系统中可供使用的区域服务器的数量为 Q,若系统中总的区域服务器数 Q 不小于 P,则可以将分布式虚拟现实环境分为 P 个区域。若分布式虚拟现实环境中总的区域服务器数 Q 小于 P,说明现有系统中没有足够的空闲服务器可供使用,这时只能将分布式虚拟现实环境分为 Q 个区域;此时将分布式虚拟现实环境的新分区数 P 设定为 Q,这时更改区域生长的约束条件为:不断修改 int 的值,使得当区域 R_i 的负载超过了阈值 $\theta_i\times int(int>90\%)$,区域 R_i 停止生长时,所有单元格都指定了区域。

由于在系统运行后,分布式虚拟现实环境已经被划分成 r 个区域,如果再依照初始化分区算法进行重新划分,由于用户化身在分布式虚拟现实环境中随机运动,会导致区域服务器之间出现大量的负载迁移,这将极大地影响系统的运行效率。为了尽量减少区域服务器之间的负载迁移,在现有的 r 个区域中选择 r 个种子单元格,种子单元格的选择满足下列条件:

$$Seed_1=\varphi^{-1}\{\max(\varphi^{(0)}(c_j))\}\qquad\forall c_j\in R_i$$

则种子单元格 $Seed_1$ 是区域 $R_i(1\leq i\leq r)$ 中具有最大用户化身密度的单元格,在得到了 r 个种子单元格后,通过计算 $f^{r+1}(c_i)$ 和 $\varphi^{(r+1)}(c_i)$,选择第 $r+1$ 个种子单元格 $Seed_{r+1}$,一直到

选择出 $Seed_p$。再按照上述的区域生长优化算法进行区域分割。系统仿真进行时,基于任务聚类的动态自适应增加分区算法的分区过程如算法 6-2 所示。

算法 6-2 系统仿真时的基于任务聚类的动态自适应增加分区算法

Step1 计算分布式虚拟现实环境中的当前负载 W;

Step2 若 $W > \sum_{i=1}^{r} \theta_i \times 90\%$ 且 int = 0.9,计算新的分区个数 P,否则算法结束;

Step3 若 $P \leq Q$,执行 Step4;若 $r < Q < P$,设 $P = Q$,int = 1,执行 Step4;否则算法结束;

Step4 在已经存在的 r 个区域中选择最大密度的单元格作为种子单元格 $Seed_1, Seed_2, \cdots, Seed_r$;

Step5 计算单元格的距离罚函数 $f^{(r+1)}(c_i)$ 和聚合度 $\varphi^{(r+1)}(c_i)$;

Step6 选择聚合度最大的单元格作为种子 $Seed_{r+1}$;

Step7 若 $r+1 < P$,则 $r{+}{+}$,且执行 Step5;

Step8 设定每个区域 R_i 只包含种子单元格,计算区域 R_i 对应的区域服务器的负载 $L(S_i)$;

Step9 使用基于边界最小化约束的区域生长规则将单元格指定给不同的区域;

Step10 若所有单元格都指定了区域,算法结束;否则,设 int = int+0.1,执行 Step9。

当主服务器接受到某个区域服务器 S_i 的"退出系统"请求后,计算分布式虚拟现实环境的负载,若负载小于该区域服务器退出后系统中剩下区域服务器的负载阈值和的 90%,启动分区算法,将请求退出系统的服务器管理的区域进行重新分区,将 S_i 管理的区域中的单元格划分给其他区域服务器进行管理。由于系统中存在着多个区域服务器,在进行选择时根据就近原则,即满足下列条件:

$$c_i \in R_j \qquad D(c_i, Seed_j) = \min\{D(c_i, Seed_m)\} \qquad (1 \leq m \leq r, m \neq i)$$

当区域中的所有单元格都转移给其他区域服务器后,主服务器发送应答消息,断开与该区域服务器 S_i 的连接。由于退出系统的区域服务器负载为空,所以退出系统时不存在负载迁移。

基于任务聚类的动态自适应分区算法在接收到 S_i "退出系统"请求后减少分区如算法 6-3 所示。

算法 6-3 系统仿真时的基于任务聚类的动态自适应减少分区算法

Step1 计算分布式虚拟现实环境中的当前负载 W;

Step2 若 $W < \sum_{i=1}^{r-1} \theta_i \times 90\%$,设 l 为区域服务器 S_i 管理的区域 R_i 中的单元格数,int = 0.9,执行 Step3;否则,算法结束;

Step3 在其他 $r-1$ 个区域中选择最大密度的单元格作为种子单元格 $Seed_1, Seed_2, \cdots, Seed_{i-1}, Seed_{i+1}, \cdots, Seed_r$;

Step4 计算区域 R_i 中的单元格 c_i 到种子单元格 $Seed_1, Seed_2, \cdots, Seed_{i-1}, Seed_{i+1}, \cdots, Seed_r$ 的距离,选择距离最近的区域进行合并;$l-$;

Step5 若 $l > 0$,执行 Step4,否则分区算法结束。

6.2.3 实验结果分析

通过在 Windows 2000 环境下开发了一个基于 C++的仿真器.来对分布式虚拟现实系统进行建模。仿真器采用基于可剪裁树模式的层次体系结构,主服务器在 5000×5000 单位距离的虚拟环境空间中划分了 400 个单元格。初始化时,系统中的用户化身数为 30 个,在虚拟环境中呈现随机分布,在仿真运行的过程中,系统中的用户化身不断的增加,增长速度为每个仿真时间单元增加2个用户化身。用户化身在虚拟环境中分别呈现三种分布：簇分布（Clustered Distribution）、统一分布（Uniform Distribution）、偏态分布（Skewed Distribution）。用户化身在不同仿真时刻的分布如图6-14、图6-15、图6-16所示。

设每台区域服务器的负载阈值θ为100个用户化身，图6-17、图6-18、图6-19分别为

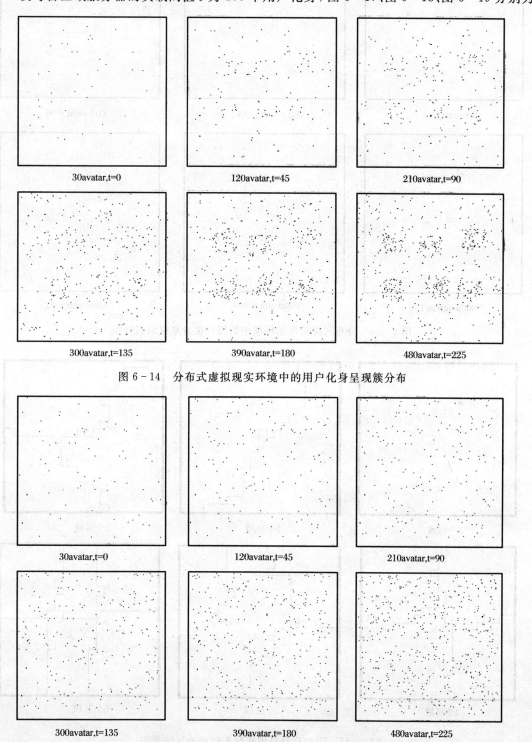

30avatar,t=0   120avatar,t=45   210avatar,t=90

300avatar,t=135   390avatar,t=180   480avatar,t=225

图6-14　分布式虚拟现实环境中的用户化身呈现簇分布

30avatar,t=0   120avatar,t=45   210avatar,t=90

300avatar,t=135   390avatar,t=180   480avatar,t=225

图6-15　分布式虚拟现实环境中的用户化身呈现统一分布

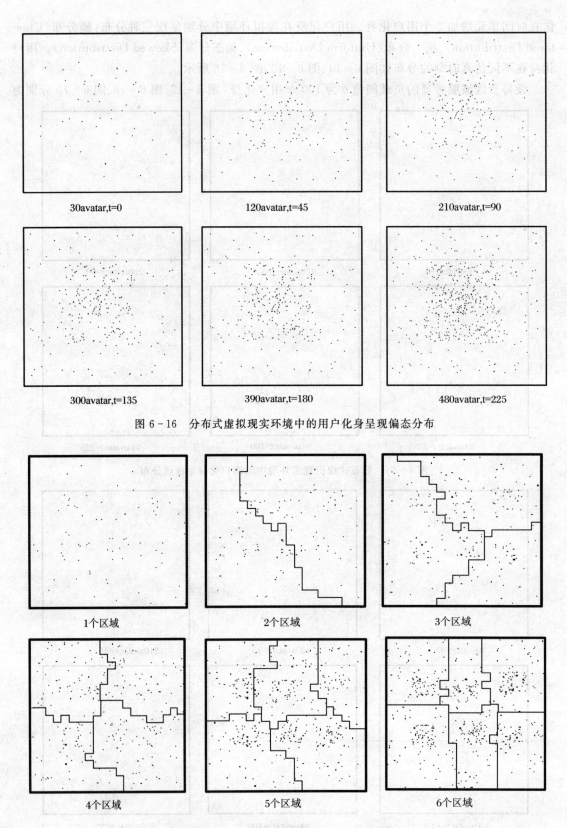

30avatar,t=0　　　　120avatar,t=45　　　　210avatar,t=90

300avatar,t=135　　　390avatar,t=180　　　480avatar,t=225

图 6-16　分布式虚拟现实环境中的用户化身呈现偏态分布

1个区域　　　　　2个区域　　　　　3个区域

4个区域　　　　　5个区域　　　　　6个区域

图 6-17　用户化身呈现簇分布时的分区结果图

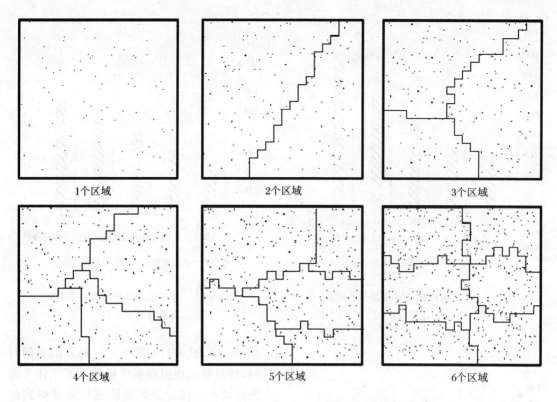

图 6-18　用户化身呈现统一分布时的分区结果图

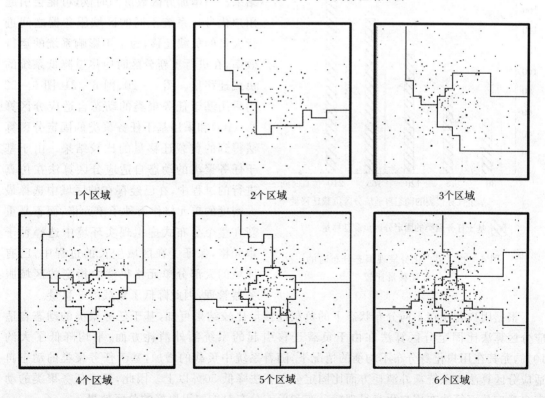

图 6-19　用户化身呈现偏态分布时的分区结果图

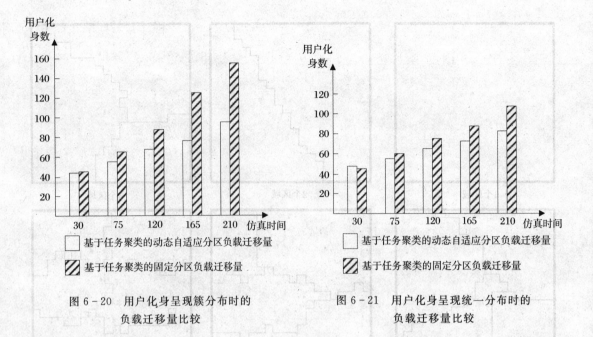

图 6-20 用户化身呈现簇分布时的
负载迁移量比较

图 6-21 用户化身呈现统一分布时的
负载迁移量比较

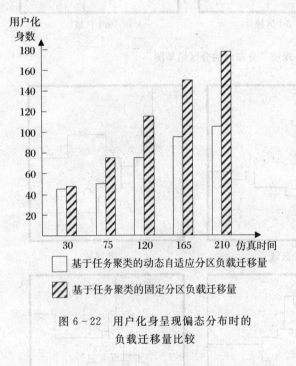

图 6-22 用户化身呈现偏态分布时的
负载迁移量比较

图 6-14、图 6-15、图 6-16 所示的不同时刻,将分布式虚拟现实环境通过基于任务聚类的动态自适应分区算法进行分区得到的结果。当增加分区数量的时候,可能会引起用户化身在系统不同的区域服务器之间进行大量的负载迁移,为了不影响系统的运行效率,在进行重新分区时应尽量降低系统的负载迁移量。图 6-20、图 6-21、图 6-22 为采用基于任务聚类的动态自适应分区算法(AG)和采用基于任务聚类的固定分区算法得到的负载迁移量的比较结果。由于基于任务聚类的动态自适应分区算法在仿真进行的过程中,在已经存在的区域中选择最大密度的单元格作为种子单元格,而不是重新在整个分布式虚拟现实环境中选择种子单元格,保证了在区域生长的过程中,已有区域的大部分单元格仍然由指定的区域服务器管理,因此降低了负载的迁移量。

根据用户化身在不同分布状态下的负载迁移量比较结果可知,基于任务聚类的动态自适应分区算法比固定分区算法在由于负载迁移引起系统额外消耗方面,平均降低了大约 10%,尤其在用户化身分布不均衡的情况下,随着系统中负载的增加,基于任务聚类的动态自适应分区算法在系统额外消耗方面比固定分区算法降低 50% 以上。因此,基于任务聚类的动态自适应分区算法在用户化身呈现簇分布和偏态分布时能取得更好的分区效果。

通过使用基于系统响应的分区评价函数 R_p 和分区执行时间 $T(s)$ 两项参数作为指标对该

算法进行分析。在仿真进行的过程中,设定每个单元格的周围八个单元格为用户的兴趣域,每个仿真时间片断结束,用户化身就会将自己的更新信息发送给分布式虚拟现实环境中的其他对它感兴趣的用户。由于每个区域与不同的区域服务器相连,处于区域边界的用户通过主服务器转发更新消息,这将产生服务器之间的通信量。主服务器记录下系统中服务器之间的消息发送数量,由于算法自动根据用户化身的数量和分布情况进行分区,因此,在每个分区之后,通过计算分区算法的执行时间和分区后的评价函数 R_p,在仿真结束时作为性能参数来评价分区算法的优劣。

　　基于任务聚类的动态自适应分区算法的分区个数与用户化身个数有关,为了测试与基于任务聚类的固定区域个数的分区算法的性能差,仿真实验纪录的虚拟环境中用户化身在虚拟环境中呈现簇、统一分布和偏态分布时,用户化身的数量分别为 90～450,主服务器启动基于任务聚类的动态自适应分区算法和基于任务聚类的固定区域个数的分区算法(虚拟环境分为 2—6 个区域,2G—6G)得到的分区评价函数结果如表 6-1 至表 6-3 所示,执行时间如表 6-4 至表 6-6 所示。在基于任务聚类的固定分区算法中,由于区域个数在仿真进行的过程中是不变的,因此在它的执行步骤中不需要计算分区个数。

　　设 $R_p(NUM(E),SA)$ 表示当分布式虚拟现实环境 E 中的用户化身个数为 $NUM(E)$ 时,使用基于任务聚类的动态自适应分区算法(Self-Adaptive Partitioning)得到的分区评价函数值,$R_p(NUM(E),F(i))$ 表示当虚拟环境 E 中的用户化身个数为 $(NUM(E))$ 时,使用基于任务聚类的固定分区算法(Fix Partitioning)将分布式虚拟现实环境分为 i 个区域得到的分区评价函数值。

表 6-1 用户化身簇分布时的分区效果 R_p 比较

分区算法 用户化身个数	AG	2G	3G	4G	5G	6G
90	13	12	17	19	21	23
180	32	39	33	46	67	82
270	66	79	71	64	98	119
360	92	118	129	141	114	132
450	119	223	209	183	165	157

通过对表 6-1 中的分区评价函数值进行比较如下:

当用户化身个数为 90,$R_p(90,SA)=13$, $\min\{R_p(90,F(i))\}=12$;

当用户化身个数为 180,$R_p(180,SA)=32$, $\min\{R_p(180,F(i))\}=33$;

当用户化身个数为 270,$R_p(270,SA)=66$, $\min\{R_p(270,F(i))\}=64$;

当用户化身个数为 360,$R_p(360,SA)=92$, $\min\{R_p(360,F(i))\}=114$;

当用户化身个数为 450,$R_p(450,SA)=119$,$\min\{R_p(450,F(i))\}=157$。

表 6 - 2　用户化身统一分布时的分区效果 R_p 比较

用户化身个数 ＼ 分区算法	AG	2G	3G	4G	5G	6G
90	18	18	24	28	36	41
180	56	60	53	59	67	72
270	79	96	91	86	102	110
360	108	126	123	113	106	118
450	132	168	154	142	140	133

通过对表 6 - 2 中的分区评价函数值进行比较如下：

当用户化身个数为 90，$R_p(90,SA)=18$，$\min\{R_p(90,F(i))\}=18$；

当用户化身个数为 180，$R_p(180,SA)=56$，$\min\{R_p(180,F(i))\}=53$；

当用户化身个数为 270，$R_p(270,SA)=79$，$\min\{R_p(270,F(i))\}=86$；

当用户化身个数为 360，$R_p(360,SA)=108$，$\min\{R_p(360,F(i))\}=106$；

当用户化身个数为 450，$R_p(450,SA)=132$，$\min\{R_p(450,F(i))\}=133$。

表 6 - 3　用户化身偏态分布时的分区效果 R_p 比较

用户化身个数 ＼ 分区算法	AG	2G	3G	4G	5G	6G
90	28	28	34	36	37	38
180	51	55	52	56	65	80
270	84	83	94	82	92	99
360	91	106	100	97	89	102
450	102	170	140	125	112	106

通过对表 6 - 3 中的分区评价函数值进行比较如下：

当用户化身个数为 90，$R_p(90,SA)=28$，$\min\{R_p(90,F(i))\}=28$；

当用户化身个数为 180，$R_p(180,SA)=51$，$\min\{R_p(180,F(i))\}=52$；

当用户化身个数为 270，$R_p(270,SA)=84$，$\min\{R_p(270,F(i))\}=82$；

当用户化身个数为 360，$R_p(360,SA)=91$，$\min\{R_p(360,F(i))\}=89$；

当用户化身个数为 450，$R_p(450,SA)=102$，$\min\{R_p(450,F(i))\}=106$。

由此可以得出，当分布式虚拟现实环境中的用户化身从 90 增至 450 时，使用基于任务聚类的动态自适应分区算法得到的分区评价函数值，近似为基于任务聚类的固定分区算法中将分布式虚拟现实环境分成不同区域个数情况下得到的分区评价函数值的最小值，即

$$R_p(NUM(E),SA) \approx \min\{R_p(NUM(E),F(i))\}$$

设 $T(NUM(E),SA)$ 表示当分布式虚拟现实环境中的用户化身个数为 $(NUM(E))$ 时,使用基于任务聚类的动态自适应分区算法的算法执行时间; $T(NUM(E),F(i))$ 表示当分布式虚拟现实环境中的用户化身个数为 $NUM(E)$ 时,使用基于任务聚类的固定分区算法将分布式虚拟现实环境分为 i 个区域的算法执行时间。

表 6-4 用户化身簇分布时的分区效率比较(T/ms)

用户化身个数＼分区算法	AG	2G	3G	4G	5G	6G
90	63	47	62	64	78	93
180	94	62	82	93	102	112
270	114	78	94	109	126	140
360	125	109	116	122	131	156
450	141	114	130	141	156	171

通过对表 6-4 中的分区算法执行时间进行比较如下:

当用户化身个数为 90, $T(90,SA)=63, avg\{T(90,F(i))\}=69$;

当用户化身个数为 180, $T(180,SA)=94, avg\{T(180,F(i))\}=90$;

当用户化身个数为 270, $T(270,SA)=114, avg\{T(270,F(i))\}=109$;

当用户化身个数为 360, $T(360,SA)=125, avg\{T(360,F(i))\}=127$;

当用户化身个数为 450, $T(450,SA)=141, avg\{T(450,F(i))\}=142$。

表 6-5 用户化身统一分布时的分区效率比较(T/ms)

用户化身个数＼分区算法	AG	2G	3G	4G	5G	6G
90	62	41	54	61	73	89
180	86	56	79	86	92	106
270	104	72	89	99	116	134
360	116	98	108	119	122	146
450	132	102	125	138	154	168

通过对表 6-5 中的分区算法执行时间进行比较如下:

当用户化身个数为 90, $T(90,SA)=62, avg\{T(90,F(i))\}=64$;

当用户化身个数为 180, $T(180,SA)=86, avg\{T(180,F(i))\}=84$;

当用户化身个数为 270, $T(270,SA)=104, avg\{T(270,F(i))\}=102$;

当用户化身个数为 360, $T(360,SA)=116, avg\{T(360,F(i))\}=119$;

当用户化身个数为 450, $T(450,SA)=132, avg\{T(450,F(i))\}=137$。

表 6 - 6　用户化身偏态分布时的分区效率比较(T/ms)

分区算法 用户化身个数	AG	2G	3G	4G	5G	6G
90	65	45	60	63	79	95
180	92	62	84	98	104	116
270	112	78	96	108	124	144
360	124	106	118	126	135	154
450	142	112	128	136	158	172

通过对表 6 - 6 中的分区算法执行时间进行比较如下:

当用户化身个数为 90,$T(90,SA)=65$,$avg\{T(90,F(i))\}=68$;

当用户化身个数为 180,$T(180,SA)=92$,$avg\{T(180,F(i))\}=93$;

当用户化身个数为 270,$T(270,SA)=112$,$avg\{T(270,F(i))\}=110$;

当用户化身个数为 360,$T(360,SA)=124$,$avg\{T(360,F(i))\}=128$;

当用户化身个数为 450,$T(450,SA)=142$,$avg\{T(450,F(i))\}=141$。

由此可以得出,当分布式虚拟现实环境中的用户化身分别从 90 增至 450 时,使用基于任务聚类的动态自适应分区算法的算法执行时间,近似为基于任务聚类的固定分区算法中将分布式虚拟现实环境分成不同区域个数情况下的算法执行时间的平均值,即

$$T(NUM(E),SA) \approx avg\{T(NUM(E),F(i))\}$$

上述公式说明,基于任务聚类的动态自适应分区算法,取得了基于任务聚类的固定分区算法的最优效果和平均执行效率。

根据 P Morillo 等人的实验,在现有的固定分区算法中,ACS 算法在解决分区问题上取得了较好的结果。ACS 算法先对虚拟环境进行初始化分区,再对处于区域边界的用户通过指定给不同的服务器进行比较,得到最优的分区结果。

当用户化身在虚拟环境中呈现簇分布、统一分布和偏态分布时,使用 ACS 算法将虚拟环境分为六个区域得到的分区评价函数和执行时间结果如表 6 - 7 所示。

表 6 - 7　ACS 算法的分区评价结果

分区评价结果 用户化身数	簇分布		统一分布		偏态分布	
	R_p	T/ms	R_p	T/ms	R_p	T/ms
90	26	174	39	106	31	143
180	89	245	70	142	72	210
270	137	422	106	195	96	304
360	154	576	114	222	104	380
450	181	729	136	258	111	492

将表 6-7 和表 6-1 至表 6-3 进行对比可以看出,当用户化身在分布式虚拟现实环境中呈现簇分布时,基于任务聚类的固定分区算法(6G)比 ACS 算法得到更小的分区评价函数值 R_p,当用户化身在分布式虚拟现实环境中呈现统一和偏态分布时,基于任务聚类的固定分区算法(6G)和 ACS 算法得到的分区评价函数值 R_p 接近。将表 6-7 和表 6-4 至表 6-6 进行对比可以看出,在三种分布的情况下,随着分布式虚拟现实环境中用户化身数量的增加,基于任务聚类的动态自适应分区算法的执行时间比 ACS 算法大大减少,因为基于任务聚类的动态自适应分区算法的时间复杂度为 $o(n)$,与分布式虚拟现实环境的单元格数 n 有关,而 ACS 算法的时间复杂度为 $o(L(\sum_i B(P_i)))$,与区域边界所含的用户化身个数有关,随着用户数量的增多,$L(\sum_i B(P_i))$ 逐渐增大,而 n 的值则不变。

通过上述对比得出结论:使用基于任务聚类的自适应分区算法比现有的固定分区算法能得到更好的分区质量,明显地提高了分区效率,尤其当用户化身在分布式虚拟现实环境中呈现簇分布时,采用基于任务聚类的动态自适应分区算法更接近于最优分区策略。

6.3 多服务器分布式虚拟现实负载平衡技术

6.3.1 负载平衡机制原理

分布式虚拟现实系统中区域服务器的数量由系统负载决定。每个区域服务器的负载与它管理区域内的用户化身的数量成正比。由于用户可以在分布式虚拟现实环境中随意运动,用户化身可以随意穿越不同区域服务器管理的区域,这导致了分布式虚拟现实系统中区域服务器的负载产生变化。当用户化身比较集中在某个区域时,管理该区域的区域服务器可能会出现超载,区域服务器的超载会导致系统性能的显著下降,因此必须研究负载平衡机制,提高系统的可伸缩性。

负载平衡机制的主要思想是,在由多个服务器共同管理的分布式虚拟现实系统中,假设服务器的数量固定不变,在初始化阶段将分布式虚拟现实环境划分成小的区域,使每个区域的负载相对平衡。在系统仿真运行的过程中,定时检查系统中各个服务器的当前负载,如果在某个时刻,发现某个服务器或某几个服务器的负载过重时,启动负载转移算法,将其中的部分负载转移给系统中负载没有饱和的其他服务器,降低过载服务器的负载,从而使系统中的所有服务器达到负载均衡的目的。

若分布式虚拟现实环境 E 被分为 P 个区域 $R_1,R_2 \cdots R_p$,由 P 个服务器共同维护系统的状态。区域 R_i 由服务器 S_i 进行管理,若区域 R_i 和 R_j 共享同一个边界,则这两个区域是相邻的,即 $c_i \in N(R_i)$,$\exists c_i \in R_j$。管理区域 R_i 的邻域 $N(R_i)$ 的服务器称为 S_i 的邻域服务器 $N(S_i)$。在进行负载转移的过程中,可以采用全局或局部的方法选择负载转移的目的服务器。两者的主要区别表现在,采用局部的方法选择负载转移的目的服务器时,通常将过载服务器中的负载转移给它的邻域服务器,而不考虑在接收到被转移的负载后,邻域服务器是否会过载;采用全局的方法选择负载转移的目的服务器时,需要考虑目的服务器在接收负载后是否过载,如果目的服务器过载,还需要进行更大范围的负载转移。因此,采用局部的负载转移方法只进行一次负载转移,并不能有效地进行服务器之间的负载平衡;而采用全局的负载转移方法,在用户化身高度聚合的情况下需要进行多次负载转移,这导致耗费很长的负载平衡时间。

6.3.2　被动负载平衡算法

在初始化阶段,将分布式虚拟现实环境划分成区域可以采用很多种方法,最简单的方法是将分布式虚拟现实环境划分成大小相同的区域,每个区域包含相等数量的单元格,即 $|R_i| = |R_j|$　$\forall R_i, R_j \in E$。但由于用户在分布式虚拟现实环境中呈现非均匀分布,采用这种方法划分区域可能会引起服务器负载的不平衡。另外一种方法是根据分布式虚拟现实环境中单元格的用户化身密度进行划分。单元格的用户化身密度 $\rho(c_i)$ 是指每个单元格的用户化身的个数。采用这种机制划分的区域可以基本上保证每个服务器维护相同数量的用户化身,即 $\rho(R_i) \approx \rho(R_j)$。

在系统仿真运行时,由于用户可以在分布式虚拟现实环境中随意运动,为了保证服务器的负载平衡,必须采用动态区域划分方法,周期性地检测每个服务器维护的用户化身个数,将用户化身个数超过阈值的服务器管理的分区进行重新划分,如 CyberWalk 系统等。为了对过载的服务器管理的区域进行重新划分,负载平衡方法通常采用将该区域中的边界单元格合并到邻域服务器管理的区域,这些被合并的单元格中的用户化身也转移到邻域服务器进行管理,其负载平衡模型如图 6-23 所示。

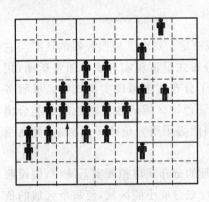

图 6-23　负载平衡模型示意图

这种动态区域划分方法可以减轻过载服务器的负载,但如果邻域服务器的负载也接近饱和,邻域服务器在接收到新的用户化身后也会产生过载。为了进行有效地负载平衡,通常采用全局的负载转移方法,将部分用户化身再转移给它的邻域服务器,但这种方法会导致连续的负载转移,从而使整个系统处于不断的负载转移过程中而降低系统的性能。为了解决这个问题,可以采用将过载服务器中的负载转移给系统中负载最低的服务器进行管理,如 P Morillo 等提出的用户化身负载平衡(ALB)机制。这种方法可以迅速降低过载服务器的负载,缩短了负载平衡耗费的时间,不过由于共享同一兴趣域的用户被不同的服务器管理,即同一个单元格中的用户化身与不同的服务器相连,从而增加服务器之间的消息发送量。Y L Jung 等提出的动态负载平衡模型虽然能降低服务器之间的消息发送量,同时有效地保持各服务器的负载均衡,但随着分区个数的增加,负载平衡算法的执行复杂度也大大增加。

由于上述的动态负载平衡方法只将各个服务器的计算代价作为负载平衡机制中的算法启动参数,因此这些负载平衡方法称为被动负载平衡方法。在被动动态负载平衡方法中,当某个服务器的计算代价过大时,就将其中的部分用户化身的负载转移出去,而不考虑协同虚拟环境中区域服务器之间的通信代价。不合理的负载转移会导致区域之间通信量的增加,降低系统的实时性。为了有效地进行负载转移,必须寻求一种新的负载平衡方法。

6.3.3　主动动态负载平衡算法

由于区域服务器之间负载不平衡会导致系统性能的严重下降,而在进行负载转移时,应尽可能降低划分到不同区域的用户化身之间的通信量。通过使用主动动态负载平衡算法,当系统中某个区域服务器计算代价或通信代价或负载接近饱和时,选择负载最轻的邻域服务器作为目标服务器,使用用户化身的兴趣隶属度作为判断标准,并采用了优化机制选择过载服务器中的部分用户化身进行转移,有效地保证了系统中各区域服务器的负载平衡,满足了系统的可伸缩性,提高了系统的服务质量。

系统运行时首先对分布式虚拟现实环境采用基于任务聚类的动态自适应分区算法进行区域划分,并为每个区域指定一个区域服务器进行管理。随着仿真时间的推移,由于用户化身在分布式虚拟现实环境中的运动,主动动态负载平衡算法定时检测系统中各个区域服务器的负载,分布式虚拟现实系统中的服务器负载 $L(S_i)$ 可以表示为:

$$L(S_i) = W_p(S_i) + W_c(S_i)$$

其中, $W_p(S_i)$ 表示服务器 S_i 的计算代价,即更新服务器维护的用户化身信息,对维护的分布式虚拟现实环境中的用户化身进行碰撞检测等; $W_c(S_i)$ 表示服务器 S_i 的通信代价,即接收客户端发送的用户化身更新信息,将分布式虚拟现实环境中的用户化身更新信息发送给对它感兴趣的其他客户机和服务器。在实际的系统中,服务器的 CPU 利用率真实地反应了服务器的负载能力。当 CPU 的利用率达到了 90% 以上,系统的实时性就大大地降低;而当 CPU 的利用率达到了 100%,服务器的负载就达到了饱和。

当区域服务器的负载过大到满足下列三个触发条件之一:

(1) 当区域服务器 S_i 的计算代价 $W_p(S_i)$ 过高,表明服务器维护着太多的用户化身,这必将导致系统中另外某些区域服务器闲置,从而引起系统负载的不均衡;

(2) 当区域服务器 S_i 的通信代价 $W_c(S_i)$ 过高,表明对系统中的用户化身划分不合理,共享同一兴趣域的若干用户化身被指定给不同的区域服务器进行管理,从而引起系统通信量的增加;

(3) 当区域服务器 S_i 的 CPU 利用率 U_i 接近 100%,表明该区域服务器的负载接近饱和,该区域服务器很可能马上成为系统的瓶颈;

这时启动动态负载平衡算法,主动调整过载区域服务器 S_i 所对应的区域,将部分用户的控制权转移给其他区域服务器进行管理。主动动态负载平衡方法将使区域之间的耦合度尽可能地降低。当发现因为用户化身划分不合理而引起通信代价过高时,同样需要使用动态负载平衡算法对用户化身进行转移。

为了尽快减轻过载服务器的负载,并使系统的通信量不因为控制权的转移而迅速上升,选择需要转移控制权的用户化身时需要考虑它们与邻域服务器中的用户化身之间的通信代价。合理的选择是将与邻域服务器中的用户化身之间的通信代价大的用户化身转移给邻域服务器管理。

用户化身的选择采取下列步骤:

(1) 选择 S_i 的邻域中负载最轻的服务器 S_j 作为用户化身转移的目标服务器,

$$L(S_j) = \min\{L(S_k)\} \qquad S_k \in N(S_i)$$

这可以避免连续的负载转移,使系统尽快达到负载平衡;

(2) 计算 S_i 管理的用户化身 A_t 对 S_j 管理的区域 R_j 的兴趣隶属度 $u_{R_j}(A_t)$,兴趣隶属度的定义为:

$$\begin{cases} u_{R_j}(A_t) = \dfrac{NUM(AOI_t(j))}{NUM(AOI_t)} & NUM(AOI_t) \neq 0 \\ u_{R_j}(A_t) = 0 & NUM(AOI_t) = 0 \end{cases}$$

即用户化身 A_t 的兴趣域中被 S_j 管理的区域内用户化身数占整个兴趣域中用户化身数的比例。

其中, AOI_t 表示用户化身 A_t 的兴趣域, $AOI_t(j)$ 表示 A_t 的兴趣域中属于 R_j 的被 S_j 管理

的区域,有:

$$AOI_t(j) \subset AOI_t$$

$NUM(AOI_t)$ 表示 A_t 的兴趣域内的用户化身个数,$NUM(AOI_t(j))$ 表示 A_t 的兴趣域中属于 R_j 区域的用户化身个数。因为 $AOI_t(j) \subset AOI_t$,所以

$$NUM(AOI_t(j)) < NUM(AOI_t)$$

若
$$NUM(AOI_t(j)) \geq 0 \cap NUM(AOI_t) > 0$$

$$0 \leq u_{R_j}(A_t) < 1$$

若 $NUM(AOI_t) = 0$,则 $u_{R_j}(A_t) = 0$

根据兴趣隶属度的定义得出:

$$0 \leq u_{R_j}(A_t) < 1$$

具有较大兴趣隶属度的用户化身需要和服务器 S_j 进行较多地通信,因此,兴趣隶属度可以看做是判定用户化身与邻域服务器管理的用户化身之间通信代价的指标。而具有较大兴趣隶属度的用户化身被认为是与邻域服务器管理的区域之间的耦合度较大。若 $u_{R_j}(A_t) > 0.5$,表明用户化身 A_t 与 R_j 中的用户化身之间的通信量大于与 R_i 中的用户化身之间的通信量,这说明将 A_t 划分到 R_i 区域引起的通信量将大于将 A_t 划分到 R_j 区域产生的通信量,这种情况下对 A_t 进行控制权转移,将会减少系统的通信量。

根据兴趣隶属度对用户化身进行排序,选择兴趣隶属度大的用户化身进行控制权的转移,直至过载服务器的负载降低到饱和程度以下。由于被转移到服务器 S_j 中的实体对 S_j 管理的区域有较大的兴趣隶属度,这样可以避免控制权转移引起系统通信量的激增。

在分布式虚拟现实环境中,如果用户的数量很多,用户化身的兴趣隶属度计算将是一个很耗时的过程。因为根据定义,必须先根据用户化身的当前位置计算出它的兴趣域,才能计算出兴趣域中的用户化身个数,而用户在分布式虚拟现实环境中的随意运动将使计算变得更为复杂。为了加速算法的执行效率,引入基于模板匹配的分组机制,通过在预处理阶段建立分布式虚拟现实环境中每个单元格的可视集模板,当用户移动到某个单元格后,可以根据单元格的可视集模板进行匹配,自动计算出用户化身的订阅单元格集合,它可以近似地认为是用户化身当前位置的兴趣域,这将省去了计算用户兴趣域的代价。此时用户化身 A_t 的订阅单元格 SUB_t 由一组单元格的集合构成,即

$$SUB_t = \left\{ \sum_i C_i \right\} \qquad \forall C_i \cap AOI_t \neq \varnothing$$

这时计算 A_t 的兴趣域内的用户化身个数将简化成计算订阅单元格 SUB_t 中的用户化身个数。假设单元格 c_i 中的用户化身个数为 $NUM(c_i)$,兴趣隶属度 $u_{R_j}(A_t)$ 可以表示为:

$$u_{R_j}(A_t) = \frac{\sum_j NUM(c_j)}{\sum_i NUM(c_i)} \qquad c_i, c_j \in SUB_t \cap c_j \in R_j$$

随着用户的运动,单元格中的用户化身个数也在不断地变化。当新用户登录或退出系统以及用户化身穿越单元格时,系统自动对每个单元格中的用户化身个数进行刷新。这样,计算用户化身的兴趣隶属度就简化成通过模板匹配查找相应的订阅单元格内的用户化身个数。

R_i 的边界 $B_j(R_i)$ 定义为:在区域 R_i 中,与 R_j 共享同一边界的距离为1的单元格的集合,则有

$$c_i \in B_j(R_i) \quad \forall D(c_i, c_j) = 1 \quad \exists c_i \in R_i \cap c_j \in R_j$$

根据用户化身的兴趣隶属度可知,靠近目标区域边界的用户化身将具有较大值。为了进一步提高算法的效率,只计算与区域 R_j 相邻的过载服务器 S_i 管理的区域 R_i 的边界 $B_j(R_i)$ 中的用户化身的兴趣隶属度。但如果将 $B_j(R_i)$ 中所有的用户化身的控制权全部转移,仍不能将 S_i 的负载降低到饱和程度以下,这时需要选择新的目标服务器,计算与该目标服务器相邻的区域边界中的用户化身的兴趣隶属度并进行控制权的转移,如此反复进行迭代计算,直至过载服务器的负载降低到饱和程度以下。

在动态负载平衡机制中,如果分布式虚拟现实环境中的用户化身在某几个连续区域内的密度较大,往往使几个相邻的区域服务器过载,这时容易引起用户化身在这几个服务器之间进行连续地转移,使得负载平衡算法陷入僵局。为了避免这种情况,在进行目标服务器的选择时,需要保证目标服务器不是已经进行了负载转移的服务器。因此,需要定义两个列表,负载待转移服务器列表 BAL 负责存储需要进行负载转移的区域服务器的逻辑号,负载已转移服务器列表 LOAD 负责存储禁止被选为目标服务器列表,它是那些已经进行了负载转移的区域服务器。

基于兴趣隶属度的主动动态负载平衡优化算法可以分为检测阶段和负载转移阶段。其中检测阶段根据三个触发条件选择需要进行负载平衡的区域服务器,建立 BAL 列表。负载转移阶段遍历 BAL 列表,针对 BAL 列表中的每个区域服务器,首先选择目标服务器,建立 BOR 列表存储与目标服务器管理的区域相邻且位于过载服务器管理的区域中的用户化身,根据用户化身的兴趣隶属度排序并进行控制权的转移,直到过载服务器的计算代价在阈值范围之内。如果 BOR 列表中的所有用户化身都转移完毕,仍不能将过载服务器的计算代价降低到阈值范围之内,需要重新选择该过载服务器的目标服务器,并进行下一个周期的负载转移,直至将过载服务器的计算代价降低到阈值范围之内,这时,检测 BOR 表中是否存在着用户化身的兴趣隶属度高于 0.5,将这些兴趣隶属度高于 0.5 的用户化身转移到邻域服务器后,清空 BOR;若 BAL 遍历完毕后,将所有的列表都清空,负载平衡算法结束。

主动动态负载平衡算法的执行步骤表示如下:

Step1　检测分布式虚拟现实环境中每个区域服务器的计算代价、通信代价和 CPU 的利用率是否超过规定的阈值,若服务器 S_i 的其中一项超标,将 S_i 对应的逻辑服务器号 i 添加到负载待转移服务器列表 BAL 中,当所有区域服务器检测完毕后,若 BAL 不为空,建立负载已转移服务器列表 LOAD,设 $LOAD(1)=\Lambda$, $m=1$,执行 Step2,否则算法结束;

Step2　取出 BAL 中的第 m 项 $BAL(m)$,若 $BAL(m)=\Lambda$,执行 Step8,否则设置 $LOAD(m)$ 列表为 $BAL(m-1)$,执行 Step3;

Step3　找出 $S_{BAL(m)}$ 的邻域中负载最轻的服务器 S_j 作为负载转移的目标服务器,且 $j \notin LOAD$;

Step4　将与区域 R_j 相邻的 $S_{BAL(m)}$ 管理的区域 $R_{BAL(m)}$ 的边界 $B_j(R_{BAL(m)})$ 中的用户化身添加到列表 $BOR_{BAL(m)}$ 中;

Step5　计算 $BOR_{BAL(m)}$ 列表中每个用户化身 A_t 的订阅单元格 SUB_t 中的用户化身个数,以及 SUB_t 中属于区域 R_j 中的用户化身个数,得到用户化身 A_t 兴趣隶属度 $u_{R_j}(A_t)$;

Step6　选择 $BOR_{BAL(m)}$ 中兴趣隶属度最大的用户化身进行转移,删除 $BOR_{BAL(m)}$ 列表中的进行控制权转移的用户化身记录,计算控制权转移后的区域服务器 $S_{BAL(m)}$ 的计算代价,若高于阈值但 $BOR_{BAL(m)}$ 不为空,执行 Step6;若高于阈值但 $BOR_{BAL(m)}$ 为空,执行 Step3,若低于阈值,执行 Step7;

Step7　若 $BOR_{BAL(m)}$ 不为空,选择 $BOR_{BAL(m)}$ 中兴趣隶属度大于 0.5 的用户化身进行转移,清空 $BOR_{BAL(m)}$ 列表,$m++$;执行 Step2;

Step8　BAL 列表遍历完毕,清空 BAL 和 $LOAD$,算法结束。

6.3.4　系统性能实验分析

设定实验为在 $5000×5000$ 单位距离的分布式虚拟现实环境中划分了 400 个单元格,用户化身初始化时在分布式虚拟现实环境中呈现随机分布。在仿真运行的过程中,用户化身分别向分布式虚拟现实环境中的两个随机设定的任务中心点进行运动,运动速度均为每个仿真时间单元移动 10 单位距离,每移动一个单位距离便产生一个位置更新数据。实验设定将分布式虚拟现实环境分为 6 个区域,由 6 台区域服务器进行管理。另外还有 1 台主服务器作为中心控制机,它负责对分布式虚拟现实环境进行初始化的区域分割,并维护分布式虚拟现实环境的分区文件,当主动动态负载平衡算法执行完毕,其相应的分区文件也发生了改变。为了验证主动动态负载平衡算法的有效性,将该算法与韩国 Lee K. 的被动负载平衡算法相比较,包括负载平衡能力、系统中服务器之间的通信量以及系统响应速度三方面内容。

1. 服务器负载平衡能力比较

负载平衡算法的目的是平衡各区域服务器的负载,使系统支持更多的用户进行并发协同操作。假设 U_i 表示区域服务器 i 的 CPU 使用率,系统中各区域服务器 CPU 使用率的平均差 Δu 表示为:

$$\Delta u = \frac{1}{P} \sum_{i=1}^{P} = |U_i - \overline{U}|$$

$$\overline{U} = \frac{1}{P} \sum_{i=1}^{P} U_i$$

平均差 Δu 可以作为评价系统动态负载平衡算法优劣的一个基本指标。当系统中用户化身的个数从 60 增加到 540 时,使用主动动态负载平衡算法和被动动态负载平衡算法得到的平均差结果比较如图 6-24 所示。

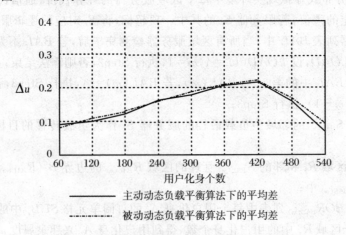

图 6-24　两种算法得到的平均差结果比较

从图 6-24 中可以看出,使用两种负载平衡算法得到的平均差结果基本相似,这说明主动动态负载平衡算法在平衡系统中各区域服务器负载方面与被动动态负载平衡算法有相似的能力,都能平衡区域服务器的计算代价。

2. 负载转移后产生的通信量比较

假设所有的用户化身的兴趣域为以用户化身当前位置为圆心，半径为250单元距离的圆形区域，根据基于模板匹配的分组机制，用户化身的订阅单元格是包含它所在单元格周围八个单元格的集合。用户化身将位置更新信息发送给订阅集中的用户化身，这可以在保证系统的状态一致性的情况下降低系统的通信量，当一个用户化身的订阅单元格被划分到不同的区域由不同的服务器进行管理时，就会产生区域服务器之间的通信。区域服务器之间的通信量越低，说明系统中与不同服务器相连的用户化身之间的通信代价越小。

设 $TM(t)$ 表示经过了 t 个仿真时间单元后，分布式虚拟现实系统中经过主服务器转发的数据通信量，则每个仿真时间单元内转发的数据通信量 $AM(t)$ 为：

$$AM(t) = \frac{dTM(t)}{dt}$$

通过对分布式虚拟现实环境中的60个用户化身进行100个仿真时间单元的模拟，主动动态负载平衡算法和被动动态负载平衡算法产生的区域服务器之间通信量的对比结果如图6-25所示。

通过比较可以看出，使用主动动态负载平衡算法的系统在负载转移后一般不会引起区域服务器之间通信量的增加，这是因为在算法中选择兴趣隶属度大的用户化身进行控制权的转移；而在被动动态负载平衡算法中，系统在进行负载转移时是随机选择用户化身的，没有考虑区域服务器之间的通信量问题，因此在进行负载转移后通常会引起通信量的增加。另外，由于合理选择目标服务器，使主动动态负载平衡算法降低了负载转移的次数。

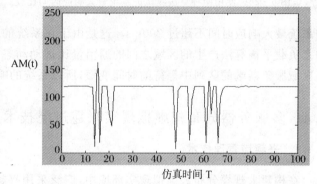

（a）主动动态负载平衡算法下的系统通信量

3. 系统响应的实时性比较

系统响应时间可以作为评价系统响应的实时性的重要指标。为了测试系统响应时间，一个区域服务器端发送网络测试信息，经过主服务器转发给其他区域服务器，所有的区域服务器端接收到网络测试信息后立即发送应答信息。当主服务器接收到最后一个应答消息后，将最后一个

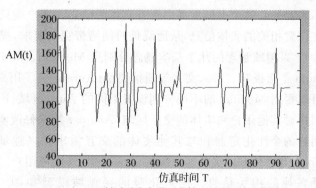

（b）被动动态负载平衡算法下的系统通信量

图6-25　两种算法产生的系统通信量比较

应答消息发送给发起网络测试的区域服务器，由区域服务器计算系统最大延时，这个延时定义为系统最大响应时间 T_{MAX}。当系统中有一个区域服务器的负载达到饱和时，系统最大响应时间将大大增加，因此它可以作为评价系统中区域服务器之间负载平衡的参数，也可以作为评价系统实时性的指标。

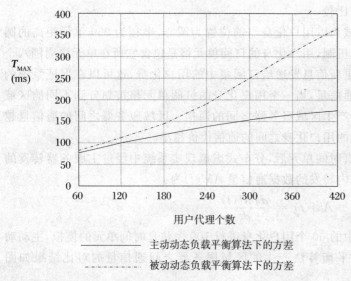

图 6-26　使用两种算法测试的系统最大响应时间比较

主动动态负载平衡算法下的方差

被动动态负载平衡算法下的方差

为了比较两种负载平衡算法对系统实时性的影响,分别测试了使用两种算法得到的系统最大响应时间 T_{MAX},其结果如图6-26所示。

由图6-26可以看出,当系统中的用户化身数量较少时,两种算法得到的系统最大响应时间基本相同,但随着用户化身数量的增加,使用主动动态负载平衡算法得到的系统最大响应时间明显地比动态负载平衡算法小。当使用被动负载平衡算法测得的系统最大响应时间超过450ms时,使用主动动态负载平衡算法测得的系统最大响应时间不超过200ms。这是由于在系统的区域服务器都不过载的情况下,主动动态负载平衡算法产生的区域之间的通信量比被动动态负载平衡算法产生的通信量少,消息在区域服务器端的队列中等待的时间变短,所以系统的响应也变快。

6.4　多服务器分布式虚拟现实兴趣过滤技术

6.4.1　兴趣域管理技术

在构建大规模分布式虚拟现实环境中,广泛采用兴趣域管理技术来降低网络通信量。与真实世界类似,用户在分布式虚拟现实环境中只需要知道特定范围内实体的状态和动作信息,不需要关心整个虚拟世界中所有实体的信息。客户端只需要处理与所维护的用户化身当前所在位置相关的实体信息,从而降低对网络带宽的要求,提高系统的可伸缩性。

兴趣域管理的几个基本概念分别是 Medium、Aura、Focus、Nimbus、Adapter。其中,Medium 是指视频、音频、文本等通信类型;Aura 定义了用户对其他用户和实体的认知区域,用户可以根据 Medium 的不同分别设置不同的 Aura 区域;Focus 表示用户的兴趣;Nimbus 定义了用户对其他用户和实体的交互区域;Adatper 用来修改实体的 Aura、Focus 和 Nimbus,来满足用户的个性化定制和与其他实体的交互需求。兴趣域管理是通过为每个用户设定 Aura、Focus 和 Nimbus 实现客户端的信息过滤,只传送用户感兴趣的相关信息。用户化身的兴趣域模型如图6-27所示。使用兴趣域管理主要缺点是,如何随着系统的动态变化准确地匹配用户化身的兴趣域并进行有效的消息过滤。

为了提高兴趣域匹配的效率,产生了分组管理技术,它简化了兴趣域模型,通过为用户化身定义视域(Vision Domain)作为它对分布式虚拟现实环境的认知及交互区域。视域可以看做是 Aura 和 Nimbus 的

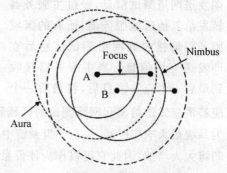

图 6-27　用户化身的兴趣域模型

统一体。用户化身根据当前的视域动态分配到不同的组中,用户化身将更新消息只发送给本组中的其他用户化身,组外的用户化身将不接收这些消息。这样,兴趣匹配问题就转化成选择合适的分组策略及分组信息的动态维护了。

6.4.2 分组管理算法

1. 基于用户化身的分组算法

在基于用户化身的分组管理算法(Entity-based Grouping,EG)中,每个用户化身建立一个组。假设用户化身 A_i 建立的组定义为 $G(A_i)$,为了获得相关的消息,用户化身 A_i 需要加入到它的视域内所有其他用户化身建立的组中。例如,在图 6-28 中,由于用户化身 A_1 和 A_3 在 A_2 的视域中,用户化身 A_2 应当加入到接收组 $G(A_1)$ 和 $G(A_3)$ 中,当 A_2 产生状态更新消息,A_2 将更新消息发送到发送组 $G(A_2)$ 中,所有在 $G(A_2)$ 中的用户化身都会接收到 A_2 产生的消息。表 6-8 中维护的图 6-28 所示的基于用户化身的分组情况。

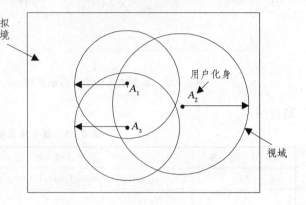

图 6-28 基于用户化身的分组示意图

表 6-8 基于用户化身的分组表

用 户 化 身	接 收 组	发 送 组
A_1	$G(A_3)$	$G(A_1)$
A_2	$G(A_1)$、$G(A_3)$	$G(A_2)$
A_3	$G(A_1)$	$G(A_3)$

基于用户化身的分组算法的优点是不会产生冗余的信息,但维护分组信息的代价很高,因为每个用户化身都需要计算与其他用户化身的距离,以此判断需要加入到哪些接收组中。当分布式虚拟现实环境中的用户数量为 t 时,维护分组信息的计算代价为 $O(t^2)$。因此,只有当分布式虚拟现实环境中用户数量比较少的情况下,采用这种分组策略才能取得很好的消息过滤效果。

2. 基于单元格的分组算法

基于单元格的分组算法(Cell-based Grouping,CG)将分布式虚拟现实环境划分成小的单元格,每个单元格指定一个组。假设单元格 c_i 指定的组定义为 $G(c_i)$,用户化身的可见单元格(Vision Cells)定义为包含用户化身视域的最小单元格集合,每个用户化身根据它在分布式虚拟现实环境中的位置加入到可见单元格对应的组中。用户化身将更新消息发送到它所在单元格对应的组中。例如,在图 6-29 中,由于包含 A_1 视域的最小单元格集合为 c_1,c_2,c_4,c_5,c_7,c_8,为了能接收到来自其视域内的其他用户化身的更新信息,A_1 应当加入到组 $G(c_1)$,$G(c_2)$,$G(c_4)$,$G(c_5)$,$G(c_7)$,$G(c_8)$ 中。由于 A_1 位于单元格 c_5 中,当 A_1 产生状态更新消息,A_1 将更新消息发送到发送组 $G(c_5)$ 中,所有在 $G(c_5)$ 中的用户化身都会接收到 A_1 产生的消息。表 6-9 中维护的图 6-29 所示的基于单元格的分组情况。

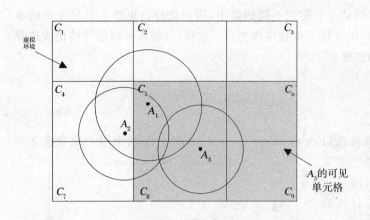

图 6-29　基于单元格的分组示意图

基于单元格的分组算法使用单元格作为空间的基本单元,在这种分组算法中,用户化身接收消息的范围从视域扩展到它的可见单元格区域,接收区域的扩大会产生一些冗余的信息。例如,在图 6-29 中,用户化身 A_3 加入到 $G(c_5)$ 组中,因此能够接收来自 A_1 的更新消息,但实际上,A_1 的更新消息对用户化身 A_3 来说是冗余消息,因为 A_1 并不在 A_3 的视域范围内。

表 6-9　基于单元格的分组表

用 户 化 身	接 收 组	发 送 组
A_1	$G(c_1),G(c_2),G(c_4),G(c_5),G(c_7),G(c_8),$	$G(c_5)$
A_2	$G(c_4),G(c_5),G(c_7),G(c_8)$	$G(c_4)$
A_3	$G(c_5),G(c_6),G(c_8),G(c_9)$	$G(c_8)$

基于单元格的分组产生的冗余信息与单元格的大小及分布式虚拟现实环境中用户化身的密度有关,如图 6-30 所示。假设 M 是分布式虚拟现实环境中所有单元格的集合,用户化身 A_i 的视域表示为 V_i,M_i 是 A_i 的可见单元格,$M_i = \{c_j, c_{j+1}, c_{j+2}, \cdots, c_{j+m}\} \subset M$,则有 $V_i \bigcap c_k \neq \varnothing, c_k \in M_i$。若用户化身 A_i 发送更新消息的频率为 λ,即 t 个仿真时间单元内发送 λt 条消息。当用户化身在分布式虚拟现实环境中均匀分布时,系统中用户化身 A_i 在 T 个仿真时间单元内接收的冗余消息数量 $MSG_{superfluous}(i)$ 定义为:

$$MSG_{superfluous}(i) = \sum_{t=0}^{T} \lambda t \times \rho(M_i) \times (M_i - V_i)$$

为了降低系统的冗余信息,可以使用更小的单元格对分布式虚拟现实环境进行划分,这样可以使用户化身的可见单元格尽可能地接近视域。但由于使用更多的单元格,维护分组信息的计算代价也相应增大。假设每个用户化身计算可见单元格的代价为 σ,则 σ 只与单元格的个数相关,不随用户化身的增加而增加。当分布式虚拟现实环境中的用户数量为 t 时,所有用户化身找到可见单元格需要的时间为 $\sigma \times t$,则 σ 维护分组信息的计算代价为 $O(t)$。因此,这种分组策略适合于对大规模分布式虚拟现实环境进行消息过滤处理。

3. 无跟踪分组算法

无跟踪分组(Tracking-needless Grouping,TG)算法对基于单元格的分组算法进行了改进,降低了维护分组的复杂度。它通过为所有用户化身设定同样的视域,使得所有的

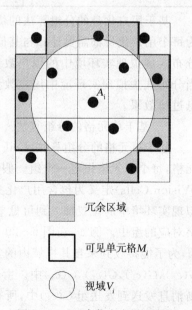

▮ 冗余区域

▢ 可见单元格 M_i

◯ 视域 V_i

图 6-30　冗余信息产生示意图

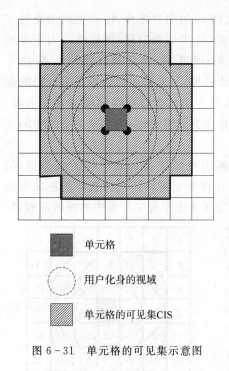

用户化身具有相同的影响域,简化更新组的代价。由于在基于单元格的分组算法中,用户更新位置后需要重新计算它的可见单元格,而使用无跟踪分组算法通过使用单元格的可见集近似等价于用户化身的影响域。单元格的可见集是指所有的用户化身在单元格的任何位置上的视域的集合,单元格的可见集如图 6-31 所示。

由于单元格的可见集是固定的,用户化身使用单元格的可见集代替视域,可以避免在用户化身发生位移后重新计算视域。只有当用户化身穿越单元格时才重新计算它的影响域。使用基于单元格的分组算法和无跟踪分组算法进行消息更新的流程分别如图 6-32 和图 6-33 所示。与基于单元格的分组算法相比,无跟踪分组算法将发送组和接收组合并到 CIS 中,这虽然简化了更新组的代价,但它规定了很严格的约束条件:分布式虚拟现实环境中的所有用户化身必须使用相同的视域,如果用户化身的视域不同,需要将它们的视域统一扩展成最大视域,以保证用户化身具有相同的影响域。

图例：
■ 单元格
⊙ 用户化身的视域
▨ 单元格的可见集CIS

图 6-31 单元格的可见集示意图

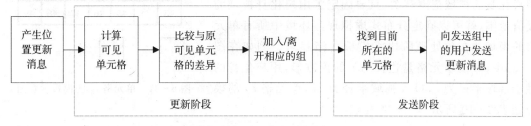

图 6-32 使用基于单元格的分组算法进行消息更新的流程图

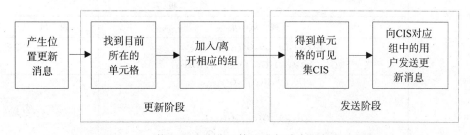

图 6-33 使用无跟踪分组算法进行消息更新的流程图

由于约束条件的限制,无跟踪分组算法适用于分布式虚拟现实环境中用户化身视域相差不大的情况,如果分布式虚拟现实环境中存在着某个用户化身的视域异常,如视域范围为用户化身视域平均值的几倍甚至十几倍,将其他用户化身的视域扩展将会导致系统产生大量的冗余信息,从而失去了分组管理的意义。

4. 基于模板匹配的分组管理算法

在分布式虚拟现实系统中,由于分布式虚拟现实环境本身的复杂性,用户化身并非对它视域范围内的所有实体更新消息都感兴趣。如图 6-34 所示,虽然 A_1 在 A_2 的视域之内,A_3 在 A_4 的视域之内,但由于分布式虚拟现实环境本身的特性,单元格 c_7 对于单元格 c_8 是不可见

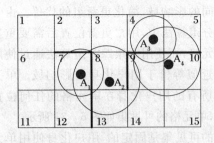

图 6-34　视域内冗余信息产生示意图

的，即位于单元格 c_7 的用户化身 A_1 产生的消息对于位于单元格 c_8 的 A_2 是冗余信息；单元格 c_4 对于单元格 c_{10} 是不可见的；同理，A_3 产生的消息对于 A_4 也是冗余信息。由此可见，只依据用户视域作为分组的参数是不全面的，当分布式虚拟现实环境非常复杂时，引入单元格模板作为分组指标，可以减少系统中的冗余信息。

单元格模板由视域集和视域半径两部分组成。视域集是指当用户化身在一定的视域范围内，用户化身在该单元格的任意位置时的视域覆盖的最小可见单元格的集合；视域半径规定了用户化身在分布式虚拟现实环境中的视域范围，如

果视域半径在某个范围内，对应的视域子集就表示为该用户化身的订阅单元格集合，简称订阅集。用户化身的订阅单元格对用户化身是可见的。如果不考虑分布式虚拟现实环境固有的特征，通过对用户化身视域范围的划分，将视域集分为子集——订阅集，而视域集的全体可以看做单元格的可见集。由于单元格模板与分布式虚拟现实环境的固有特征以及分布式虚拟现实环境中用户化身的视域范围有关，只要确定了用户化身视域的极值范围，就可以确定分布式虚拟现实环境中所有单元格的模板并在预处理阶段将模板存储起来。例如在图6-35中，假设单元格是边长为 r 的正方形，用户化身的最小视域半径为 r，最大视域半径为 $2r$，单元格 c_{25} 的模板如表 6-10 所示。

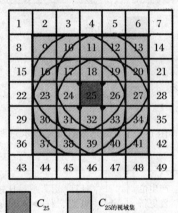

图 6-35　单元格 c_{25} 的模板示意图

表 6-10　单元格 c_{25} 的模板表

单元格	模板	
	视域集	视域半径
c_{25}	$G(c_{17}),G(c_{18}),G(c_{19}),G(c_{24}),$ $G(c_{25}),G(c_{26}),G(c_{31}),G(c_{32}),G(c_{33})$	$[0,r]$
	$G(c_{10}),G(c_{11}),G(c_{12}),$ $G(c_{16}),$ $G(c_{20}),G(c_{23}),G(c_{27}),$ $G(c_{30}),G(c_{34}),G(c_{38}),G(c_{39}),G(c_{40})$	$[r,\sqrt{2}r]$
	$G(c_9),G(c_{13}),G(c_{37}),G(c_{41})$	$[\sqrt{2}r,2r]$

在图 6-35 中，单元格 c_8 和 c_{13} 的模板视域集不包含 $G(c_7),G(c_{12}),G(c_6),G(c_{11})$ 四个组，因为单元格 c_7,c_{12},c_6,c_{11} 对于单元格 c_8 和 c_{13} 是不可见的。单元格 c_9 和 c_{10} 的模板视域集不包含 $G(c_3),G(c_4),G(c_5),G(c_8)$ 四个组，因为单元格 c_3,c_4,c_5,c_8 对于单元格 c_9 和 c_{10} 是不可见的。模板视域集中含有的组越少，产生的冗余消息的数量越少，分组管理也越有效。

在基于模板匹配的分组管理算法（Template-Matching Grouping，MG）中，区域服务器的兴趣域管理层在系统运行的预处理阶段建立模板，并在系统运行后根据用户化身的位置以及它的视域半径在相应的模板中查找它的订阅集。然后依据用户化身的订阅集建立并维护系统

的分组信息表。当某个组中产生了更新信息,就将该更新发送给组中对应的用户化身。假如分布式虚拟现实环境中某个时刻的用户化身分布如图 6-34 所示,区域服务器中维护的该仿真时刻的分组信息表如表 6-11 所示。

表 6-11 基于模板匹配的分组信息表

组	用户化身	组	用户化身
$G(c_1)$	A_1	$G(c_9)$	A_4
$G(c_2)$	A_2	$G(c_{10})$	A_4
$G(c_3)$	A_2, A_3	$G(c_{11})$	A_4
$G(c_4)$	A_2, A_3	$G(c_{12})$	A_1
$G(c_5)$	A_3	$G(c_{13})$	A_2
$G(c_6)$	A_1	$G(c_{14})$	A_2, A_4
$G(c_7)$	A_1	$G(c_{15})$	A_4
$G(c_8)$	A_2, A_3		

当一个用户加入到分布式虚拟现实环境中,区域服务器首先找到它所在的单元格,然后根据所在单元格的模板和它的视域半径查找到它的订阅集,这个过程叫做模板匹配。模板匹配后,将用户化身加入到订阅集包含的组中,这样保证用户化身能够接收到视域范围内所有其他用户化身的消息。当用户化身产生更新消息后,区域服务器接收并将更新消息发送给它所在单元格指定的组内所有其他用户。如果存在着远程用户化身,还需要将消息和需要转发的目的地址发送给主服务器进行转发。用户加入到分布式虚拟现实环境时的消息更新流程图如图 6-36 所示。

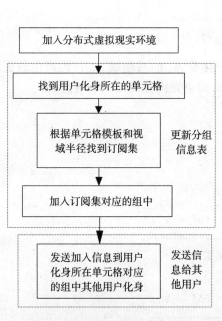

图 6-36 用户进入分布式虚拟
现实环境时的消息更新流程图

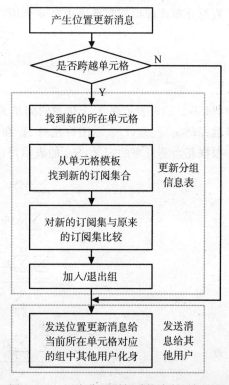

图 6-37 用户位置更新时的消息更新流程图

当用户与分布式虚拟现实环境的交互使用户化身产生了位置更新并穿越了单元格,区域服务器接收到客户机的位置更新消息后,首先根据消息中包含的位置信息找到新的单元格,并根据单元格模板查找它的订阅集。然后和该用户化身原来的订阅集进行比较,找到其中的差异,并对分组信息表进行加入或退出组的更新,分组信息表更新完毕后进行位置更新消息的发送。用户产生位置更新时的消息更新流程图如图 6-37 所示。

在基于模板匹配的分组管理算法中,用户化身找到了它的所在单元格,就可以根据单元格的模板查找到它的订阅集。当用户化身在同一个单元格内运动时,由于订阅集不发生变化,因此不必重新更新分组信息,这与基于单元格的分组算法相比节省了大量的计算代价。另外,在基于模板匹配的分组管理算法中,每个单元格的模板都根据用户化身的视域半径将视域集分为不同的订阅集,这与无跟踪分组算法相比,通过减少了用户化身的订阅单元格数,减少了系统中的冗余消息。

6.4.3 实验结果分析

为了检测分组管理技术的特性,通过建立静态模型测试系统中的冗余消息率,建立动态模型测试维护分组信息的计算代价。系统产生的冗余消息影响网络通信量,冗余消息率越低,区域服务器之间的网络通信量也越小。维护分组信息的计算代价越低,区域服务器的计算代价消耗的越少,越能支持更多的用户参与分布式虚拟现实环境。

1. 静态模型评估

假设在 5000×5000 单位距离的分布式虚拟现实环境中,划分了 400 个正方形单元格,用户化身在分布式虚拟现实环境中呈现随机分布,其兴趣域为以用户化身当前位置为圆心,半径范围在 $(100,400)$ 单元距离的圆形区域。

假设分布式虚拟现实环境中有 n 个用户化身,则定义系统的冗余消息率 S_{rate} 为:

$$S_{rate} = \frac{\sum_{i=1}^{n} MSG_{superfluous}(i)}{\sum_{i=1}^{n} MSG_{correct}(i)}$$

其中,$MSG_{correct}(i)$ 表示在 T 个仿真时间单元内,在用户化身 A_1 的兴趣域 AOI_i 内产生的更新消息数;$MSG_{superfluous}(i)$ 表示用户化身 A_i 在 T 个仿真时间单元内接收的冗余消息数。

根据冗余消息率的定义,S_{rate} 的表示可以推导如下:

$$
\begin{aligned}
S_{rate} &= \frac{\sum_{i=1}^{n} MSG_{superfluous}(i)}{\sum_{i=1}^{n} MSG_{correct}(i)} \\
&= \frac{\sum_{i=1}^{n} \sum_{t=0}^{T} \lambda t \times \rho(M_i) \times (M_i - V_i)}{\sum_{i=1}^{n} \sum_{t=0}^{T} \lambda t \times \rho(V_i) \times V_i} \\
&= \frac{\sum_{t=0}^{T} \sum_{i=1}^{n} \lambda t \times \rho(M_i) \times (M_i - V_i)}{\sum_{t=0}^{T} \sum_{i=1}^{n} \lambda t \times \rho(V_i) \times V_i}
\end{aligned}
$$

$$= \frac{\lambda \sum_{t=0}^{T} t \times \sum_{i=1}^{n} \rho(M_i) \times (M_i - V_i)}{\lambda \sum_{t=0}^{T} t \times \sum_{i=1}^{n} \rho(V_i) \times V_i}$$

$$= \frac{\sum_{i=1}^{n} \rho(M_i) \times (M_i - V_i)}{\sum_{i=1}^{n} \rho(V_i) \times V_i}$$

若用户化身在分布式虚拟现实环境中均匀分布,则 $\rho(M_i) = \rho(V_i)$,那么,S_{rate} 的定义可以简化为:

$$S_{rate} = \frac{\sum_{i=1}^{n} M_i - V_i}{\sum_{i=1}^{n} V_i}$$

$$= \frac{\sum_{i=1}^{n} M_i - \sum_{i=1}^{n} V_i}{\sum_{i=1}^{n} V_i}$$

$$S_{rate} = \frac{\sum_{i=1}^{n} M_i}{\sum_{i=1}^{n} V_i} - 1$$

设两个分组机制的冗余比 $Ratio$ 表示使用两个分组机制得到的系统冗余消息率 S_{rate} 的比值,则有:

$$Ratio(MG/CG) = \frac{S_{rate}(MG)}{S_{rate}(CG)}$$

$$Ratio(MG/TG) = \frac{S_{rate}(MG)}{S_{rate}(TG)}$$

当分布式虚拟现实环境中的用户化身个数从 60 增加到 540 时,将基于模板匹配的分组管理算法与无跟踪分组管理、基于单元格的分组管理算法产生的冗余消息率相比较,得到的冗余比如图 6-38 所示。

通过比较可知,$Ratio(MG/TG)$ 基本上不超过 0.6,这说明基于模板匹配的分组算法比无跟踪分组算法产生较少的冗余消息,这主要是由于在使用无跟踪分组算法时,为了满足对于用户化身兴趣域的约束,而将系统中所有的用户化身的兴趣域都设为最大兴趣域,即半径为 400 单元距离,

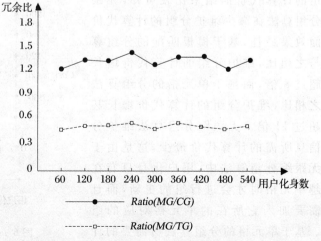

图 6-38　MG 算法与 CG、TG 算法产生的冗余比

这使得很多用户化身的兴趣域扩大了,从而增加了系统中的冗余消息率。而 $Ratio(MG/CG)$ 保持在 1.5 之内,说明了虽然基于模板匹配的分组管理因为使用订阅集代替基于单元格的分组算法中用户化身的可见单元格而产生了一些冗余消息,但并没有浪费太多的网络带宽。根据图 6-38 得出结论:基于单元格的分组算法在降低网络冗余数据方面效果最佳,基于模板匹配的分组算法与之相比,冗余消息量增加不足 50%,无跟踪分组算法与之相比,冗余消息量增加超过 200%。

2. 动态模型评估

在仿真运行的过程中,假设系统中的所有用户化身向分布式虚拟现实环境的中心点 (2500,2500) 进行运动,当到达中心点后,沿原路径返回。定义在 T 个仿真时间单元内,系统维护分组的计算代价 $Cost_G$ 为:

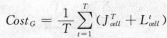

$$Cost_G = \frac{1}{T}\sum_{t=1}^{T}(J_{cell}^{T} + L_{cell}^{t})$$

其中,J_{cell}^{T} 表示在第 t 个单位仿真时间单元内,系统中所有用户化身加入组的数量;L_{cell}^{t} 表示在第 t 个单位仿真时间单元内,系统中所有用户化身离开组的数量。

当分布式虚拟现实环境中的用户化身个数为 400,且在分布式虚拟现实环境中均匀分布时,若用户化身的运动速度从每个仿真时间单元移动 5 个单位距离增加到 35 个单位距离,经过 200 个仿真时间单元,系统维护分组的计算代价如图 6-39 所示。

当分布式虚拟现实环境中的用户化身的运动速度均为每个仿真时间单元移动 10 个单位距离,若用户化身的个数从 60 增加到 540 时,

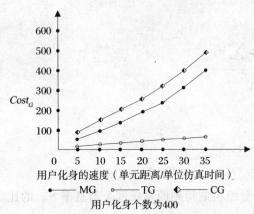

图 6-39　系统维护分组的计算代价
与运动速度关系图

经过 200 个仿真时间单元,系统维护分组的计算代价如图 6-40 所示。

通过使用三种分组算法对系统维护分组的计算代价的结果比较可知,无跟踪分组算法在减少维护分组的计算代价方面效果最佳,基于模板匹配的分组算法与之相比,维护分组的计算代价增长不超过 8 倍,而基于单元格的分组算法与之相比,维护分组的计算代价增长甚至超过 11 倍。无跟踪分组算法维护分组信息所需的计算代价最少,这是由于在无跟踪分组算法中,用户化身只有在穿越单元格时才会进行组的更新,而且只需要加入它所在的单元格对应的组中。基于单元格的分组算法所需要的计算代价最大,因为用户化身每次运动都

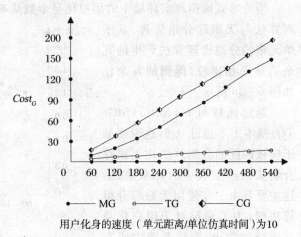

图 6-40　系统维护分组的计算代价
与用户化身个数关系图

要进行可见单元格的计算,从而决定需要加入/退出哪些接收组和发送组,这可能导致用户化身虽然在一个单元格内移动,但却引起分组信息表的更新,如图6-41所示。

在图6-41中,虽然用户化身在7号单元格内移动,但却导致加入$G(c_5)$和退出$G(c_{14})$,$G(c_{15})$,$G(c_{16})$接收组,而在基于模板匹配的分组算法中,只有当用户化身穿越单元格时才会引起分组信息表的更新,从而降低了系统维护分组的计算代价;但同无跟踪算法相比,基于模板匹配的分组算法需要根据用户化身的视域半径加入/退出它的订阅集对应的组,而不仅仅加入/退出它所在的单元格对应的组,因此所需要的计算代价也比无跟踪算法大一些。

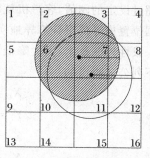

◯ 用户化身运动前的视域

▨ 用户化身运动后的视域

图6-41 基于单元格的分组算法中加入/退出组示意图

6.5 分布式虚拟现实中的状态一致性维护技术

6.5.1 分布式虚拟现实中的状态一致性定义

分布式虚拟现实属于基于复制的连续交互媒体(Replicated Continuous Interactive Media),它的特点是在系统运行的过程中,系统的状态既会因为用户的操作而改变,也会因为时间的推移而改变。为了维持一致的系统状态,当系统中的任一用户通过交互改变系统状态后,系统必须把此更新信息分发给当前所有的参与者。理想的基于复制的连续交互媒体系统一致性定义为,对于每个用户交互,在所有的主机上的执行时间都必须相同,但在实际的系统中,由于网络固有的特性,很难满足这样的要求。因此,将分布式虚拟现实系统一致性的条件放宽为,对于所有的用户交互,在不同主机上的执行顺序都与产生交互的物理时间顺序相同;在交互序列执行完后,所有的主机上维护的分布式虚拟现实环境的状态要完全一致。

在分布式虚拟现实中,当系统支持多个用户进行并发操作时,往往引起服务器和客户机之间通信量的激增,这就加大了网络延时和系统响应时间,使得某些用户交互不能被及时地接收和处理,从而导致了系统的状态不一致。由于在分布式虚拟现实中,用户交互具有时间连续性,不同主机之间的状态不一致可能会引起逻辑混乱,进一步丧失用户交互的顺畅性,因此,必须考虑在支持大规模用户并发访问的情况下维护系统的状态一致性。

6.5.2 分布式虚拟现实的一致性控制算法

在分布式虚拟现实领域常用的一致性控制技术总体上分为两类:一类是DIS(Distributed Interactive Simulation,分布式交互仿真)协议中使用的DR(Dead-reckoning,位置推导)算法,一类是本地滞后的一致性控制方法。

1. DR算法

使用DR算法的目的是在客户端进行消息过滤,降低实体状态更新信息的数量。它的基本思想是,每个客户端不仅维护本地实体的精确位置模型和位置推导模型,还维护分布式虚拟现实环境中与该客户端发生交互的其他实体的位置推导模型。在系统仿真运行过程中,本地实体通过位置推导模型计算当前的估计状态,然后与精确位置模型中的真实状态进行比较,当偏差超过设定的阈值,客户机就将本地实体的真实状态发送给其他客户机;否则,其他客户机就根据位置推导模型计算异地实体的状态。这种通过使用状态预测技术和状态传输技术相结合的一致性控制技术,大大降低了网络通信量。实体的推算位置模型是基于过去的精确位置使用下列公式得出的:

$$
\begin{cases}
X'_t = X_{t-1} + V_{t-1}(x)T \\
Y'_t = Y_{t-1} + V_{t-1}(y)T \\
Z'_t = Z_{t-1} + V_{t-1}(z)T
\end{cases}
$$

或

$$
\begin{cases}
X'_t = X_{t-1} + V_{t-1}(x)T + 0.5a_{t-1}(x)T^2 \\
Y'_t = Y_{t-1} + V_{t-1}(y)T + 0.5a_{t-1}(y)T^2 \\
Z'_t = Z_{t-1} + V_{t-1}(z)T + 0.5a_{t-1}(z)T^2
\end{cases}
$$

其中,(X'_t, Y'_t, Z'_t) 表示实体在时刻的推算位置,$(X_{t-1}, Y_{t-1}, Z_{t-1})$ 表示实体在 $t-1$ 时刻从网络传输的精确位置,$V_{t-1}(x)$,$V_{t-1}(y)$,$V_{t-1}(z)$ 表示实体在 $t-1$ 时刻的运动速度,T 代表接收状态后的仿真时间延时,$(a_{t-1}(x), a_{t-1}(y), a_{t-1}(z))$ 代表实体在 $t-1$ 时刻的加速度。这样,通过简单的本地公式推算,而不必通过接受状态更新信息,就可以得到异地实体的状态估计信息。DR 算法如图 6-42 所示。

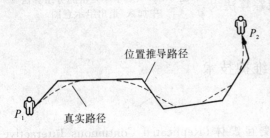

图 6-42　DR 算法示意图

在位置推导法中,阈值是一个控制推算准确性和影响发送实体状态更新信息量的重要参数。DR 算法通过减少系统中实体的更新频度降低了信息交换量,从而提高了系统的可伸缩性。但在分布式虚拟现实环境中使用 DR 算法,也会带来实体状态不一致性的结果。引起实体状态不一致的因素有两个,其一是网络延时,由于状态更新信息在传送的过程中会引起网络延时,因此对于运动速度很快的物体,会出现偏离实际运动轨道的现象;其二是用户交互,用户改变实体的运动速度和运动方向,等到实体计算出推算位置和精确位置之差超过给定的阈值发送实体状态时,可能已经引起了实体状态的不一致问题,如图 6-43 所示。

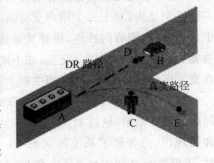

图 6-43　DR 算法引起的状态
不一致问题

其中,实体 A 和 B 代表汽车,它们分别沿公路向前运动,实体 C 代表用户化身,他停在路边候车,当车辆靠近时 C 可以进入实体 A 或实体 B 中。实体 A、B、C 的运动分别由三个客户机来控制,某个时刻,实体 A 决定改变运动方向(实线表示),而实体 B 和 C 根据 DR 算法认为实体 A 继续前行(虚线表示),结果实体 B 根据实体 A 的运动进行碰撞检测,而实体 C 呆在原地不动。等到实体 A 计算真实位置和推算位置大于给定的阈值时,将真实位置 E 发送给实体 B 和实体 C 时,实体 B 已经做了碰撞检测(但实际上并没有发生),而实体 C 则错过了上车机会。在上面的例子中,如果实体 C 的类型为炸弹,则三个客户机中,实体 C 所在的客户机因为不知道实体 A 何时经过,故无法将实体 A 炸毁;而实体 A 在经过实体 C 时却会发生爆炸反应。

网络延时使得状态不一致的问题表现得更为明显,尤其在基于互联网的大规模分布式虚拟现实环境中,网络延时超过 100 毫秒以上。但是,网络延时是无法消除的,为了降低系统的通信量,增加实体推算的准确度,出现了改进的 DR 算法,如自适应位置推导法,阈值可以根据用户与实体之间的距离进行自动调整。当用户靠近实体时,采用较小的阈值来增加推算的准确性;当用户远离实体时,采用较大的阈值来减少网络传输量。基于协同知识库的位置推导法通过建立协同知识库,对从事不同协同工作的用户指定不同的阈值。基于目的的位置推导法通过人工智能的方法推导实体的运动轨迹,由于只在网络中传输实体的运动目的,减轻了网络流量。基于神经网络的位置推导法采用人工神经网络预测实体的运动路径。但通过上面的例子可以看出,这些算法很难从根本上解决由于上述原因引起的状态不一致问题。

2. 本地滞后一致性控制方法

本地滞后的一致性控制的目的是为了解决用户交互带给系统的不一致影响,通过延迟本地用户交互的执行时间达到与其他远程客户端同步执行用户交互的目的,这个延迟时间称为本地滞后值。为了保证同一个操作的执行时间在各个节点都相同,本地滞后值应大于网络延时,它的执行思想如图 6 - 44 所示。

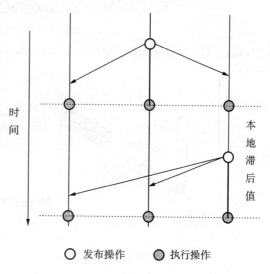

图 6 - 44　本地滞后的一致性控制方法示意图

由于本地滞后的一致性控制方法是以增加系统的响应时间为代价来维护分布式虚拟现实环境的一致性状态,这限制了本地滞后的一致性控制方法的应用范围。另外,在大规模分布式虚拟现实环境中,当发生网络拥塞等情况,某些通过网络传送的用户交互可能没有被及时地执行,这会导致系统状态不一致。然而在出现系统状态不一致后,用户可能仍然发布了其他操作并通过网络传送给其他用户,这就引起虚拟空间发生扭曲。通常采用基于时间扭曲的状态修复机制,当出现系统状态不一致时,采用类似于 UNDO-REDO 的回滚机制向其他用户发送回收信息包,并将系统本地的物理时钟回调,然后采用本地信息来修复对象状态,直至与系统的物理时钟同步,完成状态的修复。在状态修复的过程中,用户不能触发新的操作。

确定本地滞后值是本地滞后一致性控制方法的关键问题,本地滞后值选择的越大,对系统响应的实时性越差。为了减少延时对系统性能的影响,出现了影子反馈法,通过影子给用户提供本地实体的当前位置信息和本地滞后信息,以弥补任务性能的损失,提高系统的可用性。

6.5.3　基于时间包围盒的一致性控制技术

为了保证分布式虚拟现实的状态一致性,可以采用时间包围盒方法进行状态预测,辅以补偿机制,进行状态的一致性维护。包围盒的概念来自虚拟现实中的碰撞检测方法,为了提高复杂环境下碰撞检测的实时性,用形状相对简单的包围盒把复杂的几何对象包裹起来,在进行碰撞检测时首先进行包围盒之间的相交测试,如果包围盒相交,再进行几何对象之间精确的碰撞检测,这对于判断两个几何对象不相交十分有效。包围盒相交并不意味着几何对象一定相交,因此,包围盒的选择应对几何形体的简单性和包裹实体的紧密性两方面进行折中。常用的包围盒包括沿坐标轴的轴向包围盒 AABB(Axis-Aligned Bounding Box)、方向包围盒

OBB(Oriented Bounding Box)、离散方向多面体 k-DOPs(Discrete Orientation Polytopes)、包围球(Sphere)、时空包围盒 STBB(Space-Time Bounding Boxes)等。

时间包围盒的概念是从碰撞检测中的包围盒的概念中延伸而来的。在分布式虚拟现实环境下,设实体 e_i 在 t 时刻的精确位置是 $S_i(t)=X_i(t),Y_i(t),Z_i(t)$,真实运行速度为 $V_i(t)=V_{i,x}(t),V_{i,y}(t),V_{i,z}(t)$,它的推算位置是 $S_i'(t)=X_i'(t),Y_i'(t),Z_i'(t)$,推算模型使用的运行速度为 $V_i'(t)=V_{i,x}'(t),V_{i,y}'(t),V_{i,z}'(t)$。实体 e_i 在 t 时刻的 AABB 包围盒表示为 $B(S_i(t))$,它是包含在 t 时刻的实体 e_i,且边平行于坐标系的轴向(X,Y,Z)构造的最小六面体,即

$$B(S_i(t)) = \{(x,y,z) \mid,$$
$$x_{\min,i}(t) \leq x \leq x_{\max,i}(t),$$
$$y_{\min,i}(t) \leq y \leq y_{\max,i}(t),$$
$$z_{\min,i}(t) \leq z \leq z_{\max,i}(t)\}$$

其中,$x_{\min,i}(t)$、$x_{\max,i}(t)$、$y_{\min,i}(t)$、$y_{\max,i}(t)$、$z_{\min,i}(t)$、$z_{\max,i}(t)$分别表示实体 e_i 在 $S_i(t)$ 位置时,在三个坐标轴上投影的最小值和最大值。

假设仿真时间步长为 T,定义实体 e_i 的时间包围盒为 $TB(S_i(t))$,它的形状为 $B(S_i(t))$ 沿实体的运动方向移动 $V_i(t) \times T$ 所经过的空间在三个坐标轴上的投影范围,如图 6-45 所示。

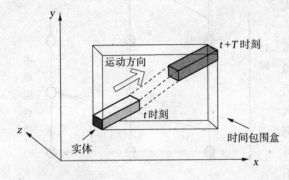

图 6-44 时间包围盒示意图

根据定义可知:

(1) 如果实体 e_i 处于静止状态,则在 t 时刻,它的时间包围盒 $TB(S_i(t))$ 与 AABB 包围盒 $B(S_i(t))$ 完全相同;

(2) 如果在 t 时刻,实体 e_i 的运动方向与坐标轴的正方向夹角为锐角,设定沿坐标轴方向的三个单位矢量 $I_x=(1,0,0)$,$I_y=(0,1,0)$,$I_z=(0,0,1)$,那么

$$\left. \begin{array}{l} V_t \cdot I_x \geq 0 \\ V_t \cdot I_y \geq 0 \\ V_t \cdot I_z \geq 0 \end{array} \right\}$$

$$\Rightarrow TB(S_i(t)) = \{(x,y,z) \mid$$
$$x_{\min,i}(t) \leq x \leq x_{\max,i}(t) + V_{i,x}(t) \times T,$$
$$y_{\min,i}(t) \leq y \leq y_{\max,i}(t) + V_{i,y}(t) \times T,$$
$$z_{\min,i}(t) \leq z \leq z_{\max,i}(t) + V_{i,z}(t) \times T\}$$

实体沿着坐标轴的正方向运动,它的时间包围盒与 AABB 包围盒相比表现为沿坐标轴正方向的拉伸;

(3) 如果在 t 时刻,实体 e_i 的运动方向与坐标轴的正方向夹角为钝角,那么

$$\left. \begin{array}{l} V_t \cdot I_x < 0 \\ V_t \cdot I_y < 0 \\ V_t \cdot I_z < 0 \end{array} \right\}$$

$$\Rightarrow TB(S_i(t)) = \{(x,y,z) \mid$$
$$x_{\min,i}(t) + V_{i,x}(t) \times T \leq x \leq x_{\max,i(t)},$$
$$y_{\min,i}(t) + V_{i,y}(t) \times T \leq y \leq y_{\max,i(t)},$$

$$z_{\min,i}(t) + V_{i,z}(t) \times T \le z \le z_{\max,i(t)}\}$$

实体沿着坐标轴的反方向运动,它的时间包围盒与 AABB 包围盒相比表现为沿坐标轴反方向的拉伸。

因此,将时间包围盒 $TB(S_i(t))$ 用公式表示为:

$$TB(S_i(t)) = \{(x,y,z) \mid$$
$$x_{\min,i}(t) + \min(V_{i,x}(t),0) \times T \le x \le x_{\max,i}(t) + \max(V_{i,x}(t),0) \times T,$$
$$y_{\min,i}(t) + \min(V_{i,y}(t),0) \times T \le y \le y_{\max,i}(t) + \max(V_{i,y}(t),0) \times T,$$
$$z_{\min,i}(t) + \min(V_{i,z}(t),0) \times T \le z \le z_{\max,i}(t) + \max(V_{i,z}(t),0) \times T\}$$

根据上述公式,在 t 时刻,实体的时间包围盒与 AABB 包围盒相比表现为沿实体运动方向的拉伸,即沿矢量 $V_i(t)$ 方向拉伸 $|V_i(t)| \times T$ 的距离。

实体在 $S_i'(t)$ 位置时的时间包围盒 $TB(S_i'(t))$ 用公式表示为:

$$TB(S_i'(t)) = \{(x,y,z) \mid$$
$$x'_{\min,i}(t) + \min(V'_{i,x}(t),0) \times T \le x \le x'_{\max,i}(t) + \max(V'_{i,x}(t),0) \times T,$$
$$y'_{\min,i}(t) + \min(V'_{i,y}(t),0) \times T \le y \le y'_{\max,i}(t) + \max(V'_{i,y}(t),0) \times T,$$
$$z'_{\min,i}(t) + \min(V'_{i,z}(t),0) \times T \le z \le z'_{\max,i}(t) + \max(V'_{i,z}(t),0) \times T\}$$

其中,$x'_{\min,i}(t)$、$x'_{\max,i}(t)$、$y'_{\min,i}(t)$、$y'_{\max,i}(t)$、$z'_{\min,i}(t)$、$z'_{\max,i}(t)$ 分别表示实体 e_i 在 $S_i'(t)$ 位置时,在三个坐标轴上投影的最小值和最大值。

由于 $V_i(t) = V_i(t-1)$,即推算模型在 t 时刻使用的运行速度为实体在 $t-1$ 时刻的真实速度,因为在 $t-1$ 时刻,实体在进行状态更新时发送了它的真实运行速度,在以后的 nT 个时间片断内,推算模型都使用该速度进行位置推算,直至 $(t-1)+nT$ 时刻实体再一次进行状态更新,因此,$TB(S_i'(t))$ 可以推导为:

$$TB(S_i'(t)) = \{(x,y,z) \mid$$
$$x'_{\min,i}(t) + \min(V'_{i,x}(t-1),0) \times T \le x \le x'_{\max,i}(t) + \max(V'_{i,x}(t-1),0) \times T,$$
$$y'_{\min,i}(t) + \min(V'_{i,y}(t-1),0) \times T \le y \le y'_{\max,i}(t) + \max(V'_{i,y}(t-1),0) \times T,$$
$$z'_{\min,i}(t) + \min(V'_{i,z}(t-1),0) \times T \le z \le z'_{\max,i}(t) + \max(V'_{i,z}(t-1),0) \times T\}$$

在分布式虚拟现实环境中,每个客户端维护本地实体的精确模型、DR 模型,以及远程实体的 DR 模型,也维护着这些实体在每个仿真片的时间包围盒。若设本地实体 e_i 在 t 时刻位于 $S_i(t)$,它的 DR 位置为 $S_i'(t)$,在这两个位置的时间包围盒为 $TB(S_i(t))$ 和 $TB(S_i'(t))$;远程实体 e_j 的 DR 位置为 $S_j'(t)$,时间包围盒为 $TB(S_j'(t))$。

为了保证分布式虚拟现实环境中的状态一致性,每个客户端需要计算本地实体的 DR 时间包围盒和精确位置的时间包围盒与远程实体的 DR 时间包围盒是否相交:

(1) 若 $TB(S_i(t))$ 和 $TB(S_i'(t))$ 与 $TB(S_j'(t))$ 都不相交,说明本地实体 e_i 在 $[t,t+T]$ 时刻之间与远程实体没有交互,它在该时间片断内的状态改变对其他实体没有影响,实体 e_i 计算它的 DR 位置和精确位置之差,如果超过给定的阈值,发送更新信息;

(2) 若 $TB(S_i(t))$ 与 $TB(S_j'(t))$ 相交,说明 e_i 在 $[t,t+T]$ 时刻之间与远程实体 e_j 可能存在交互,这时发送更新消息,区域服务器启动碰撞检测;

(3) 若 $TB(S_i'(t))$ 与 $TB(S_j'(t))$ 相交,说明第三方客户端在 $[t,t+T]$ 时刻之间,可能会出现远程实体 e_i 和 e_j 的交互,这时发送本地实体的更新信息。

时间包围盒之间的相交测试与 AABB 包围盒之间的相交测试类似,设 $TB(S_i(t))$ 和 TB

$(S_j(t))$为实体 e_i 和 e_j 的两个时间包围盒,(X,Y,Z)为投影轴,判断 $TB(S_i(t))$ 和 $TB(S_j(t))$ 是否相交,可以采用下列步骤:

(1) 将实体 e_i 和 e_j 分别投影到(X,Y,Z),得到 e_i 在三个坐标轴上投影的最小值和最大值分别为 $x_{\min,i}(t)$,$x_{\max,i}(t)$,$y_{\min,i}(t)$,$y_{\max,i}(t)$,$z_{\min,i}(t)$,$z_{\max,i}(t)$,e_j 在三个坐标轴上投影的最小值和最大值分别为 $x_{\min,j}(t)$,$x_{\max,j}(t)$,$y_{\min,j}(t)$,$y_{\max,j}(t)$,$z_{\min,j}(t)$,$z_{\max,j}(t)$;

(2) 根据两个实体在 t 时刻的速度 $V_i(t)$,$V_j(t)$ 计算出在(X,Y,Z)方向的分量 $V_{i,x}(t)$,$V_{i,y}(t)$,$V_{i,z}(t)$ 和 $V_{j,x}(t)$,$V_{j,y}(t)$,$V_{j,z}(t)$;

(3) 通过公式(6-6)得到 $TB(S_i(t))$ 和 $TB(S_j(t))$ 时间包围盒在(X,Y,Z)上的投影区间分别为 $O_i=(O_{x,i},O_{y,i},O_{z,i})$ 和 $O_j=(O_{x,j},O_{y,j},O_{z,j})$,则

$$O_{x,i}=[O_{\min,x,i},O_{\max,x,i}]=[x_{\min,i}(t)+\min(V_{i,x}(t),0)\times T,x_{\max,i}(t)+\max(V_{i,x}(t),0)\times T]$$
$$O_{y,i}=[O_{\min,y,i},O_{\max,y,i}]=[y_{\min,i}(t)+\min(V_{i,y}(t),0)\times T,y_{\max,i}(t)+\max(V_{i,y}(t),0)\times T]$$
$$O_{z,i}=[O_{\min,z,i},O_{\max,z,i}]=[z_{\min,i}(t)+\min(V_{i,z}(t),0)\times T,z_{\max,i}(t)+\max(V_{i,z}(t),0)\times T]$$
$$O_{x,j}=[O_{\min,x,j},O_{\max,x,j}]=[x_{\min,j}(t)+\min(V_{j,x}(t),0)\times T,x_{\max,j}(t)+\max(V_{j,x}(t),0)\times T]$$
$$O_{y,j}=[O_{\min,y,j},O_{\max,y,j}]=[y_{\min,j}(t)+\min(V_{j,y}(t),0)\times T,y_{\max,j}(t)+\max(V_{j,y}(t),0)\times T]$$
$$O_{z,j}=[O_{\min,z,j},O_{\max,z,j}]=[z_{\min,j}(t)+\min(V_{j,z}(t),0)\times T,z_{\max,j}(t)+\max(V_{j,z}(t),0)\times T]$$

(4) 通过比较两个时间包围盒分别在三个轴向上投影区间的重叠情况,与 AABB 包围盒的测试效率相同,由于相交测试最多只需要六次比较运算。

$$O_{\min,x,i}>O_{\max,x,j}\ \|\ O_{\max,x,i}<O_{\min,x,j}\ \|$$
$$O_{\min,y,i}>O_{\max,y,j}\ \|\ O_{\max,y,i}<O_{\min,y,j}\ \|$$
$$O_{\min,z,i}>O_{\max,z,j}\ \|\ O_{\max,z,i}<O_{\min,z,j}$$

在分布式虚拟现实环境中,网络延时是无法消除的,设 Δt 是最大网络延时,在传统的 DR 算法中,当实体 e_i 在 t 时刻将它的当前位置 $S_i(t)$ 发送给其他用户时,由于网络延时的影响,其他用户在接收到实体的状态信息时,实体的位置已经发生了变化;不同用户接收到实体的状态信息时,实体的位置已经发生了偏移。假设 $\Delta t_j(\Delta t_j\leqslant\Delta t)$ 为用户 j 接收到实体信息的网络延时,则偏移量 ΔS_j 可以用下列公式表示:

$$\Delta S_j=\int_0^{\Delta t_j}V_i(t)\mathrm{d}t\approx V_i(t)\times\Delta t_j$$

由于通过上述预测机制检测到出现时间包围盒相交时,意味着可能出现实体之间的交互甚至可能发生碰撞,这时发送本地实体的更新消息应保证远程实体的影像与本地尽可能一致,消除网络延时对系统不一致的影响可以采用下面的补偿方法:在 t 时刻检测到时间包围盒相交后,本地实体 e_i 将它的推算位置 $S_i(t)+V_i(t)\times\Delta t$ 作为补偿状态发送给区域服务器,由区域服务器根据基于模板匹配的分组管理方法进行转发。

另外,当用户与实体进行交互操作引起实体的状态改变时,若实体之间的时间包围盒都不相交,则将实体的更新状态发送给其他客户机,并在本机上立即执行用户操作;否则,证明用户操作可能对其他实体产生影响,而且由于网络延时,可能造成用户之间的状态不一致,因此将实体的更新状态发送给其他客户机后,经过一段延时 Δt 后,用户所在的客户机再执行该实体的状态更新。在延时用户交互的时间段内,该实体处于锁定状态,即不对它的状态改变进行绘制,也禁止用户对它进行再交互操作。

这样,通过发送采用状态补偿的信息和锁定本地实体两种方法进行一致性控制,有效地减

少了分布式虚拟现实环境中由于网络延时和用户交互引起的系统不一致。

基于时间包围盒的一致性控制方法如算法 6-4 所示：

算法 6-4 基于时间包围盒的一致性控制算法

Simulation（ ）

tag $e_{l_i} \in \{e_{l_0}, e_{l_1} \cdots e_{l_n}\}$ with $\Delta t(e_{l_i}) = 0$；　//初始化每个本地实体的延时绘制时间为 0

for $t \leftarrow t_0 : t_n$ in steps of T

{

get messages of remote entities $(e_{r_0}, e_{r_1} \cdots e_{r_m})$；　//接收远程实体的更新消息

render remote entities and every local entites e_{l_i} with $\Delta t \geq T_{MAX}$；

　　　　　//绘制远程实体及本地实体的延时绘制时间到期的实体

tag e_{l_i} with $\Delta t(e_{l_i}) = 0$；　　//设刚绘制过本地实体的延时绘制时间为 0

get user input；　　　　//得到用户输入

filter user input about the local entities with $\Delta t(e_{l_i}) > 0$；

　　　　　　　//过滤掉对延期绘制未到期的实体交互输入

update behavior of local entities $(e_{l_0}, e_{l_1} \cdots e_{l_n})$；　　//更新本地实体的状态

set $\{e_{l_i}\} = $ detect(t，$(e_{r_0}, e_{r_1} \cdots e_{r_m}, e_{l_0}, e_{l_1} \cdots e_{l_n})$ finds collision；

　　//检查所有实体有无时间包围盒相交,返回出现相交的本地实体集合

send update of local entity set$\{e_{l_i}\}$ and tag $e_{l_j} \in$ set$\{e_{l_i}\}$ with $\Delta t(e_{l_j}) = 1$；

　　　　//发送出现时间包围盒相交的本地实体的更新,启动延期绘制

render local entites e_{l_i} with $\Delta t = 0$；//绘制时间包围盒不相交的所有本地实体

tag $e_{l_j} \in$ set$\{e_{l_i}\}$ with $\Delta t(e_{l_j}) += T$；

　　　　//纪录出现时间包围盒相交的本地实体的延时绘制时间

}

detect(t，$(e_{r_0}, e_{r_1} \cdots e_{r_m}, e_{l_0}, e_{l_1} \cdots e_{l_n})$

{

rebuild the AABB-bounds $B(S_{l_i}(t))$、$B(S_{l_i}{}'(t))$、$B(S_{r_i}{}'(t))$ of every entities according to the real location and DR location；

//根据实体的推算位置和本地实体的精确位置建立所有实体的 AABB 包围盒

compute the time-bounds $TB(S_{l_i}(t))$、$TB(S_{l_i}{}'(t))$、$TB(S_{r_i}{}'(t))$ of every entites according to the AABB-bounds；　　//根据 AABB 包围盒建立时间包围盒

for each time-bounds $TB(S_{l_i}(t))$ and $TB(S_{l_i}{}'(t))$ of local entities

$e_{l_j} \in \{e_{l_0}, e_{l_1} \cdots e_{l_n}\}$

　　for each time-bounds $TB(S_i(t))$ of entities $e_i \in \{e_{r_0}, e_{r_1} \cdots e_{r_m}, e_{l_0}, e_{l_1} \cdots e_{l_n}\}$

　　　　if (penetrate($TB(S_{l_i}(t))$, $TB(S_i(t))$))

　　　　collision occurs at simulation time t，set$\{e_{l_i}\} \leftarrow e_{l_i}$ //若本地实体的时间包围盒与其他时间包围盒相交,将本地实体放入出现相交的本地实体集合

}

6.5.4　实验结果分析

设三个实体在 5000×5000 平方米范围的分布式虚拟现实环境中所做运动的真实路径如图 6-46 所示,其中,两个远程实体和一个本地实体在虚拟环境中的运动轨迹方程分别表示为：

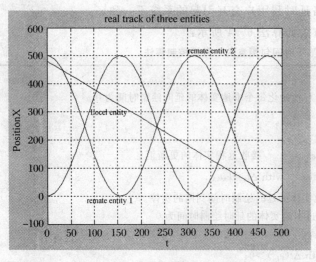

图 6-46　三个实体的真实路径

$$\begin{cases} x_1 = 500 \times \cos^2(0.05t) \\ y_1 = 5 \times t \end{cases}$$

$$\begin{cases} x_2 = 500 \times \sin^2(0.05t) \\ y_2 = 5 \times t \end{cases}$$

$$\begin{cases} x_3 = 480 - 5 \times t \\ y_3 = 5 \times t \end{cases}$$

根据实体的运动方程可知,本地实体的运动速度为常量,运动方向固定不变,两个远程实体做 S 型运动,运动速度随时间改变而变化,在 x 轴方向的最大速度为 25 米/秒。

因为
$$x_1 = 500 \cdot \cos^2(0.05t)$$
$$v_{1,x} = x_1 = -25 \cdot \sin(0.1t)$$
所以
$$|v_{1,\max,x}| = 25$$
因为
$$x_2 = 500 \cdot \sin^2(0.05t)$$
$$v_{2,x} = x_2 = 25 \cdot \sin(0.1t)$$
所以
$$|v_{2,\max,x}| = 25$$
因为
$$x_3 = 480 - 5 \cdot t$$
$$v_{3,x} = x_3 = -5$$
所以
$$|v_{3,\max,x}| = 5$$

设网络最大延时分别为 $100 \sim 1000$ 毫秒,DR 阈值分别为 $10 \sim 100$ 米。三个实体在不同参数下得到的 DR 路径如图 6-47 所示,基于时间包围盒(Time-bound)算法得到的路径如图 6-48 所示。根据图 6-47 可以看出,使用 DR 算法时,网络延时和阈值的选择对系统的状态

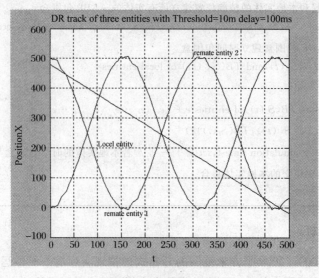

(a) 阈值 10 米,延时 100 毫秒

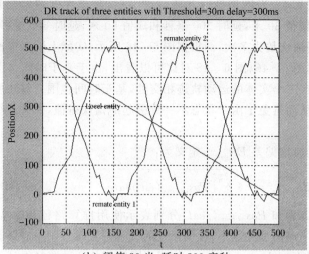

（b）阈值 30 米，延时 300 毫秒

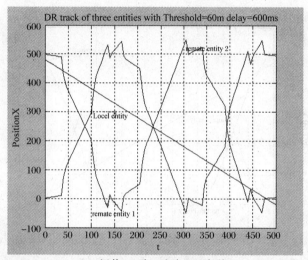

（c）阈值 60 米，延时 600 毫秒

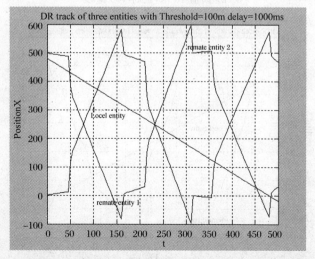

（d）阈值 100 米，延时 1000 毫秒

图 6-47　不同参数下的 DR 路径

一致性控制有很大的影响,当网络延时和阈值增大后,甚至在客户端出现错误的碰撞,如图6-47(b)(c),设置阈值30米,延时300毫秒和阈值60米,延时600毫秒的情况下,本地实体和远程实体之间的碰撞次数为7次,而根据图6-46所示,实际上的碰撞次数应该为6次。

通过图6-47和图6-46、图6-48对比可以看出,由于基于时间包围盒算法所得路径启动了预测机制,因此在三个实体的运动轨迹相交处,基于时间包围盒算法所得路径比DR路径更接近于真实路径,从而避免了由于状态不一致引起的错误碰撞,保证系统中各个实体的状态一致性。

设一致性控制的碰撞偏差 $ER_{collision}$ 定义为:

$$ER_{collision} = \sqrt{\sum_{i=1}^{n} \left[Pos_{collision}(estimate) - Pos_{collision}(real) \right]^2}$$

其中,$Pos_{collision}(estimate)$ 和 $Pos_{collision}(real)$ 分别表示使用推算路径和真实路径出现碰撞的位置。根据定义可知,当碰撞偏差越小,说明系统的状态一致性控制得越好。表6-12列出了在网络延时严重的情况下(delay=1000ms),使用不同阈值的两种路径得到的碰撞偏差。通过对

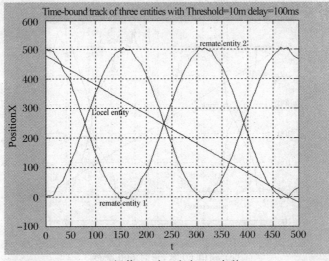

(a)阈值10米,延时100毫秒

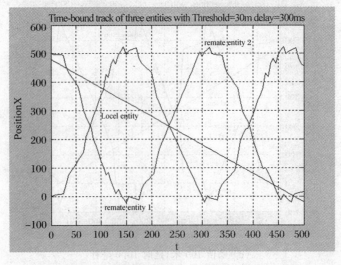

(b)阈值30米,延时300毫秒

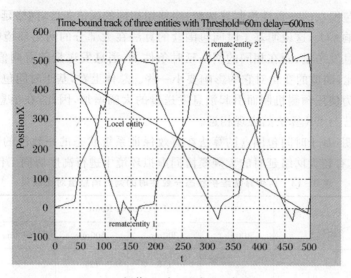

（c）阈值 60 米，延时 600 毫秒

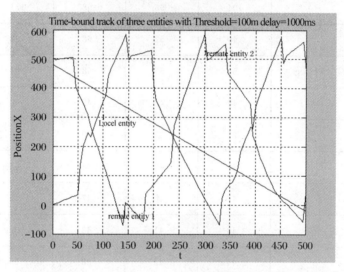

（d）阈值 100 米，延时 1000 毫秒

图 6-48　不同参数下的基于时间包围盒算法所得路径

比得出，基于时间包围盒路径的碰撞偏差低于 DR 路径的碰撞偏差 8% 以上，而且当阈值不大于实体运动速度的两倍时（<50），基于时间包围盒算法得到的路径取得了很好的效果。

表 6-12　两种路径的碰撞偏差对比结果

状态维护算法 阈　　值	Time-bound Route	DR
10	1.35	12.74
40	1.63	15.56
70	11.69	16.61
100	16.34	17.79

由于基于时间包围盒的算法在预测到实体之间将要发生碰撞时，通过发送它的真实状态来维护系统的一致性，这将增加协同虚拟环境系统中的消息发送量，表 6-13 为使用基于时间包围盒算法与 DR 算法纪录的网络消息量的对比结果。通过对表 6-13 进行分析可以看出，

在使用基于时间包围盒的一致性控制算法时,当使用相同的阈值条件,网络延时的增加对系统消息发送量的影响不大,这说明基于时间包围盒的算法在大部分的网络环境中都基本上能保持相对稳定的消息发送量;而在相同的网络延时条件下,消息发送量随着阈值的减小而增加,但与 DR 算法相比,阈值的变化对它的影响要小一些。总体上看,基于时间包围盒的一致性控制算法并没有因为使用预测机制而引起消息发送量的大幅增加,因此,在消息过滤方面,基于时间包围盒的算法与 DR 算法的表现相近。

实验结果证明,基于时间包围盒的算法在有效保证系统状态的一致性的同时进行了消息过滤,为用户在具有较大网络延时的大规模协同虚拟环境中进行高度协同工作提供了保障。

表 6-13　两种算法维护状态一致性时的网络消息量对比结果

状态维护算法　　　阈　值	Time-bound Route				DR
	100ms	300ms	600ms	1000ms	
10	156	156	134	146	152
20	104	95	98	131	102
30	40	52	68	92	32
40	54	55	58	91	30
50	49	48	49	60	24
60	27	27	30	49	20
70	45	43	44	44	16
80	47	48	47	45	16
90	43	41	43	46	12
100	44	42	38	25	12

7 分布式虚拟现实开发工具

7.1 三维建模工具

7.1.1 基于 3DS MAX 的三维建模

3D Studio MAX,简称 3DS MAX,是由著名的 AutoDesk 公司麾下的 Discreet 多媒体分部推出的一套强大的三维建模软件,由于它是基于 Windows 平台的,方便易学,又因其相对低廉的价格优势,所以成为目前个人 PC 上最为流行的三维建模软件。由于虚拟环境包括三维模型、三维声音等,而在这些要素中,因为在人的感觉中,视觉摄取的信息量最大,反应亦最为灵敏,所以创造一个逼真而又合理的模型,并且能够实时动态地显示是最重要的。虚拟现实系统构建的很大一部分工作也是建造逼真合适的三维模型。通过使用 3DS MAX 等作为创建三维对象的工具,再通过一些较为简单的程序开发,就可以实现虚拟环境的浏览和交互了。

3DS MAX 主要有以下特点:

(1) 提供了强大的建模功能:具有各种方便、快捷、高效的建模方式与工具。提供了多边形建模、放样、表面建模工具、NURBS 等方便有效的建模工具,使模型的创建工作变得轻松有趣。

(2) 易学易用,操作更加简便:非常具有个性的工作界面随意定制,各种工具方便易用。

(3) 特殊效果和渲染能力得到增强:增加了若干新功能用来增强渲染质量与提高旋绕速度。

(4) 角色动画制作能力得到较大提高:跟软件配套的外挂插件"Character Studio"的功能得到极大的增强,加上新设计的骨骼系统与其他特色,使人物角色动画的创建变得更加方便、直观与高效。

下面简单介绍 3DS MAX 的主要功能:

7.1.1.1 三维模型的搭建

在 3DS MAX 中,我们可以直接在命令面板 Creat(建立) | Geometry(几何模型)下,选择 Standard Primitives(标准几何体)或 Extended Primitives(扩展几何体)的工具按钮,创建和组合各种简单的三维物体。如果对这些几何造型进一步施加 Modify(修改器)命令面板中的各种修改功能,还能使它们产生各种各样的变形,从而制作出较为复杂的三维造型。

系统总共提供了 10 种标准模型(如 Box 立方体、Sphere 球体、Cylinder 圆柱体、Teapot 茶壶等)和 13 种扩展模型(如 Hedra 多面体、ChamferBox 倒角方体、Torus Knot 环形结、Ring-Wave 环形波浪等)的 3D 造型工具,用户可以直接利用它们创建和组合一些简单的物体。

利用 3D 造型工具直接创建几何物体的方法操作简单,但它们的建模能力却十分有限。对此,系统提供了众多的修改命令,例如 Bend(弯曲)、Taper(削切)、Twist(扭曲)和 Noise(噪声)等,将这些修改功能作用于任何几何体后,就可以方便地生成复杂的三维物体。值得一提的是,在应用这些功能时,被修改物体的长、宽、高的段数(Segments)通常不能为 1,否则将无法产生某些效果,如弯曲、扭曲等。

场景中的每一个物体都有自己的修改器堆栈,它记录了一个物体的编辑调整过程。所有对物体进行的创建、修改等操作均按次序(先进行的操作在列表的最下面,后进行的操作在列表的最上面)放在其中。用户可以随时访问和改变物体创建或调整时的参数,并能在任何选定的步骤之后添加或删除一些操作。

7.1.1.2 使用二维图形建立三维模型

在 3DS MAX 中,我们可以利用系统提供的各种 2D 造型工具,再加上 Extrude(拉伸)、Lathe(旋转)和 Loft(放样)等修改功能,方便地生成较为复杂的三维物体。使用二维图形建立三维模型的基础和关键在于熟练掌握平面图形的绘制和修改技巧。

3DS MAX 提供了多种平面团形绘制元素,用户可以直接选择命令面板 Creat(建立) | Shape(图形)下的 Line(直线或曲线)、Circle(圆)、NGon(多边形)、Text(文字)、Star(星型)、Helix(螺旋线)等工具按钮创建二维图形。而利用修改器中的 Edit Spline(编辑样条)功能,还可以对已绘制的图形做进一步的编辑和调整,从而获得更加复杂与逼真的外观效果。

在 Edit Spline 功能中,对 2D 图形的修改可以分为 Vertex(节点)、Segment(线段)、Spline(样条)和 Object(造型)四个层次。当 Sub-Object(子物体)关闭时,只能改变造型本身。进入 Sub-Object 模式修改功能,则可以对图形的节点、线段以及样条的形状和曲度进行调整。其中,节点的控制占了非常重要的地位。用户可以根据每个点的不同需要,分别在 Corner(角点)、Smooth(光滑曲线点)、Bezier(贝塞尔点)、Bezier Corner(贝塞尔角点)这四种节点类型下任选其一。

利用 2D 造型生成三维物体的方法通常有以下几种:

(1) 使用 Extrude 修改功能,把创造的 2D 平面拉伸成一个 3D 物体;

(2) 利用 Lathe 修改功能,使 2D 造型自行旋转产生成一个 3D 物体;

(3) 使用 Loft 修改功能,将 2D 截面沿路径(另一个平面或立体化的 2D 造型)放样生成一个 3D 物体。

7.1.1.3 高级造型技巧

3DS MAX 的建模方法有多种。我们既可以利用系统提供的各种几何体以搭积木的方式组建起来,也可以先绘制平面造型再施加调整器而得。但在实际创作中,这些建模方法还远不能满足要求。对于很多较复杂的造型,3DS MAX 系统提供了一些高级建模功能,它们包括多截面放样、变形、组合物体和面片造型等。

1. 多截面放样及其放样变形

在创建放样物体的过程中,我们可以在路径上放置任何形式的型,然后在它们之间产生不同形状的表面。同时,我们还可以通过 Loft 参数面板中 Deformations 提供的修改工具,对放样物体做进一步的复杂变形。

3DS MAX 提供了五种放样变形工具:

(1) Scale(变比):沿放样物体的 X 轴或 Y 轴,对截面进行百分比缩放;

(2) Twist(扭曲):以路径为轴,对截面进行扭曲变形;

(3) Teeter(旋转):将截面沿放样物体的轴旋转,可改变物体在路径始末端的倾斜度;

(4) Bevel(倒角):对截面进行缩放,可产生内外倒角;

(5) Fit(拟合):通过指定项视图(Fit X)、侧视图(Fit Y)和前视图(Loft)的二维轮廓造型来创建三维物体。

2. NURBS 建模

3DS MAX 提供的 NURBS 建模方式很实用。它不仅可以产生较规则的造型,还特别适合于创建由复杂曲线构成的表面,而 NURBS 曲面的可控制点动画技术更为异面体的表面动画提供了有力的创作工具。

创建 NURBS 造型的方法多种多样,常用的有以下几种:

(1) 在 Creat|Geometry 命令面板中直接选取 NURBS Surface(NURBS 曲面)选项,建立一个原始的 NURBS 曲面,然后在 Modify 修改命令面板中对其进行修改;

(2) 在 Creat|Shapes 命令面板中直接选取 NURBS Curves(NURBS 曲线)选项,建立多个原始的 NURBS 二维曲线形,然后在 Modify 修改命令面板中对其进行旋转、拉伸等修改;

(3) 先建立一个标准几何物体(而且只能是标推几何物体),然后在物体上点击右键,选择 Convert To(转变为)|Convert to NURBS 项,将标准几何物体转化为 NURBS 造型。

7.1.1.4 材质与贴图

如果一个物体仅仅具有一种单调的颜色,这个物体就不会很吸引人,其真实感也将大大减弱。所谓的材质,就是在物体表面创造出一种光学效果,让它在着色时展现出不同的质地和色彩。例如,让它看起来像玻璃、金属、大理石等。贴图是材质编辑中的一个关键步骤,一个好的三维场景其贴图的使用是很频繁的。3DS MAX 为我们提供了多种贴图方法来制作丰富多彩的材质,如木纹、反射镜面、棋盘格等。用好贴图将大大增强作品的真实感。

1. 材质与贴图

材质,是网格物体表面的一种属性,它将影响物体的颜色、反光度、透明度和图案等。在材质编辑器中,用户可以生成和编辑材质、贴图以及两者的任意组合,也可以建立材质或贴图层级。一个材质层级是指一个包含其他材质或贴图的材质,相应的一个贴图层级是指一个包含其他贴图的贴图。我们将它们称为复合材质和贴图。

系统提供的贴图类型有很多种,主要包括:标准的贴图如 jpg、tif、tga 等格式类型的文件,程序式贴图如棋盘格、大理石等纹理等,还有影像处理系统如合成及遮罩系统。

2. 贴图坐标的设置

值得一提的是,精美的贴图还要配合正确的坐标指定,即告诉 3DS MAX 系统这幅图要贴到什么位置和以何种方式贴上去。设定贴图坐标主要有三类方法:

第一类是内建式,即按照系统预设的方式给物体指定贴图坐标。方法是在建立物体时,选中 Parameters 参数面板中的[Generate Mapping Coords](生成贴图坐标)复选项。

第二类是外部指定式,即我们可以根据物体的形状自己指定贴图方式。UVW 贴图方式就是其中最为常用的一种。方法是在 Modify(修改)命令面板中给物体指定[UVW Map]修改功能,然后从数种贴图坐标系统中选择一种。UVW 贴图方式可以自行设定贴图坐标的位置,还可以利用贴图坐标的变换制作动画。

第三类是放样物体贴图方式,即在放样物体生成或修改时按照物体的纵向或横向指定的贴图方式。

7.1.1.5 灯光与环境

当我们制作了逼真的三维模型与精美的材质后,还需要模拟一些自然界中的环境效果,使场景显得更为真实。3DS MAX 系统主要为用户提供了两种环境处理手段,即灯光和雾。

1. 灯光的设置

灯光是我们在制作三维场景或动画时一项非常重要的内容。在 3DS MAX 中,灯光是一种特殊的对象,它本身不能被渲染着色,但它却影响着其他物体的表面和色彩。因而,灯光和材质起着同样的作用和效果,两者相结合,将使物体更具真实感与魅力。3DS MAX 系统共提供了五种光源:

(1) 泛光灯(Omni):一种可以向四面八方均匀照射的点光源;

(2) 目标聚光灯(Target Spot):一种可调整的、有方向的光束,它可产生阴影和其他特殊效果,是最为常用的一种光源;

(3) 自由聚光灯(Free Spot):一种没有投射目标的聚光灯,通常用于运动路径上或与其他物体相连而成为子物体;

(4) 目标定向光源(Target Driect):一种可发射出平行光束的灯光,通常用于模拟日光的照射效果;

(5) 自由定向光源(Free Direct):一种没有投射目标的定向光源,通常用于动画路径上或与其他物体相连而成为子物体。

2. 雾效的设置

雾是渲染三维场景真实气氛的另一个重要手段。创建的三维空间,总像是处在没有空气的环境中一样,物体的远近在清晰度上不受一点儿影响,因而缺乏一定的真实感。如果我们在环境设置中增加一定的雾效,就可以使场景中的物体由近到远逐渐模糊起来,产生空间层次感。3DS MAX 系统共提供了三种雾的效果:

(1) 标准雾(Standard Fog):常用于增加场景中空气的不透明度,产生雾茫茫的大气效果;

(2) 层状雾(Layered Fog):常用于表现仙境、舞台等特殊效果;

(3) 体积雾(Volume Fog):又称质量雾,可产生三维空间的云团,是真实的云雾效果,在三维空间中以真实的体积存在。

除了雾效以外,在系统的环境设置功能中还提供了一种燃烧(Fire Effect)效果,可用于产生真实动态的火焰、烟雾、爆炸等特殊效果。

7.1.1.6 渲染

渲染的方法有多种,可以通过工具栏中的渲染按钮或菜单栏"渲染"菜单中的相关命令进行渲染,也可以使用快捷键进行快速渲染。菜单栏的"渲染"菜单是渲染输出的主要通道,使用此菜单的相关命令也可以实现场景的渲染及渲染效果的设置。

3DS MAX 为用户提供了不同的渲染类型,单击渲染工具栏的"视图"下拉框,会弹出渲染类型下拉列表,从中选择相应的渲染类型可以对渲染的区域、部分等进行控制,以节省渲染的时间。各选项的作用如下:

(1) 视图:对当前激活视图的全部内容进行渲染;

(2) 选定对象:对视图中选中的对象进行渲染;

(3) 区域:选中此选项后,单击渲染按钮后,在激活视图中会产生一渲染区域设置框,通过此设置框可以对渲染区域进行设置;

(4) 裁剪:类似于"区域",但使用"裁剪"方式进行渲染时,区域以外的部分不会在渲染窗口中显示出来,而"区域"类型则不会对区域以外的进行清除和更新;

(5) 放大:类似于裁剪,选中此选项后,渲染将对选定区域的场景进行放大渲染,区域以外的则不在渲染窗口中显示;

(6) 选定对象边界框:以选中对象的边界为渲染区域;

（7）选定对象区域：类似于"选定对象边界框"模式，但此渲染方式不会对以前的渲染区域以外的图像进行更新；

（8）裁剪选定对象：以选定对象所在的区域为渲染区域，进行"裁剪"渲染。

7.1.1.7 粒子系统

像自然界中的雨、雪、风、树叶等，都是由许多粒子组成的、不断变化的物理现象或物理介质。如果我们每次都去单个手工绘制这些介质，无疑会给我们添加很大的工作量。为了实现快速绘画或快速制作动画的目的，3DS MAX 给我们提供了粒子系统。通过粒子系统，我们可以轻松实现烟云、火花、爆炸、暴风雪或者瀑布等效果。选择系统工具栏的"创建"面板，在"几何体"的下拉菜单中选择"粒子系统"命令即可以看到如下的粒子系统。

3DS MAX 共给我们提供了七种粒子系统，其中"喷射"和"雪"为基本粒子系统，"暴风雪"、"粒子列阵"、"粒子云"和"超级喷射"为高级粒子系统，PF Source 被称做"事件驱动粒子系统"。"喷射"粒子系统善于模拟雨水、喷泉、火花等。一般来说，"喷射"的粒子以一个恒定的方向迁移，即喷射的物体在它整个生命周期内总是朝下降落的。"雪"与"喷射"不同的是：雪粒子能够翻转地下降，而且可以在下降的过程中设置尺寸的变化。高级粒子系统以基本粒子系统为基础构建，只是加强了控制粒子行为的功能，比如添加了更多的选项能够设置等，比如用来模仿流体、爆炸、轨迹等现象。PF Source 是 Particle Flow Source（粒子流源）的缩写，即"事件驱动粒子系统"，即根据事件来控制粒子系统的显示。在 PF Source 使用的"粒子视图"中，可将很多粒子属性（如形状、速度、旋转等）复合到事件的组中，然后根据每段时间事件的不同计算出应该进行的粒子行为。同建立其他 3DS MAX 9 对象一样，选择相应的按钮（比如选择"雪"按钮），在透视图中拖动一个框，然后拖动时间滑块，就可以见到粒子流了，单击"渲染"按钮，可以见到输出效果。

在实际创建"粒子系统"的过程中，我们还需要进行很多操作，比如要设置粒子的大小，要设置粒子的颜色（这个通常使用"材质"功能），或进行其他设置操作。而且有的时候还要使用其他的系统，如控件扭曲等，才能创建出满意的效果。

7.1.2 基于 Maya 的三维建模

现在市场中的三维建模软件有很多种，有 Maya、3DS MAX、SOFTIMAGE、CINEMA4D、LIGHTWAVE 等。Maya 软件在这些三维软件中占有主要地位，尤其是在动画、电影等特效的制作中起着关键的作用。它的人性化的操作，强大的功能，吸引着越来越多的 CG 艺术。Maya 是 Alias/Wavefront 公司 1998 出品的一种优秀的三维软件。Alias/Wavefront 公司是由原来的三维软件制作领域两大巨头 Alias 公司和 Wavefront 公司合并而来的，Maya 就是在两强合并之后新推出的优秀软件之一。Maya 拥有先进的体系结构，速度惊人，功能强大，包含建模、渲染、动画、动力场模块，在 PC 机上就能创造出非常复杂的动画和渲染效果；在 Maya 本体上进行个性化设置以及扩充也比较方便。

Maya 软件共分为三种版本：

Maya Complete 是一组包含完整 3D 模型、动画、运算功能的 3D 动画模组，它提供了用于制作世界级动画的所有工具和功能，包括：Maya Base（基本程序）、Maya Artisan（建构 3D 模型并实现动画，提供直观的画笔和雕塑工具）、Maya F/X（特效模组，整合柔体与小分子动力学）、Maya Fusion Lite（后期 2D 特效制作）和 Maya Invigorator Lite（用于制作的 3D 字体或图标）等。

Maya Unlimited 是一组专为影视制作而设计的模组,它除了具有 Maya Complete 所有功能外,还包含了最新的动画和数字特技技术。其内容包括有:Maya Base、Maya Artisan、Maya F/X、Maya Live(融合 3D 到 2D 的特技软件)、Maya Cloth(快速而逼真地制作衣服和各种布料的模拟工具)、Maya Fur(制作逼真的皮毛并对其进行颜色、粗细、长短等的调整)、Maya Power Modeler(更快速、更方便地制作粗细复杂模型的工具)、Two Supplemental Batch Render Licenses(增加算图的速度)等。

Maya Compositing 可以提供更先进的剪辑特技,包括:Maya Composer ,其在 Unix 平台上更多地利用它来制作场景和特技;Maya Fusion,则在 Windows NT 上具有更多的专业特技效果。以下将从体系结构、动画综述、人体动画、动力学、建模、渲染等几个方面来简述其技术特性:

(1) 体系结构:Maya 基于节点的体系结构提供了优越的性能和对总体的控制。

(2) 动画综述:Maya 拥有一整套的关键帧和过程化动画工具。

(3) 人体动画:Maya 为建造和动画数字角色提供了丰富的功能。

(4) 动力学:Maya 支持复杂的动力学作用,包括刚体、柔体或粒子间的碰撞。

(5) 建模:Maya 对 NURBS 和多边形建模工具进行了完整地补充,强化了人物模型的构建。

(6) 渲染:Maya 能够渲染出具有电影胶片品质的图像,其清晰度和真实感令人叹为观止。

Maya 具有先进的工作流程。Maya 的用户界面专为高效率的工作而设计。直观、方便,同时给予用户对界面的控制权,允许用户灵活地对界面进行设计。用户还可以自行编写简单的 Maya Embedded Language(MEL),自动执行重复性的操作;或者为特定的项目设定环境;或者直接用艺术级的三维操作工具来调整场景的各个组成部分;或者是利用拖放式的图形用户界面来改变 Maya 内部基于节点的体系结构。这样的工作流程可以让用户做出各种尝试,得到满意的结果。其次,Maya 的运算速度非常快,与原来的 3DS MAX 等软件比较起来,由于采用了先进的体系结构,Maya 的运算速度可谓是超强的。再次,Maya 有着快捷、卓越的创作工具,即使是在配置不算太高的系统中,其面向对象的设计和 OpenGL 的图形执行方式,也能产生卓越的回放速度和品质。用户可以有选择的指定工作模式为材质模式、光照模式或者纹理模式。在 Maya 中最具有震撼力的新功能要算 Artisan 了,用此功能可以随意地雕刻 NURBS 面,从而创作出各种各样繁杂的形象。

Maya 的模块菜单有 Modeling(建模模块)、Animation(动画模块)、Dynamics(动力学模块)、Rendering(渲染模块)、Cloth(布料模块),下面对主要功能做一下介绍:

7.1.2.1 Maya 的建模部分

1. 基于 Maya 的多边形建模技术

Maya 的多边形建模方式是几种建模方式中最简单易懂的方式,但需要读者具备一些造型能力和组织结构线的能力。

(1) 多边形的元素:点、边、面

使用点、边、面等多边形元素可以对多边形物体进行形状的编辑,在空白处选择物体或在物体上按住鼠标右键选择这些元素。

(2) 多边形基本几何体

① Sphere(球体):多边形的球体是很常用的一个多边形物体,比如在做人物的头部时就

是以球体为基本形,再修改成头部的。

② Cube(正方体):多边形正方体是很多模型创建的基本几何体,比如创建桌子、显示器、房子、人物、动物等很多物体,都是以 Cube 作为基本几何体来进行创建的。具体的创建方法在后面进行详细地讲解。

③ Cylinder(圆柱体):多边形圆柱体作为基本几何体,比较适合做一些像笔、建筑物的柱子、布尔运算物体等。

④ Cone(圆锥体):改变其片段数及其高度半径可以做出多种多边形的基本几何形体。

(3) 使用创建多边形工具(Creat Polygon Tool)

创建方法:

① 选择 Polygons＞Creat Polygon Tool 命令;

② 在创建的时候尽量在顶视图、侧视图和前视图上进行创建;

③ 创建完成后按回车键结束创建。

(4) 扩展多边形工具(Append to Polygon Tool)

创建方法:选择 Polygons＞Append to Polygon Tool,然后选择要扩展的面的边界边,剩下的创建方法和 Creat Polygon Tool 的创建方法相同。

(5) Combine 和 Separate(合并物体和分离物体)

Combine:合并多边形物体。它可以把两个或多个物体变成一个物体。这样在选择物体元素的时候,可以很方便地同时框选两个或多个物体的元素,并对其进行移动、旋转、缩放的操作。当想把这些物体再分开的时候,再执行 Separate 这个命令就可以把这些物体分开。

(6) Booleans(布尔运算)

布尔运算并不是一个很陌生的名字,无论在 3DMAX 还是平面软件里都可以找到这个名词。同样在 Maya 里布尔运算也是不可缺少的,尤其在建模的时候是非常直观的。这里的布尔运算可以把它看成是用一个物体去"雕刻"另一个物体。布尔运算有并、交和差运算。

① Union(并集):选择的顺序没有要求,选择两个物体,要求两个物体相交。再选择 Polygons＞Booleans＞Union 进行并集布尔运算。

② Difference(差集):先选择的物体是"被雕刻物体",后选择的物体是"雕刻物体"。再选择 Polygons＞Booleans＞Difference 完成差集布尔运算。

③ Intersection(交集):在这里不分选择物体的先后顺序。选择 Polygons＞Booleans＞Intersection。

(7) Mirror Geometry(镜像多边形几何形体)

此命令可以把一个多边形物体以某一个轴向复制出一个物体,并且新复制出的一个物体和原来的物体合并成一个物体。

(8) Mirror Cut(镜像减切)

操作方法:选择需要镜像的多边形物体;然后选择 Polygons＞Mirror Cut,这时出现一个操纵器和镜像物体;再选择 Z 轴(也就是蓝色的轴)对其进行移动,移动到合适的位置。

(9) Smooth(光滑)

一般都是使用多边形创建出多边形的粗略模型,然后再使用 Smooth 命令进行光滑处理,使模型变得更加细致。

(10) Smooth Proxy(光滑代理)

用法:设置基本与"光滑"一样(注:代理完了以后,基本模型是半透明的,在调节模型时很不方便,这样就可以把 Proxy TransParency(代理的透明度)改成 0)。

(11) Cleanup（清除）

命令的设置很简单,在其设置的对话框内把 Remove Geometry 中的 Edges with zero length(清除零长度的边)和 Faces with zero geometry area(清除零面积的面)勾选上,执行 Polygons>Cleanup 后就可以把边上的面清除掉。

(12) Keep Face together(保持面和面之间共面)

这个命令跟后面的"挤压面"命令结合起来使用。

(13) Split Polygon Tool(分割多边形工具)

当在对多边形的面进行加线的时候就需要这个命令。建模的时候经常需要不断地对多边形的面进行分割,增加其细节。

使用方法:先选择 Edit Polygons>Split Polygon Tool,然后再选择多边形物体要分割的面的一个边,再选择对应的一条边,然后按回车确定分割完成。可以一次连续分割多个边,但不能跨边进行分割。

(14) Extrude Face(挤压面)

这是编辑多边形面经常用的一个命令,让模型细节化。在这里应该理解怎么去操作,在挤压的时候要选择蓝色的箭头进行移动,而蓝色的箭头始终都是垂直于这些面的,所以每次挤压的时候先要找到蓝色的箭头。缩放应该选择上面的方块进行缩放。旋转的时候应该先选择工具上面的圆圈切换到旋转工具上,选择让它沿着某个方向进行旋转。挤压的时候以物体的世界坐标系统进行挤压,或者以物体的自身坐标系统进行挤压。

(15) Extrude Edge/Vertex(挤压多边形的边和点)

具体操作的方式跟挤压面是一样的。

(16) Bevel(倒角)

倒角在整个画面效果中起着很重要的作用,是增加整个画面细节的重点。在现实生活中所有的物体都有自身的倒角,所以在做模型的时候,凡是遇到物体边界的时候尽量给其加上倒角。

用法:选择物体或者是多边形的边,然后选择 Edit Polygons>bevel。

(17) Merge Vertices(融合多边形端点)

这个命令可以把两个点或者是多个点融合在一起。前提是必须选择同一个物体的点的元素级别。

用法:先进入物体的点的元素级别,然后选择其中对应的两个点,再打开 Edit Polygons> Merge Vertices 的对话框,调节 Distance(两个点之间的距离),当这个数值大于所选的两个点的距离的时候,两个点就可以融合在一起,如果小于的话就不能融合在一起。

(18) Merge Edge Tool(融合边工具)

这个命令与上个命令很相似,只不过这个是针对边,而上一个是针对点的。先是选择 Edit Polygons>Merge Edge Tool,然后选择需要融合的其中一个边,这时其他可以与这个边相融合的边就以紫色的方式显示。再选择另一个需要融合的边,且这些边必须是边界边。最后按回车键或在空白处点下鼠标左键表示完成融合边。

(19) Collapse(塌陷)

它可以把多边形的边和面塌陷成一个点。这个命令在布线的时候很重要。

用法:选择一个或多个面或者边,然后选择 Edit Polygons>Collapse。

多边形建模的特点是能够简单、快捷地表现有规则的、棱角分明的、无生命的物体。建造多边形模型时一定要注意这一特点。建造多边形模型的总的思路可以说是由大到小，由粗到细，由平面到立体。比如说建造一栋大楼的模型就可以先在顶视图中画出地基的轮廓线，然后拉伸，再在墙上分割出窗户等细节，再用拉伸、变形、扭曲等方法修改，最后得到预想的结果。

在建模精细度的问题上，多边形对象中的细节表现需要很多的面。在机器配置不高的情况下，就要量力而行。初学三维建模的人经常犯的错误就是把每一个物体都建得很精致，每一个小的细节都去做，结果常常是费力不讨好。伴随着细节问题所出现的是编辑过细模型的能力问题。随着细节的增加，编辑模型的难度也会不断加大。由于多边形模型一般用在那些需要高速甚至实时渲染的场合，所以不要过分强调模型的逼真和精致，只要能满足需要就可以了，要注意及时删去多余的多边形（如用精简多边形工具）以及无用的顶点和边（如用清除多余的多边形工具），还可以通过改变多边形显示方式来提高工作效率。当需要表现某一细节，却又不能或者不想用建模的方法去实现时，不妨试试用一幅逼真的贴图去表现它。

多边形建模的应用领域是由多边形建模的特点决定的。多边形建模的基本单位是面，这里的面是由顶点和边决定的一个个小的平面。多边形模型的一个重要特点就是它的通用性，多边形模型的数据易于存储和转化，便于用于工业生产，所以大多数的三维动画和 CAD 软件都支持多边形模型的数据。多边形模型的另一重要特点是对系统配置的要求比曲面模型（如NURBS 模型）要低得多，因此，它具有更好的实时性。由于这些特点，多边形建模主要被应用在建筑设计、机械 CAD/CAM、军事仿真、三维电脑游戏、虚拟现实、影视二维动画等领域。随着技术的进步，相信多边形建模的应用领域还会更加广泛。

2. 基于 Maya 的 NURBS 建模技术

曲线是 NURBS 建模的一个重要内容。下面介绍 Edit Curves（编辑曲线）菜单上的所有命令。

（1）复制曲面曲线

使用 Edit Curves＞Duplicate Surface Curves（编辑曲线＞复制曲面曲线）命令，复制等位结构线：

① 选择等位结构线，将其拖曳到合适的位置；

② 选择 Edit Curves＞Duplicate Surface Curves 命令。

在默认状态下，复制出的曲线是场景中的新对象。可以与曲面分离，因为它不是等位结构线也不从属于曲面。

可以改变曲线的定位、方向与曲面的距离。操作方法为选择曲线，显示 Channel Box（通道框），并选择 curveFronSurfaceIso 标题，将属性设置成合适的值。如果对曲面进行变换或变形，也就相当于变换了曲线。

复制用于修剪的曲面曲线：Edit Curves。用 Duplicate Surface Curves 在曲面上剪切出孔洞，在相同曲面的两边使用相同的曲线即可实现。

（2）连接曲线

使用 Edit Curves＞Attach Curves（编辑曲线＞连接曲线）创建实现。

① 将曲线与另一曲线的最近端点相连；

② 在指定点连接曲线；

③ 设置 Attach Curves 选项。选择 Edit Curves＞Attach Curves 对话框，打开选项窗口。

（3）分离曲线

使用 Edit Curves＞Detach Curves(编辑曲线＞分离曲线)命令,可以把一条曲线分成两条曲线或者断开一条封闭的曲线。

注意,如果在选择 Edit Curves＞Detach Curves 前,打开 Construction History(历史记录),则可以用操纵器工具交互式地移动分离点。

(4) 对齐曲线

当用户创建对象时,曲线和曲面的连续性有三种类型:

用户可以用 Edit Curves＞Align Curves (编辑曲线＞对齐曲线)来确定曲线的连续性。

对齐两条曲线:

① 在要对齐的曲线上选择曲线(或等位结构线)上的点;

② 选择 Edit Curves＞Align Curves。

(5) 移动曲线接合处

它可以移动周期曲线的接合处,如 NURBS 环形基本几何体。要在曲线上移动接合处,请在编辑点上或靠近 z 编辑点的位置选择曲线点,并且选择 Edit Curves＞Move Seam(编辑曲线＞移动接合处),接合处将移向最近的编辑点。

(6) 开放曲线和闭合曲线

① 选择 Cures＞Open/Close Curves(曲线＞开放/闭合曲线)可以开放或闭合周期曲线,或将一条开放或闭合曲线更换成周期曲线;

② 设置 Open/Close Curve(开放/闭合曲线)选项;

③ 选取 Edit Curves＞Open/Close Curve 对话框命令打开选项窗口。

(7) 剪切曲线

使用 Edit Curves＞Cut Curve(编辑曲线＞剪切曲线),在与另一条独立曲线相互接触、交叉的点上剪切自由曲线。不能直接剪切与等位结构线或曲面上的曲线相重叠的独立曲线。使用 Edit＞Duplicate Surface Curves 创建一条独立于等位结构线或曲面的曲线,然后再对那条曲线进行剪切。

① 设置 Cut Curve 选项;

② 选择 Curves＞Cut Curve 对话框,可以打开选项窗口。

(8) 相交曲线

使用 Edit Curves＞Intersect Curves。

选择 Edit Curves＞Intersect Curves 对话框,可以打开选项窗口。

(9) 为曲线创建倒角

使用 Edit Curves＞Fillet Curve(编辑曲线＞曲线倒角)可以在两条相交曲线间创建一段圆角曲线。可创建两种类型的倒角:Circular(圆形)和 Freeform(自由)。圆形倒角可创建一段圆弧,自由倒角提供多种定位和形状控制方法。

① 设置 Filet Curve Options 选项;

② 选取 Edit Curves＞Filet Curve Options 对话框,打开选项窗口;

③ 在 Attribute Editor 中编辑曲线倒角。

(10) 插入节点

如果很难按需求修改曲线区域或等位结构线区域,请使用 Edit Curve＞Insert Kont(编辑曲线＞插入节)命令对曲线进行调整。

① 设置 Insert Kont 选项;

② 选取 Edit Curve>Insert Kont 对话框,打开选项窗口。

（11）扩展曲线

① 选择 Edit Curve>Extend>Extend Curve(编辑曲线>扩展>扩展曲线)可以延伸一条曲线;

② 设置 Extend Curve 选项;

③ 选择 Edit Curve>Extend>Extend Curve 对话框,打开选项窗口;

④ 在 Attribute Editor 中编辑扩展曲线。

（12）延伸曲面上的曲线

使用 Edit Curve>Extend Curve 工具可以延长曲面上的曲线。

① 设置 Extend Curve on Surface 选项;

② 选择 Edit Curve>Extend>Extend Curve on Surface 对话框,以显示选项窗口。

（13）偏移曲线

使用 Edit Curves>Offset>Offset Curve(编辑曲线>偏移>偏移曲线),创建一条与所选曲线平行的曲线或等位结构线。

① 设置 Offset Curve 选项;

② 选择 Edit Curves>Offset Curve 对话框,打开选项窗口。

（14）偏移曲面上的曲线

选择 Edit Curves>Offset>Offset Curve on Surface,创建一条曲线,让它平行于指定方向上原曲线上的曲线。

（15）反转曲线的方向

使用 Edit Curves>Reverse Curve Direction 可以反转曲线的方向。

（16）重建曲线

使用 Edit Curves>Rebuild Curve 命令,可以重建一条 NURBS 或者曲面上的曲线,从而对曲线进行平滑处理或降低其复杂性。

（17）将三次几何体转换为线性几何体

使用 Edit Curves>Fit B-Spline 命令可以为一次(线性)曲线适配一个三次曲线。通常,当我们从其他的系统中输入曲线和曲面时,可以运用 Fit B-Spline 命令创建一个与之相配的三次曲线。

① 设置 Fit B-Spline 选项;

② 选取 Edit Curves>Fit B-Spline 对话框打开选项窗口,Use Tolerance 公差值决定了这个操作的精确度;

③ 在 Attribute Editor 中编辑 B 样条曲线;

④ 编辑 B 样条曲线时,请选择曲线,选择 Attribute Editor。

（18）平滑曲线

使用 Edit Curve>Smooth Curve 命令可以使曲线变得平滑,对于用 Pencil Curve Tool 或由转换数据创建的曲线,这一命令非常有用。

Smooth Curve 作用于整条独立曲线,不能作用在周期曲线、封闭曲线、曲面等位结构线或是曲面上的曲线上。Smooth Curves 不改变可控点的数目。

（19）调整 CV 硬度

使用 Edit Curve>CV Hardness 命令可以打开或者关闭 CV 的硬度,可以调整可控点,创建较平滑的或较尖锐的曲线。

（20）为曲线添加点

一条曲线创建完成之后，可以增加 CV 点，以达到对曲线精确控制的目的。使用 Edit Curve＞Add Points Tool（编辑曲线＞增加点工具）可以为曲线或曲面上的曲线增加附加的 CV 或者编辑点。向曲线的始端增加点时，请首先选择 Edit Curves＞Reverse Curves 命令反转方向。

（21）使用曲线编辑工具

选择 Edit Curves＞Curve Editing Tool（编辑曲线＞曲线编辑工具）可以用便捷的操纵器，改变曲线的形状。

改变参数位置：选择参数位置手柄，即可在曲线上任意拖曳操纵器。操纵器可以显示曲线的切线和缩放方向，可以打开吸附点，吸附操纵器，即可编辑点。

变换曲线的切线：曲线的切线表示曲线在指定点的斜率，拖动操作手柄可以旋转曲线的切线。用左键移动当前操纵器，拖拉中键，将当前操纵器移动至鼠标位置处。

（22）投射曲线的切线

使用 Edit Curves＞Project Tangent（编辑曲线＞投射切线）可以在曲线的终点修改曲线的切线，使它和曲面的切线或者两条其他相交曲线的切线一致。可以使用这个放大调整曲线的曲率以匹配曲面的曲率，或者两条曲线相交处的曲率。

NURBS 方法是现在最流行的曲面建模技术，因为它不仅擅长于创建光滑的曲面，而且可以构建出尖锐的边缘。NURBS 建模允许创建并渲染，但并不一定在制作窗口中显示复杂细节，这就是说使用 NURBS 可以比较简单地构造和编辑一个逼真的曲面模型。NURBS 建模的好处在于它既具有灵活性，又具有易操作性。它不依赖网格的多少来决定渲染的质量，在制作时只是几条光滑的曲线，渲染出来的效果就是一个平滑连续的曲面。NURBS 模型的最终设计比较复杂，如果建立一个基于复杂情况的基础模型，则可以不考虑简单模型。曲面的简单化是以最后复杂的内部计算为代价的，当同时渲染一个多边形物体和一个 NURBS 物体时就会明显地感到一点。所以，NURBS 不适合用于需要实时渲染的场合。

3．基于 Maya 的细分曲面建模

曲面是 NURBS 建模的最主要目的，下面着重讲述 Maya 的曲面编辑特性。

（1）复制 NURBS 面片

步骤为：选择面片；选择 Edit NURBS＞Duplicate NURBS Patches。

（2）在曲面上投射曲线

在面上创建曲线对于面的修建、对齐、路径动画或其他任务是非常必要的。这些曲线统称为曲面曲线。创建曲面曲线的方法多种多样，如在曲面上投射曲线、直接在当前曲面上绘制曲线或者进行曲面相交操作。

使用 Edit NURBS＞Project Curve on Surface 命令把一条曲线或多条曲线投射到曲面或曲面组上，这会创建曲面上的曲线（或修剪曲线）。

（3）相交曲面

使用 Edit NURBS＞Intersect Surfaces 命令可使一物体和另一个物体相交。这为曲面修改和创建修剪曲面提供了一种简捷方法。

（4）修剪曲面

使用 Edit NURBS＞Trim Tool 命令可以修剪曲面，使其保留某个特定区域而删除其他部分或者区域。要想修剪曲面，需要让曲线在曲面上。在这里，有几种方法可以创建这些曲线：

① 使用 Edit NURBS＞Project Curve on Surfaces 把曲线投射到曲面上；

② 直接在当前曲面上画曲线；

③ 相交曲面（Edit NURBS＞Intersect Surfaces）；

④ 使用 fillet 操作（比如，Edit NURBS＞Surface fillet＞Circular Fillet）创建所需要的修剪曲线。

（5）撤销修剪曲面

使用 Edit NURBS＞Untrim Surfaces 命令可以撤销前一步的修剪操作，使剪掉的部分重新复原。比如对一个曲面修剪 3 次后，再选取 Untrim Options 即可返回到原始状态。

复原到未修剪的状态后，曲面先前被修剪部分将全部恢复，除非 Shrink Surface 项用于修剪操作后，被减掉的部分不可恢复。

（6）使用布尔操作

以下的布尔操作可以帮助用户通过结合、相减或相交两个或多个物体创建新物体。

① Edit NURBS＞Booleans＞Union 对话框；

② Edit NURBS＞Booleans＞Subtract 对话框；

③ Edit NURBS＞Booleans＞Intersect 对话框。

使用 NURBS Boolean 工具：

① 保留对象的未选择状态并适当排列，以便使两个对象正确相交；

② 选择 Edit NURBS＞Booleans，并选择要执行的操作：Union、Subtract 或 Intersect；

③ 单击第一个曲面并按 Enter 键。然后，选择第二个曲面并按下 Enter 键。

（7）连接曲面

可以通过将两个曲面连接在一起的方法创建一个新的曲面，例如将一个耳模型连接到头部模型上。Edit NUBRBS 菜单包括两个不同的连接操作。

若要合并独立曲面上现有的等位结构线，可使用 Attach Surfaces。使用该命令，Maya 可以移动用户要连接的结构等位线，这样它们就可以准确一致地连接了。唯一的缺点就是它会更改处于连接区域的曲面。

（8）编辑连接处

可在 Channel Box 和 Attribute Editor 的属性编辑器中编辑选项。

注意：Attach Surface 会计算边的扭曲值，因此不必在连接曲面后打开扭曲属性，就可以清晰地连接曲面。

用新结构等位线连接曲面：如果要让 Maya 创建平滑填充于曲面间等位结构线，可以使用 Attach Without Moving 命令。

（9）设置 Detach Surfaces 项

选择 Edit NURBS＞Detach Surfaces 对话框，打开选项窗口。

（10）对齐曲面

使用 Edit NURBS＞Align Surfaces 命令可建立曲面之间的连续性。曲面连续性与曲线连续性相同，不同的是拥有两个方向。为了指定曲面的对齐位置，请选择曲面等位结构线。

对齐曲面：

① 在第一个曲面上选择等位结构线；

② 按下 Shift 键，选择其他曲面上的等位结构线；

③ 选择 Edit NURBS＞Align Surfaces 命令对齐曲面。

（11）移动曲面接合处

移动曲面的接合处 NURBS 圆柱体。例如，用户应该移动接合处以便文件纹理可以在曲面上的不同部位保持连续。

要在曲面上连接接合处，请选择等位结构线，以及 Edit NURBS＞Move Seam。在操作过程中，曲面将立刻扭曲。

（12）开放和闭合曲面

使用 Edit NURBS＞Open/Close Surface 命令来打开一个闭合的或周期性的曲面，或者将开放的或闭合的曲面改为周期曲面。

（13）插入等位结构线

有时需要在曲面上添加等位结构线，以便按需要对曲面进行编辑。使用 Edit NURBS＞Insert IsoParms 可以在曲面上插入等位结构线。

在曲面上插入等位结构线：

① 选择并拖曳一个现有的等位结构线到所需位置，或者选择曲面的一个点并拖曳；

② 然后选择 Edit NURBS＞Insert IsoParms 命令以增加新的等位结构线。

（14）扩展曲面

用 Edit NURBS＞Extend Surface 命令扩展曲面的一个或多个边。扩展曲面对修剪曲面无效。

（15）偏移曲面

使用 Edit NURBS＞Offset Surface 命令可以创建平行的复制曲面，复制曲面根据曲面法线以一定的量与原曲面发生偏移。偏移曲面操作可以作用于包括修剪曲面在内的大多数曲面。

创建偏移曲面：

① 选择曲面；

② 选择 Edit NURBS＞Offset Surface 对话框，显示选项窗口；

③ 单击选项窗口中的 Extend Button 按钮。

（16）反转曲面方向

选择 Edit NURBS＞Reverse Surface Direction 命令可以反转 NURBS 曲面的方向和法线。

反转曲面法线方向：

① 曲面必须处于激活状态。选择 Display＞NURBS Components＞CVs 可以显示曲面 CV，观察曲面的方向。

② 选择 Edit NURBS＞Reverse Surface Direction 命令。在默认状态下，该操作将沿 u 参数方向反转曲面法线。

（17）重建曲面

当进行了一系列建模操作后，曲面有时会变得相当复杂，这样处理起来速度会很慢。如果发生这种情况，可以选择 Edit NURBS＞Rebuild Surfaces 命令，减少曲面的面片数或次数。也可以增加曲面的面片数和次数，以便对曲面的形状进行更好地控制。

重建曲面：

① 选择需要重建的曲面，然后选择 Edit NURBS＞Rebuild Surfaces 命令；

② 如果有必要的话,可以在选项窗口、Channel Box 或者 Attribute Editor 中改变设置,再次重建曲面。

(18) 倒圆角曲面

使用 Edit NURBS＞Round Tool 命令可以对 NURBS 曲面的共享角和共享边进行倒圆角操作。可以设置每对边的倒角半径。边可以是曲面边或修剪边。

(19) 对曲面进行倒角操作

用户可以对曲面进行倒角以创建一个带有圆角边或混合边的对象。倒角分为三种类型:Circular Fillet(圆形倒角)、Freeform fillet(自由倒角)和 Blend fillet(混合倒角)。

(20) 缝合曲面

可以通过以下方式缝合曲面:

①选择曲面上的点;

②选择曲面上的边;

③选择曲面,并选择要就近缝合的边。

缝合曲面点:

使用 Edit NURBS＞Stitch＞Stitch Surface Points 命令,通过选择曲面点缝合 NURBS 曲面,可选择的曲面点包括编辑点、CV 和曲面边界上的点。

(21) 雕刻曲面

通过对 CV 进行移动、旋转或缩放操作,可以改变曲面形状。应用 Sculpt Surfaces Tool 可以通过使用笔刷快速地产生相同的结果。虽然用户可以在曲面上直接操作 CV,但 Sculpt Surfaces Tool 删除了细节级别,使用户可以在曲面上直接操作。用户可以在曲面上使用 Sculpt Surfaces 绘画。

7.1.2.2　Maya 的动画技术

基于 Maya 的动画技术包括基本概念和操作、动画参数和通道、时间标尺和时间滑块、参数控制窗口、物体旋转模式、摄像机飞行模式、对象运动方式、关键帧、动画预览、格式转换、操作动画文件等。

1. 基本概念和操作

(1) 帧和关键帧

帧是动画中最基本的单位。在动画中,需要设定帧速率,即确定帧运动的时间和帧运动长度,许多动画软件的帧速率为 30 帧/s,而 Maya 的是 24 帧/s。在所有的帧中,设置了对象参数的帧称为关键帧,关键帧是动画的核心。

(2) 控制参数

动画是通过改变对象、灯光或贴图的参数来实现的(可以通过参数控制窗口改变对象参数的设置,此窗口能够为选择的对象设置全局参数和局部参数),但是这并不要求设置所有的参数。一个对象的运动过程中,不同的参数需要设置不同的关键帧。

(3) 层次式动画

当动画较复杂时,可以利用层次式动画减少复杂性。层次式动画中含有不同的分层对象,在每层中,不同的节点可以使用不同的中心点。通过控制上下节点的相互作用,达到降低复杂性的目的。

(4) 运动路径

运动路径是一条对象沿着其运动的曲线。通过为对象建立运动路径,用户可控制对象的运动。

（5）动作窗口

在 Maya 中,运动的记录保存在动作窗口里。在动作窗口单,运动是用图表描述的,图表中显示不同参数的运动曲线。在动作窗口中,可以通过增加关键帧和修改关键帧来改变曲线的形状,达到控制对象的运动目的,也可以通过删减关键帧,达到精简运动和动作曲线的目的。

（6）动画中的灯光设置

动画中的灯光需要设置三个参数:一是设置灯光的位置参数;二是设置灯光的密度参数;还可以用 Opti/X 参数来控制灯光的闪烁和爆炸。

（7）动画中的摄像机设置

动画中的摄像机设置同灯光设置相似,需要设置其位置参数,甚至可以为摄像机设置其运动轨迹。

（8）动画中的材质设置

动画中的材质由关键帧的参数控制,可随时间改变颜色和发光度等。

（9）曲线控制点动画

选择并移动 CVS,可控制对象运动曲线的形状。通过对所选 CVS 的移动参数设置关键帧,可以使 CVS 运动起来。这样,在比例参数和旋转参数不可见时,通过 CVS 的位置参数的改变,就可以使对象随时间的推移发生变形。

（10）变形动画

利用变形动画技术,用户可以定义对象的几个关键形状。各个形状之间会自动用线性的方式进行渐变。

2. 动画参数和通道

动画参数表征对象运动的特性。在 Maya 中,绝大部分对象结点有 10 个动画参数:X、Y、Z 方向上的移动、旋转、缩放参数,还有一个是可见性参数。有的对象还有别的动画特性,如摄像机有视角,灯光有颜色和密度。与动画参数紧密相联的是通道,通道描述的是动画参数是怎样随时间的变化而改变的。动画参数,它是可运动对象的属性;通道,它是一个数据集合,它描述动画参数在不同帧的参数值的变化;动作,它是时间—数值二维图表。在动作窗口里,动画参数与通道之间的关系可通过使用相同的名字来确定。在 Maya 中,也可以用表达式通道与动画参数相联。

3. 时间标尺和时间滑块

时间标尺和时间滑块用于演示动画和预览动画的特定帧。同时,也可用来定义动画的帧范围、帧速度,控制向前或向后播放及定位关键帧。

4. 参数控制窗口

在参数控制窗口中,用户可以为不同的动画项目设置全局和局部动画参数。全局参数是所有可以运动项目的列表,列表中含有结点、曲线控制点、摄像机、灯光和贴图等。局部参数是当前激活的可动项目的列表。两者的区别是整个场景只有一组全局参数,但可以有多个局部参数,它们分别应用于不同的动画项目。

5. 对象旋转模式

对象旋转模式能够使对象如同在转盘上。对象旋转模式的方法如下:

① 选择需要运动的对象,使这些对象成为激活的状态;

② 通过菜单 Animation/Turntable,唤醒对象旋转模式函数,这样,激活的对象即可运动

了。缺省条件下,激活的对象在(0,0,0)点绕着 Z 轴旋转,按下 Esc 键,激活的对象停止运动。

6. 摄像机飞行模式

摄像机飞行模式是用来控制摄像机移动的,用户通过它来观察场景。

7. 设置对象运动模式

通过它可创建几种自动计算的动画段,设置对象运动模式。它的功能如下:

① 使对象沿着一条 NURBS 曲线运动,此曲线将作为对象的运动轨迹;

② 保证对象沿着运动曲线运动并保持运动方向;

③ 使一个对象沿着特定的曲线运动;

④ 使对象沿着路径曲线的形状进行弯曲和扭曲等变形,这种沿着运动路径运动的功能解决了刚体因缺乏柔韧性而难于变形(扭曲和弯曲)的问题;

⑤ 自动为摄像机的向上矢量计算动画。

8. 关键帧动画

在 Maya 里,动画的显示是由关键帧定义的,设置关键帧就是对静态对象、灯光、阴影、材质和摄像机等创建关键帧。

9. 动画预览器

动画预览器是一个可以并行或串行查看多个文件序列的预览器。

10. 动画文件操作

用户可以使用菜单项 Expord/Anim 和 Import/Anim 来保存和找回动画 SDL 文件的菜单选项,既可以从一个对象、层次结构或场景中选择动画,并保存它,也可以将动画运用到别的场景中。

11. 表达式动画

用户使用表达式动画可以将一个动画节点同另一动画节点连接起来,从而使动画过程显得简单。也就是说,可以用此功能在动画参数之间创建动态连接,当改变其中一个参数时,引起另一参数的改变。一个动画表达式就是一个数学表达式,由它定义了不同参数之间的联系,此表达式在动作窗口中进行输入。在效果上它用等式取代了参数的动画曲线。动画表达式提供了一种语法,当使用表达式时,必须遵守这些语法。这些语法由文本串组成,它们来自 SDL (Scene Decription Language)程序语言。动画表达式的语法规则的基本输入方式是 obj-name:TZ。该表达式的首部是参考的参数的名字,第二部分连接着对象的 Z 轴的旋转参数。

7.1.2.3 Maya 的渲染技术

1. 灯光

灯光的种类有点光源、聚光灯、平行光、环境光、区域光、体积光。

可以使用点光源来模仿灯泡发出的光线,使用聚光灯创建光线范围逐渐变大的光束效果,平行光用于模仿一个非常远的光源,使用环境光可以模仿平行光。

2. 材质

当渲染时,材质伴随着对象出现。同时,颜色、纹理贴图与材质质量就如同将反射推导和透明度运用于材质的设置。

(1) 材质模型(Shading Models)

材质包括四种模型:

① Lambert:系统默认的基本材质,表面漫射较重,无特殊效果;

② Phong:主要用于玻璃材质,也可以用于有光泽的塑料表面;

③ Blinn：主要用于金属表面；

④ Lightsource：主要用于没有光照效果的对象，它看上去如同特殊效果，但实际上不发光。

（2）基本材质参数（Basic Shading Parameters）

基本材质参数的含义为：

① Color：设置材质的基本领色；

② Specular：设置高光处的颜色与强度；

③ Shinyness：设置高光处光斑的大小；

④ Incandescence：设置材质最暗处的颜色；

⑤ Reflection：设置材质是否拥有它自己的颜色和反射；

⑥ Diffse：设置反射环境的尖锐度。

3．纹理

用户可以使用纹理使对象更加逼真，利用有关的纹理属性值来定义纹理的变化。选项按钮 Specular，Reflectivity，Reflection，Color，Incandescence，Transparency，Bump，Displacement 和 Shading Map，可以分别为对象添加基本、反射、折射、色调、自发光、透明、凹凸、位移和阴影纹理贴图。

（1）环境纹理（Environment Textures）

用户可以使用环境纹理进行环境贴图。环境纹理可以用于希望在场景中的光线投射或光线跟踪具有逼真反射情况。但是在 Multi-1ister 中没有显示球体、立方体和圆形材质，要想使用它们，需在 Fi1eBrowser 中选择相关的图形文件，并查看特殊材质描述。

（2）纹理映射（Texture Mapping）

纹理映射是材质的一个元素组件，它可贴在对象表面，可作为材质的一部分，打开纹理映射，然后利用参数或者固体材质来确定位置。通过纹理编辑窗口调入纹理映射，它能使对象表现出真实世界中对象所没有的视觉效果。

Maya 既可以使用二维位图或内置的插件，这些插件包括渐变、大理石和花岗岩，它们提供了纹理映射时的柔韧度，也可以在纹理编辑窗口中编辑，而且，可以依靠外部图像程序创建与编辑位图图像，从外部材质贴图导入 Maya。

7.1.2.4　渲染

当场景中的所有对象模型完成后，为达到最终仿真效果，需要进行渲染。

需要渲染的内容有：设置灯光、材质纹理映射、渲染管道（Rendering Pipeline）、渲染类型（Rendering Types）、快速渲染（Quick Renderings）、全局渲染参数（Render Globals）；图像榆出格式（Image File Output）、反走样效果（Antialiasing）、光线跟踪层数限制（Raytracin Limits）、渲染细节（Render Subdivisions）、适应性细分和均匀细分、细分表面的再分割、渲染时间设定。

7.2　三维图形绘制工具

7.2.1　OpenGL

随着交互式 3D 计算机图形应用的日益普及，大量图形应用程序已经或正在各类机器平台上开发。从简单的平面图形程序到高级模型模拟仿真程序与可视化软件，计算机图形的应用领域越来越广，对人们的吸引力也越来越大。对计算机图形开发人员来说，他们非常希望有一种交互式 3D 图形标准,能够保证他们的应用程序不作修改即可在具有不同图形处理功能的不同机器平台上运行,并且产生相同的显示结果。

一个具有生命力的 3D 图形标准必须满足三个条件:它必须能在具有不同图形处理能力的各种平台上实现界面不会损失底层的硬件性能;它必须提供友好的用户界面和简捷方便的图形操作描述手段;它必须具有灵活的可扩展包容性,使得新的图形子系统所描述的操作可以正常执行而不会扰乱原来的标准。OpenGL(Open Gaphics Library)就是满足这些条件的一个 3D 图形标准,它是图形硬件与应用程序之间的一个抽象界面,独立于窗口系统和操作系统,能十分方便地在各平台之间移植;它不但具有开放性、独立性和兼容性三大特点,还严格按照计算机图形学原理设计而成,符合光学和视觉原理,非常适合可视化仿真系统。

首先,在 OpenGL 中允许视景对象用图形方式表达,如,由物体表面顶点坐标集合构成的几何模型。这类图形数据含有丰富的几何信息,得到的仿真图像能充分表达出其形体特征;而且在 OpenGL 中有针对三维坐标表示的顶点的几何变换,通过该变换可使顶点在三维空间内进行平移和旋转,对于由顶点的集合表达的物体则可以实现其在空间的各种运动。

其次,OpenGL 通过光照处理能表达出物体的三维特性,其光照模型是整体光照模型,它把顶点到光源的距离、顶点到光源的方向向量以及顶点到视点的方向向量等参数代入该模型,计算顶点颜色。因此,可视化仿真图像的颜色体现着物体与视点以及光源之间的空间位置关系,具有很强的三维效果。

另外,为弥补图形方法难于生成复杂自然背景的不足,OpenGL 提供了对图像数据的使用方法,即直接对图像数据读、写和拷贝,或者把图像数据定义为纹理与图形方法结合在一起生成视景图像以增强效果。为增强计算机系统三维图形的运算能力,有关厂家已研制出了专门对 OpenGL 进行加速的三维图形加速卡,其效果可与图形工作站相媲美。

OpenGL 可用于各种用途,典型的应用如 CAD 应用(包括机械工程和建筑应用等)、动画(用于广告、电影电视、游戏)、仿真、VR、地理信息系统等。把工业标准的 3DAN 引入市场巨大的操作系统,比如 Windows,会产生某些激动人心的相互作用。随着硬件加速和高速 PC 处理器逐渐变得平常,3D 图形成为消费类软件、商业应用,而不仅仅是游戏和科学应用的典型组成。

7.2.1.1 OpenGL 的特点和优势

1. OpenGL 的主要特点

(1) OpenGL 是低级的 3D 图形界面

OpenGL 既能提供尽可能低级的图形操作,又能保证设备的无关性。正因为如此,Open-GL 不能直接提供对复杂几何对象的描述或建模。换句话说,OpenGL 提供的是复杂几何对象的合成机制而不是描述机制。因此,OpenGL API 不会提供一般图形 API 常有的一些几何对象的直接描述。尽管 OpenGL 的级别很低,但它足以组合完成高级绘制功能。例如 OpenGL 不能直接绘制凹多边形,但如果首先将一个凹多边形分解成多个凸多边形或三角形,那么 OpenGL 就能有效处理了。另一方面,为了方便用户对常见复杂对象的直接描述,OpenGL 也提供了部分复杂绘制对象的描述。例如,OpenGL 实用库就提供了凹多边形分解和 NURBS 曲线与曲面描述界面,并给出了几个常用球体、圆锥体和圆柱体的绘制描述。

(2) OpenGL 65 命令解释机制

OpenGL 命令的解释是客户机—服务器模式。应用程序(客户)流出的命令由 OpenGL (服务器)解释并处理。服务器与客户机可以不在同一台计算机上运行,因此 OpenGL 是网络透明的。一个 OpenGL 服务器可以管理多个 GL 绘制上下文（Context），其中每一个都是一个封装的 OpenGL 状态。一个客户可以与这些绘制上下文的任何一个关联，其所需要的网络协议既可以由现存的协议（例如 X Window 系统或 Windows NT/2000/XP 系统）来实现，也可以使用一个独立的协议。在 Windows NT/2000 环境中，OpenGL 图形库封装在一个动态链接库即 OpenGL32.DLL 内，应用程序调用的 OpenGL 命令先在 OpenGL32.DLL 中处理，然后传给服务器 WINSRV.DLL 中再次处理并直接传给 Win32 的设备驱动接口（DDI），这样就实现了把经过处理的 OpenGL 图形命令送给视频显示驱动程序的处理。在 X Window 环境中，OpenGL 的 GLx 扩展将 OpenGL 与 X Window 集成在一起。GLx 定义了一个网状协议来支持 OpenGL 作为 X 服务器的一个扩展，OpenGL 应用程序流出命令，通道 GLx 网状协议传送到 X 服务器中进行命令的解释和分发，完成相应的 OpenGL 绘制或 X 绘制。

（3）OpenGL 的绘制专一性

OpenGL 只提供绘制操作访问而没有提供用来建立窗口、接受用户输入等机制。它要求所运行环境中的窗口系统提供这些机制。此外，在帧缓冲区中的 OpenGL 命令的作用，最终也是由分配帧缓冲区资源的窗口系统来控制的。窗口系统决定了 OpenGL 可以访问帧缓冲区中的哪一个部分并告诉 OpenGL 这些部分是如何构造的。

（4）OpenGL 的不变性

OpenGL 不是一个像素的精确指定，它不能保证由不同的 OpenGL 执行所产生的图像间的精确匹配。然而，OpenGL 指定了由相同执行所产生的图像之间的精确匹配，这是由 Open-GL 的不变性规则来确定的。作为不变性要求的结果，OpenGL 能够保证使用相同的命令序列，无论是被同步还是异步绘制到不同的图像缓冲区中，像素都是相同的。这对于在帧缓冲区中的所有图像缓冲区域在一个屏幕外缓冲区中的所有图像缓冲区都成立，但它不能在帧缓冲区和屏幕外缓冲区之间被保证。

2. OpenGL 的优势

（1）图形质量高、性能好

在广播电视、CAD/CAM/CAE、医学图像、娱乐、虚拟现实等不同的领域中，开发人员可以利用 OpenGL 的这些能力自由发挥自己的创造性。

（2）标准化

OpenGL 是唯一真正开放的、独立于供应商的、跨平台的图形标准。

（3）稳定性

OpenGL 已经在各种平台上应用了十年多的时间，它具有明确而控制良好的规范，并具有向后兼容性，使现有的应用程序不会失效。

（4）可靠性和可移植性

在 OpenGL 兼容的任何硬件上，不管使用什么操作系统，同一个应用程序的显示结果均相同。

（5）可扩展性

通过 OpenGL 扩展机制，可以利用 API 进行功能的扩充。

（6）可缩放性

基于 OpenGL API 的应用程序可以在各种系统上运行，其范围从家用电器到 PC 机，从工作站到超级计算机。也就是说，OpenGL 应用程序可以适应开发人员选择的各种目标平台。

（7）易用性

OpenGL 具有良好的结构、直观的设计和逻辑命令。与其他图形程序包相比，OpenGL 应用程序的代码行数少。此外，OpenGL 封装了有关基本硬件的信息，使开发人员无须针对具体的硬件进行专门的设计。

（8）文档丰富。

有关 OpenGL 的资料有许多，存在大量可用的代码。

7.2.1.2　OpenGL 中的基本概念

1. 顶点（Vertex）

在 OpenGL 中，所有几何对象最终都是由一组有一定顺序的顶点坐标来描述的。顶点用来定义一个点、线段的端点或多边形两条边相交的一个角，每一个顶点可以用 2～4 个坐标来描述（4 个坐标指的是三维齐次坐标顶点）。在每个顶点的处理中可以用到当前法线、当前纹理坐标和当前额色。OpenGL 在进行光照计算时使用法线，当前法线是由描述它的三个坐标构成的一个三维向量；颜色或者由红、绿、蓝和 A1pha 值构成，或者由单个颜色索引值构成；纹理坐标（1～4 个）决定纹理图像如何映射到图原上。

2. 像素（Pixel）

OpenGL 最后绘制的图像是屏幕上的一系列像素值，因此像素（图像元素的简称）是显示设备能够显示到屏幕上的最小可见单位，有关像素的信息，如它们支持什么元颜色等，是由系统显示存储器的位面数来决定的。位面是内存中的一块区域，它保留每个像素点在屏幕上的一位信息，该位可以决定某一像素点应显示什么额色。位面的总和构成了帧缓冲区，其中保存了图形显示所需要的屏幕上的所有像素值。

3. 帧缓冲区（Framc Buffer）

OpenGL 的帧缓冲区既可以是运行环境中窗口系统构造的一个窗口，也可以是存储器中的一个数据结构。OpenGL 的帧缓冲区逻辑上是由一组缓冲区组成的。每个缓冲区逻辑上就是一个二维数组。OpenGL 的帧缓冲区从功能上可以分为两种：图像缓冲区和辅助缓冲区。图像缓冲区是 OpenGL 最重要的缓冲区，它包含实际的颜色信息和 Alph3 分量；辅助缓冲区包括深度缓冲区（Depth Buffer）、模板缓冲区（Stencil Buffer）、累积缓冲区（Accumulation Buffer）、双缓冲区和立体缓冲区等。深度缓冲区也称为 Z 缓冲区，它存储每个像素的深度值。模板缓冲区用来限制绘制到屏幕某个区域中的内容，这有点像用一个有图案的纸模板精确地绘制一幅图画一样。累积缓冲区存储 RGBA 颜色数据，用来累积一系列图像，形成一个最终的合成图像。双缓冲区指的是前端可视缓冲区域与后台可绘制缓冲区的组合，它可以使得在显示一幅图像的同时绘制另一幅图像，这是通过将后台可绘制缓冲区绘制到内存中，然后将缓冲区内容快速拷贝到屏幕缓冲区来实现的。立体缓冲区类似于双缓冲区，它组合了多个缓冲区，包括前端、后端以及左右缓冲区。大多数 OpenGL 的实现都支持双缓冲区，而立体缓冲区要求特殊的硬件支持。因而当前大多数 OpenGL 的文件还不支持立体缓冲区。

4. 矩阵堆栈（Matrlx Stack）

Open 用到三种 4×4 的变换矩阵：模式观察（Model-view）矩阵用于顶点坐标，纹理矩阵应用于纹理坐标，投影（Projection）矩阵描述观察截头体（Viewing-frustum），它必须在模式观察矩阵对顶点坐标变换后，才能应用于该顶点坐标。这三种矩阵都可以按照通常的变换方式来加减或相乘，它们中的每一个都是一种矩阵堆栈。栈顶矩阵就是当前应用于顶点坐标并由相关矩阵操作和控制命令所施加的对象。

5. 状态查询与属性栈

OpenGL 的工作方式是一种状态机制,用户可以设置各种状态或模式并将状态值存放在栈中。几乎所有的 OpenGL 状态变量值都可以通过 OpenGL 的查询命令来获得。所有状态从功能上分为 21 组,它们的结合可以压入属性栈中。查询命令与状态栈的使用使得各种库都可以有效地使用 OpenGL 而不会彼此混淆。

6. 颜色模式

OpenGL 颜色模式指 RGBA 模式或颜色索引模式。在 RGBA 模式下,所有的颜色定义全用 R(红)、G(绿)、B(蓝)和 Alpha 值来表示,其中 A1pha 表示颜色的透明度,在颜色融合操作时使用。在颜色索引模式下,每一个像素的颜色是用颜色索引表中的某个颜色索引值表示,而这个索引值指向相应的 R、G、B 值。

7. 显示列表

显示列表是用来存储命令用于以后执行的一种机制。OpenGL 显示列表用来封装 OpenGL 命令串并存储在服务器中,所封装的命令还可以是执行另一个显示列表的命令。OpenGL 的显示列表具有只读特性,它提供了一种直接和有效的执行机制,使得应用程序可以将一组命令向服务器只传输一次而不管该组命令将执行多少次。

7.2.1.3 OpenGL 的组成

OpenGL 由若干个函数库组成,这些函数库提供了数百条图形命令(也称为命令函数或函数),开发人员可以用来建立三维模型和进行三维实时交互。OpenGL 的命令函数简单明了,这数百条命令函数的大部分是彼此间的简单变形,实际上 OpenGL 只有 120 余条不同的基本命令和 100 余条扩展命令。这些 OpenGL 命令函数几乎涵盖了所有基本的三维图像绘制特性,从简单的几何点、线或填充多边形到非均匀有理 B 样条(NURBS)纹理映射曲面。组成 OpenGL 的函数库主要是 OpenGL 核心库、实用程序库、X Window 系统扩展库、Windows NT/2000 专用函数库和 OpenGL 编程辅助库等。其中 OpenGL 核心库和实用程序库是任何一个 OpenGL 实现都必须具备的,而 X Window 系统扩展库是当 OpenGL 在 X Window 环境下实现时必须提供的普通 X 机制的扩展程序;Windows NT/2000 专用函数库(包括 Win32 API 函数)是用来糅合 OpenGL 与 Windows NT/2000 的,它们使得在 Windows NT/2000 环境下的 OpenGL 窗口绘制成为可能。OpenGL 编程辅助库无论在 X Window 还是在 Windows NT/2000 环境下都应该是相同的(如果提供了的话),这些库函数只是为用户尽快学习 OpenGL 编程提供帮助,所以非常简单直观,当然对编制实用的 OpenGL 应用程序并没有什么实际的用处。

1. OpenGL 核心库

OpenGL 的核心库包含 OpenGL 最基本的命令函数,它们可以在任何 OpenGL 的实现平台上应用。这些函数用来建立各种各样的几何模型、进行坐标变换、产生光照效果、进行纹理映射、执行各种缓冲区操作、大气现象模拟、曲线曲面计算等几乎所有的三维图形操作。基本函数由于不同的参数而可能导致格式的变形,从而可以派生出数百个命令函数。OpenGL 核心库中的命令均以"gl"关键字为前缀。

尽管 OpenGL 核心库的基本命令函数及其派生命令函数较多,但从功能上可以分为如下14 种。

(1) 图原

图原表示 OpenGL 的一个点、一条直线、一张位图或一幅图像。OpenGL 所有几何图原最终都是由有一定顺序的顶点集来定义描述。图原类命令包括:顶点、顶点组、矩形的定义描述和多边形边界处理描述等。

（2）坐标变换

顶点、法线和纹理坐标在用来生成帧缓冲区中的图像之前要进行坐标变换。坐标变换类命令包括：当前矩阵变换、当前矩阵替换、矩阵堆栈操作和观察区描述等命令。

（3）颜色与光照

几乎所有的 OpenGL 应用的目的都是在计算机屏幕窗口中绘制彩色图形，而光照则是绘制有真实感彩色图形的重要手段。OpenGL 的颜色与光照类命令包括：当前颜色、颜色索引、法线矢量设置、光源、材质和光照模型参数值描述、阴影模型选择、多边形前端面方向描述、强制材质颜色的沿用以及光源或材质参数值获取等命令。

（4）裁剪

裁剪类命令包括：剪贴板描述和剪贴板系数获取。

（5）光栅化

光栅化是将图原转换为二维图像的过程。该类命令包括：当前光栅位置设置、位图描述、点或线的宽度描述、线段或多边形点画模式描述以及多边形光栅化方式的选择等。

（6）像素操作

像素操作类命令包括：选择像素读或拷贝源、像素的读写和拷贝描述、像素处理查询以及像素光栅化控制等。

（7）纹理映射

纹理映射是将一个图像的某个部分映射到使能（Enable）纹理的每一个图原上。纹理映射类命令包括：控制纹理对图像的应用、当前纹理坐标设置、纹理坐标生成控制、一维和二维纹理图像描述以及纹理相关参数值获取等。

（8）雾化作用

雾化作用在于模拟大自然现象，其命令是设置雾化参数。

（9）帧缓冲区操作

帧缓冲区操作命令包括：图像测试控制、图像与帧缓冲区值结合、清理缓冲区（包括颜色、深度和模板值描述）、缓冲区写使能控制以及累积缓冲区操作等。

（10）求值器操作

求值器提供了一种使用多项式或有理式来产生顶点、法线、纹理坐标和颜色的手段。求值器操作命令包括：定义一维/二维求值、生成和计算一系列域映像值、在指定域坐标中计算一维/二维映像以及获取求值器参数值等。

（11）选择和反馈操作

选择允许用户确定屏幕上的一个区域或抓取屏幕上的对象，而反馈则可以用来获得绘制计算的结果。选择和反馈操作命令包括：控制模式和对应的缓冲区、为反馈模式提供标志、控制用于选择的名称堆栈等。

（12）显示列表

显示列表用来暂存 OpenGL 命令函数组以待后面适当的时候调用。其命令包括：显示列表的构造与删除、显示列表的执行或设置、显示列表索引管理等。

（13）模式和执行

模式和执行命令用来使能或禁止（Disable）OpenGL 的执行机制.其命令包括：模式的使能、禁止和查询、等待 OpenGL 全部命令执行完成、强制所有流出的 OpenGL 命令执行、Open-

GL 操作的行为描述等。

（14）状态查询

用户可以设置当前工作的各种状态或模式，并且在程序的任何地方都可以查询到系统中每个变量的当前值。状态查询命令包括：获取一个错误或当前 OpenGL 关联的信息、状态变量查询、状态变量设置的保护和存储等。

2．OpenGL 实用程序库

OpenGL 实用程序库是比 OpenGL 核心库更高一层的实用函数组合，也可以看做是对核心库的扩充。该程序库主要用来进行纹理映射、坐标变换、多边形区域分割、一些简单多边形实体（如圆柱、球体等）的绘制等。任何 OpenGL 的实现都必须包含这个库，该库中的函数名约定以"glu"为前缀。

OpenGL 实用程序库中的函数从功能上可以分成六类。

（1）纹理图像操纵

纹理图像操纵通过提供图像缩放率自动纹理细化函数来简化纹理图像的描述，包括图像缩放、为图像生成纹理细化等。

（2）坐标变换

坐标变换提供了几个普遍使用的矩阵变换函数，用户可以用来建立二维正交投影观察区域、透视观察体或聚焦于一个指定视点的观察体。为了确定一个对象在窗口中的绘制位置，还可以进行对象坐标与窗口坐标之间的相互转换。坐标变换函数包括投影或观察矩阵的构造、对象坐标与屏幕（窗口）坐标间的转换等。

（3）多边形区域分割

多边形区域分割函数利用一到多个轮廓将凹多边形进行区域分割对象管理和输入多边形描述。

（4）二次曲面对象处理

二次曲面对象处理要求首先构造一个二次曲面对象，然后用适当的函数去指定所需要的绘制模式（或使用省缺值），最后调用绘制函数进行绘制。二次曲面对象处理函数包括二次曲面对象管理、绘制控制和二次曲面图原描述等。

（5）NURBS 曲线和曲面处理

NURBS（非均匀合理 B 样条）曲线和曲面函数提供了在二维和三维空间中普遍和通用的曲线与曲面的描述，它们的处理被转换为 OpenGL 的求值器操作。其函数包括 NURBS 对象管理、NURBS 曲线与曲面构造、修剪区域定义和 NURBS 绘制控制等。

（6）其他事件处理

该类函数用来获得当前 OpenGL 错误的字符串描述和当前 GLU 库的版本号。

3．OpenGL 窗口系统扩展库

OpenGL X 窗口系统扩展库（glx）是 OpenGL 在 X Window 环境下实现的一个正式部分，它提供了另外一些函数（以"glx"为前缀）来支持 OpenGL 与 X 的关联，同时它还定义了一个框架协议来支持 OpenGL 作为 X 服务器的扩展。GLX 的框架协议使得在不同厂家的机器上对三维图形的相互可操作性与 X 协议支持的二维图形的相互可操作性完全相同。

GLX 允许在 X 窗口或 X 像素中进行绘制。一个 X 服务器可以支持不同的可视属性（Visual），以此来描述由服务器所支持的不同的窗口类型。对于 X 内核协议来说，可视属性描述如何将帧缓冲区的一到多个深度以及像素值映射到屏幕颜色上。X 只是将一个可画区

(Drawable)处理为一个基本的二维像素数组,而 OpenGL 则是从更高一层去看待可画区的帧缓冲区的能力,因此 GLX 通过关联 OpenGL 帧缓冲区的其他功能来覆盖 X 的内核协议。除了图像缓冲区外,OpenGL 还支持其他的辅助缓冲区,例如一个窗口也可以有一个模板缓冲区和一个深度缓冲区。此外,通过开发多个可视属性,也可以使一个 X 服务器支持多个不同的帧缓冲区配置。

所有基于 X Window 系统的 OpenGL 实现至少应该支持一个 RGBA 可视属性和一个颜色索引可视属性,而这两个可视属性又必须支持至少 1 位的模板缓冲区和至少 12 位的深度缓冲区,所要求的 RGBA 可视属性必须有一个累积缓冲区。目前大多数 OpenGL 的实现都提供了多于两个的可视属性。

从函数功能分类来说,GLX 函数主要有两大类:初始化和绘制控制。其中初始化函数包括判定 GLX 是否在 X 服务器上有定义和获取所需要的可视属性等;绘制控制包括 OpenGL 绘制上下文的管理或查询、屏幕外绘制执行、同步执行、前后端缓冲区交换以及使用 X 字体等。

4. OpenGL Windows NT/2000 专用函数库

OpenGL 在 Windows NT/2000 环境下的实现是由 16 个 OpenGL Windows NT/2000 专用函数(以"wg1"为前缀)和 5 个 OpenGL Win32 API(没有专用前缀)函数来支持的。WGL 函数用来关联 Windows NT 和 Windows 95 窗口系统,它们管理绘制上下文、显示列表、扩展函数和字体位图。OpenGL Win32 API 函数用于像素格式和双缓冲区,它们支持每个窗口像素格式和窗口的双缓冲区(用于对图像进行平滑处理),它们只能用在 OpenGL 的图形窗口。OpenGL 用到与显示硬件直接交互的显示驱动器,用户在窗口应用程序中使用 OpenGL 的方式基本上类似于使用 GDI 或其他应用程序界面。从函数配置上来说 WGL 与 GLX 很类似、它也包含像素格式初始化、绘制控制和其他的 OpenGL 相关任务。WGL 通过管理窗口处理和绘制上下文而与 OpenGL 相关联。值得说明的是,WGL 与 GLX 的大部分函数有类似的功能,或者说具有对应性。因此基于 X Window 和基于 Windows NT 或 Windows 2000 的 OpenGL 应用程序可以相互转换。转换的基本思想是用对应函数进行替换。对某些没有对应性的函数,用户就必须重写代码以获得与原来程序同样的功能。

以 X Window 下的 OpenGL 应用程序向 Windows 95 环境转换为例,其转换过程是:

(1) 使用等价的 Win32 代码重写 X Window 系统相关的代码,孤立程序中的窗口创建和事件处理代码块。因为 X Window 系统、Windows NT 和 Windows 2000 都是基于事件处理的窗口系统,因此也容易判断应该在什么位置进行合适的改变。

(2) 孤立使用 GLX 函数的代码块,将它们转换为对应的 Win32 函数。

(3) 将 GLX 像素格式、可视属性和可画区函数转换为适当的 Win32/OpenGL 像素格式和 Dc(设备上下文)函数。

(4) 将 GLX 绘制上下文函数转换为 Win 32/OpenGL 绘制上下文函数。

(5) 将 GLX 像素图函数转换为对应的 Win 32 函数。

(6) 将 GLX 帧缓冲区和其他 GLX 函数转换为适当 Win 32 函数。

5. OpenGL 编程辅助库

OpenGL 独立于任何窗口系统和操作系统,也没有从鼠标或键盘读取事件的功能。在 X Window 环境下或在 Windows NT 或 Windows 2000 环境下,编制 OpenGL 应用程序中与窗口或操作系统相关事件的处理是一件比较繁琐的工作,即使程序要完成的工作非常简单。用户为了学习或验证 OpenGL 的某项功能,就希望能编制简单而直接的与窗口系统或操作系统无关的小程序。OpenGL 编程辅助库就是为了满足用户的这类需要而专门设计的。

　　OpenGL 编程辅助库是与窗口系统和操作系统无关的,用户可以像使用 OpenGL 其他库命令函数一样使用编程辅助库程序(在♯include 语句中头文件名的写法可能会有点区别)。OpenGL 编程辅助库不仅提供了窗口管理、鼠标/键盘事件处理函数,而且还提供了一些基本的三维几何对象(如球体、立方体、圆柱体等)的创建函数。从功能上,OpenGL 编程辅助库函数可以分成如下六类:

　　(1) 窗口初始化和退出:其函数包括窗口特征设置、窗口位置定位以及窗口创建等;

　　(2) 窗口和输入事件处理:其函数包括窗口改变时的形状重定、键盘和鼠标响应等;

　　(3) 颜色索引加载;

　　(4) 三维对象绘制:包括 11 种三维对象的线框体与实心体两种绘制函数;

　　(5) 后台进程管理;

　　(6) 程序运行控制。

7.2.2　Open Inventor

　　Open Inventor 最初由 SGI 公司基于 OpenGL 开发而成。SGI 公司提出 IRIS GL 二维程序开发接口后,在世界范围内得到了图形开发人员的热烈拥护和众多著名计算机软硬件公司的支持,并逐渐演化成三维的 OpenGL。随着 OpenGL 的推广应用,其缺点也逐渐显露出来:每次完美呈现一个绘图场景,就需要对程序进行初始化、设置观察方式、场景中使用的相机、光照等众多参数,对于初学人员简直是一件极其痛苦而又麻烦的事情,这在某种层面上限制了 OpenGL 的应用。而且,加之近年来 OpenGL 对其新规范的推出一再延误和微软公司对 DirectX 的大力推广,使得 OpenGL 的发展受到了不小影响。

　　在这种情况下,SGI 公司于 20 世纪 90 年代初推出了对 OpenGL 封装的 Open Inventor 三维图形工具包。近年来,随着计算机硬件技术的快速发展和计算机图形学的日渐成熟,科学计算可视化和虚拟现实技术(包括增强现实技术等)的发展,人们已不再满足采用简单三维图形的表示,转而采用更为逼真的物体模型。这使得 Open Inventor 广泛应用于不同领域内。为进一步推动 Open Inventor 的发展,SGI 公司于 2000 年 8 月 15 日在美国加州召开的 Linux World 博览会上宣布,它已向开放源代码组织公布了它的 Open Inventor 三维图形工具包的源代码,其源代码可从 SGI 源代码开发者网站免费下载。

　　Open Inventor 包括 450 多个类和直接可用的程序接口,支持快速原型设计及图形应用程序开发。Open Inventor 的对象包括数据库原语、交互操纵器和部件。数据库原语包括形状、特征、组、引擎和传感器等对象;手柄盒和轨迹球是典型的交互操纵器;材料编辑器、导向光编辑器和考察观察器都是典型的部件。

　　Open Inventor 是目前世界上使用最为广泛的面向对象绘图软件开发的接口。对于程序开发人员而言,Open Inventor 具有跨平台的能力,因此只要撰写一份程序代码即可编译成在 Unix/Linux 和 Microsoft Windows 系统下的可执行程序。Open Inventor 目前支持的程序开发语言有 C++和 Java 两种,但同时遵循 C 调用约定,这意味着在 C 或 C++语言的编程环境下可以方便地调用 Open Inventor 库中的 API 函数。

　　Open Inventor 不但是一个面向对象的高效的三维图形制作系统,它还提供了支持多种文件格式接口的方法。用户可以利用这些方法读入或输出图形对象,甚至可以使用视窗系统中的剪贴板对 Open Inventor 中的图像进行剪切和粘贴操作。

Open Inventor 用于设计三维图形。著名的 VRLM 就采用了 Open lnventor 的文件格式，所以使用 Open Inventor 开发 VRLM 技术应用也是比较合适的。

7.2.2.1 Open Inventor 的特点

1. 面向对象的 3D 应用程序端口

Open Inventor 提供了一个最广泛的面向对象集（超过 1300 个易于使用的类），并集成了一个用户友好的系统架构来快速开发。规范化的场景图提供了现成的图形化程序类型，其面向对象的设计鼓励可拓展性和个性化功能来满足具体的需求。

2. 优化的 3D 渲染

Open Inventor 通过利用 OpenGL 的最新的功能集和拓展模块优化了渲染效果，自动基于 OpenGL 的最优化技术来提供一个大大改善的高端的应用程序接口。

3. 先进的基于 OpenGL 的着色器

OpenGL 的阴影渲染技术可应用于 Open Inventor 的任何版本，通过特效来获得更深入的三维视觉体验。Open Inventor 嵌入了一个超过 80 个阴影渲染程序列表，完全支持 ARB 语言、NVIDIA-Cg 和 OpenGL 绘制语言，以此来获得更先进的视觉效果，进一步提高终端用户的三维可视化视觉体验。

4. 先进的开发帮助

Open Inventor 是一个交互的绘图工具，当程序正在运行的时候可以对 3D 程序进行校正和调试，它允许开发人员交互式视图和修改场景图。

5. 全面的 3D 内核

除了其完整的 3D 几何内核之外，Open Inventor 提供了强有力的先进的 3D 功能集支持，如 NURBS 曲面和碰撞检测。完全支持 NURBS 曲线和任意的裁剪曲面，可实现快速、持续高效的 NURBS 镶嵌。Open Inventor 也提供了一个快速的物体间和摄影间、场景间的快速碰撞检测应用，例如，在漫游类型的应用程序中摄影穿透其他物体。这种优化的碰撞检测应用，已被证明是有效的，甚至面对非常复杂的场景。

6. 大型模型的可视化

Open Inventor 通过更少的三角形来构建新的几何模型，并自动生成 LOD（层次细节）和保存外表的简化节点来提高显示质量和使交互渲染成为可能。它可以将几何模型转换成更高效的三角形条块和将对象重新排序来尽量减少状态的变化。复杂场景的快速编辑也是支持的。

7. 远程渲染、虚拟现实功能和多屏显示

Open Inventor 提供高端的浸入式组件，来提供易于使用的且有力的解决方案，来共同面对 3D 高级程序开发领域中棘手的问题。

8. 多线程技术

多线程技术相比采用多个处理器和利用单一的高端处理器都能增加整体的显示效果。这种特性也适用于多种图形通道，每个图形通道都有自己的渲染线程。

9. GPU 的广泛应用

Open Inventor 的可视化解决方案为程序员提供了一个独特的解决方案，这个方案能实现先进的三维可视化和强大的计算功能间的交互，这些计算一般是在一个工作站上进行的并行计算。

7.2.2.2　Open Inventor 的组成

Open Inventor 基于 Unix 操作系统和 OpenGL 图形库开发而成,目前己移植到 Windows 操作系统,但其基本原理并没有太多改变,如调用 OpenGL 实现三维图形对象的显示,并为 OpenGL 提供一系列的标准界面等。Open Inventor 主要包括三大部分:Open Inventor 工具箱、Open Inventor 组件库和 Open Inventor 的文件格式接口。

1. Open Inventor 工具箱

Open Inventor 工具箱是 Open Inventor 的核心,它不但为用户提供强大的编程应用接口,还管理 Open Inventor 创建的每个对象。它主要由场景数据库、节点工具箱和操作组件库三部分构成。

(1) 场景数据库

在场景数据库中,节点(Node)是一系列最基本的对象,它们是创建三维场景图的最基本单位。也就是说,在 Open Inventor 中,只需这些节点就可以创建一个复杂的场景,就像使用形状、大小和颜色不同的积木搭建出不同的房子和汽车等,甚至还可以搭建复杂的城镇等。这些节点包括一系列重要的信息,如形状描述、材质种类、几何变换和光照模型等,这些信息存储在称为域(Field)的存储单元中。显然,使用这些"积木块"并按照一定的规则就可以组合出复杂的三维场景图。场景图储存在场景数据库中,并由 Open Inventor 负责场景数据库的管理。一旦用户生成了一幅场景图,用户就可以对场景图的对象进行各种操作。

(2) 节点工具箱

节点工具箱提供了许多 Open Inventor 预先规定的对象组织和搭配机制,用户也可根据自己的需要添加自己的对象搭配机制。在添加自定义搭配机制时,通常需要创建一个模板文件,Open Inventor 会根据该模板文件来实现用户所规定的搭配机制。

(3) 操作组件库

操作组件库主要用于响应用户的交互操作事件,这种响应非常直观,并且可由用户直接进行编辑操作。其中比较明显的例子是实际的拾取操作和处理盒操作的显示。用户可以单击 Open Inventor 三维场景中的任一对象,该对象将被高亮度显示,并可将此对象的标识指针返回给用户的程序。用户也可以拖动对象的事件处理盒(一个类似于对象包围盒的、以线框方式显示的、高亮度的平行六面体),以实现对象的放大、缩小、改变位置等效果。用户使用操作组件库对图形对象进行操作就好像用户使用鼠标对窗口的大小和位置进行操作一样方便和直观。

2. Open Iventor 组件库

通过使用不同的 Open Inventor 组件库,可使 Open Inventor 支持多种窗口系统中的函数,尤其是可以圆满支持 Windows 操作系统。Open Inventor 组件库可以接收窗口事件,然后会将窗口事件转换为 Open Inventor 的自身事件(SoEvent)并交由 Open Inventor 中的操作组件库进行具体的操作处理。Open Inventor 组件库为用户提供多种风格不同的标准界面,形成与支持平台的一致性;用户也可以编写自己的组件并作为 Open Inventor 组件库中具有特殊用途的组件。

3. Open Inventor 文件格式接口

通过 Open Inventor 文件格式接口,用户可以方便地采用 Open Inventor 文件格式在应用程序中进行场景的输入、输出操作,或是子场景图的剪切、粘贴处理。通过这个接口,用户可以把自己场景图中的对象写入 Open Inventor 数据库或从 Open Inventor 场景中读出任一对象的信息。更为重要的是,该文件接口大大扩展了 Open Inventor 的应用范围。例如,TGS 公司的 Open Inventor 6.0 支持 ICES、STEP、DXF、CATIA45 和 OpenFlight 格式的文件,从而使用户创建的文件可以方便地导入到其他 CAD 平台中,也可以将其他 CAD 系统中的模型导入到基于 Open Inventor 的应用程序中。

总之,使用 Open Inventor 实现三维图形的可视化非常方便而又高效。利用 Open Inventor 提供的统一、优美的用户界面,同时无缝地集成 OpenGL 的渲染能力,以及采用面向对象的程序设计方法,封装了对象及对对象的操作,这些都使得 Open Inventor 在 CAD、游戏制作、图像显示等多个领域得到越来越广泛的应用。

7.2.2.3　Open Inventor 与 OpenGL 的关系

OpenGL 是在 SGI 公司的三维图形库 GL 的基础上建立的、支持不同硬件平台(包括微机系统)的开放三维图形库。OpenGL 提供了优秀的渲染机制,为程序开发人员提供的是一个编程接口,但对于场景产生和模拟能力则完全靠开发人员对 OpenGL 的把握能力和理解程度。也就是说,在产生图像的过程中具有很高的可塑性,要获得期望的场景效果就必须详细给定所有的操作指令及顺序。由于 OpenGL 不是可视化编程方式,在构造复杂的模型对象时,需要程序员通过精确地计算、建模,然后利用 OpenGL 一步一步地实现,最后在编译运行后才能知道模型的效果。显然,直接利用 OpenGL 进行场景编程,程序员需要花费大量的精力在建模上,这部分的代码量远比实现其他如窗口、光照、控制、漫游等功能的代码量要大,且需要花费更多的时间才能达到良好的建模效果。

Open Inventor 建立在 OpenGL 的基础上,是对 OpenGL 的封装,并通过自身的场景数据库调用 OpenGL 中的渲染机制来实现三维图形对象的显示。Open Inventor 和 OpenGL 两者之间的联系和区别主要有以下几方面:

(1) 对象的显示方式。OpenGL 对帧缓冲器的访问方式为立即模式,先把对象的绘制命令记录在显示列表中,然后使用命令读取这个显示列表,把需要显示的对象直接送入帧缓冲器中进行显示;Open Inventor 则没有提供对帧缓冲器的直接访问方式,它把需要显示的对象和操作封装在一起,先暂时存入 Open Inventor 内部的场景数据库中。当调用了 Open Inventor 场景数据库中的显示操作时,Open Inventor 才把要显示的对象送入帧缓冲器中进行显示。所以,如果程序中从没有发出任何调用命令(无论是直接的还是间接的),那么就决不会显示任何对象。

(2) 对象的操作方式。在 OpenGL 中,对象的显示和对对象的操作是分开的;在 Open Inventor 中,则把对象及其操作封装在一起,每个对象都可以设置一些相对应的特殊操作方式,从而使得场景中的对象变得更加"智能化"。

(3) 程序开发方面。采用 OpenGL 创建并显示场景,需要用户必须掌握很多编程细节,诸如对象的选取、旋转、平移等操作语句,并需要使用一系列的 GL 编程语句来实现;而 Open Inventor 已预先提供了一系列的标准组件及其操作,用户只需根据特定的使用目的把这些组件组合起来即可,而无须了解太多细节。

两者也是一个统一体。在 Open Inventor 中,使用 OpenGL 进行渲染。所以 Open Inventor 保持了很多 OpenGL 的灵活之处。用户既可根据 Open Inventor 提供的组件类构造出自定义的组件,也可自行设计 Open Inventor 所没有提供的对象、组件及其操作。

总之,应根据用户自身的实际需求来决定怎样组合使用 OpenGL 与 Open Inventor。如果能够把 Open Inventor 提供的对象组件和 OpenGL 提供的具体函数组合在一起使用,即充分利用 OpenGL 的快速、灵活渲染能力和 Open Inventor 的高级对象和场景数据库遍历功能，就可为用户节省大量的程序开发时间。

下面，用一个生活中的例子来说明 Open Inventor 和 OpenGL 之间的关系。由于工作或学习的需要，需要一个代步工具，如一辆自行车，但所有商家的车型都不符合我们的需求（尽管不太可能，但如果你考虑的是程序开发而不仅只是一辆自行车的话，那么就能很容易理解为什么没有符合我们要求的产品了）。那么，可用以下两种方式来制作出一辆自行车（当然，也可用两者的组合方式）：

第一种方法是直接购买主要部件法。也就是说，可以从那些大型购物中心或自行车修理店购买自己中意的车辆部件。一般情况下，那些商店大都可以提供数百种款式新颖、价位不等的部件产品。这也是大多数人所直接选取的方式。

第二种方法是自制法。就是到各类五金店去购买制作一辆自行车所需的所有材料如螺母、螺栓、轮子、链条、钢管等等，甚至还需要相关的焊接等设备。尽管这种方法在日常生活中已很少使用，但的确是存在的（在早期，的确有人做出过相当耐用的自行车）。显然，这种做法可自主决定该车辆的款式，但这也同时要求我们必须具备厚实的知识和机械加工的技巧，因为毕竟是要拿这些"零件"生产一辆可以使用的自行车。

用基本零件制作自行车的方法，就好比是使用 OpenGL 开发图形交互式程序。使用这种方法制造自行车，可完全拥有自由发挥的空间，但也必须得熟悉机械加工这一行，甚至还得重新学习某些领域的事情如焊接、机加等。

从配件商店直接选购部件的方法，大致与使用 Open Inventor 编程类似。自行车的车身大梁前端已经有车把的标准安装孔，后端则有车轮安装位置。这些预留的接口可与 Open Inventor 所提供的内置事件模块相媲美。另外，在购买这些部件时，公司会给你提供所使用产品的名称、尺寸和金额等详细清单。与此相对应，Open Inventor 中的所有操作，如渲染、拾取、包围盒计算等都已封装在操作对象中，根本无需再编写任何代码就可方便地获取相关信息。而且这些代理商为了能将产品卖给你，都会告诉你产品所使用的材料、耐用性等，这也提高了产品的经济性。这一点就像 Open Inventor 继承了 OpenGL 的许多优点，并获得了非常好的执行效果。

尽管有了这些标准部件，但我们还是有权决定它们的组装方式，而且也为以后的部件安装、更换和修复提供了方便。在 Open Inventor 中，所有的程序都具有相似的感觉和面孔，因为 Open Inventor 提供了统一的用户接口组件集。这好比是某个厂家的产品在市场上具有类似的感觉。

如果制作个性十足的自行车，个别部件没有商家生产，那么可以自己设计并制作它。Open Inventor 同样也允许我们设计自己的对象，这可通过所提供的产品了（但是同种情况下还是尽量使用它们，因为那样可以节省大量的时间和金钱）。

如果还想节约更多的金钱，那么干脆从商家那里买来所有的部件，然后组装起来就可以了（实际上很多自己行车生产商都是把所有部件放在商店里直接组装后就卖给顾客）。这些部件就像是 Open Inventor 中的节点工具箱，它是一组常用对象的封装包。

当然，如果初始做工一样的话，两辆自行车的质量都很好，并都显示了丰富的创造力和与众不同的设计风格。所以说使用 OpenGL 和 Open Inventor 开发的程序是一样的，只是根据用户的自身需求而采用了不同的方法而已。当然，也完全可以将两者结合起来使用，即使用 Open Inventor 的对象和组件构成程序模块，然后使用 OpenGL 命令对其进行渲染。

7.2.2.4 Open Inventor 中使用 VRML

在 Open Inventor 的场景数据库中,存储着一个或多个三维场景的信息。如果要创建一个场景,需要首先使用 SoDB::inint() 语句初始化 Open Inventor 的场景数据库,然后在其中添加其他的三维物体。如果在 Oren Inventor 程序中使用了其他的 Oren Inventor 组件库函数,例如:SoWin::inint(),那么,程序将会自动对场景数据库进行初始化,也就不必再显式地调用初始化场景数据库的语句。与之相类似的是,虽然在程序中没有使用组件库中的函数,但却使用了交互工具箱中的函数,例如进行了 SoInteraction::init() 调用,这同样会完成场景数据库的初始化工作,从而也无需再显式地调用初始化场景数据库的 init() 函数。将用于创建场景的结构图称为场景图(Scene Graph)。也就是说,场景图表达的是一个数据结构,而且通常是一个有向无环图(Directed Acyclic Graph,DAG),它包含了场景中的所有物体以及它们之间的相互关系。在一个场景数据库中,可以包括一个或数个场景,而每个场景都可以包含一系列的三维物体以及用于说明这些物体的相关属性。

创建了场景数据库后,需要向场景数据库中添加所需的场景。在 Open Inventor 中,创建场景的方法有多种。一种简便有效的方式就是直接在场景数据库中读入描述场景的文件,这可以在场景数据库中快速增加一个复杂的场景。其格式为:

SoSeparator readAll(soIuput * inFileName);

采用该方法,Oren Inventor 会首先将 inFileName 指定文件中的所有场景图读入场景数据库中,然后返回一个分隔符 SoSeparator 型指针,该指针是文件中所包含图形的根节点。

另一种向 Open Inventor 的场景数据库中添加复杂的场景的方式,是在场景中添加 VR-LM 文件所包含的场景。

目前广泛用于互联网的 VRML(Virtual Reality Modeling Language,虚拟现实建模语言)为用户提供一种可参与的、并能对场景中对象主动做出反应的虚拟现实环境,现已成为互联网上三维数据交换的事实标准,是一种比较有效的程序设计语言。Open Inventor 可以看做是 VRLM 的一个超集,VRML 是 Open Inventor 的另一个重要应用方面。

创建 VRML 文件一般有三种方法:

(1) 直接使用文本编辑器书写 VRML 文件。这样做的不足之处是只能创建比较简单的物体和场景,因为几乎不可能使用文本编辑器直接编写出复杂的场景。场景之间的相互关系和位置确定起来太过复杂,对复杂物体的建模显得无能为力,且对数学能力的要求也较高。

(2) 使用可视化编辑器建模。这就避免了直接使用文本建模时的一些问题,如不能生成复杂场景等缺陷。这些工具的一个突出的优点就是使用方便,不需要手工输入大量命令,而只需拖动鼠标即可创建复杂的场景。常见的可视化编辑器有 Cosmo World 2.0、Visual Home SpaceBuilder、Conmunity Place、Pioneer 以及 World View 等。

(3) 使用常见的图形格式进行场景文件的转换。利用转换工具可将网上大量的三维文件转换为应用程序所能读取的文件格式,但需要注意的是,所有的转换程序都有一定的局限性,如可能无法转换特定文件中的光照和纹理贴图等。

通常情况下,VRML 节点与 Open Inventor 中已有节点具有相同或相似的名字,但一般具有不同的域变量和行为特性。例如,在 VRML 和 Open Inventor 中都有 IndexedFaceSet 节点,但它们的域变量却大不相同。为了能够较好地区分两者,通常将 VRML 中的节点以 "SoVRML" 开头,而将 Open Inventor 中的节点则以 "So" 开头。仍以上述 IndexedFaceSet 节点为例,VRML 中的节点类为 SoVRMLIndexedFaceSet,而 Open Inventor 中的节点类则为

SoIndexedFaceSet。可以在应用程序中方便地使用这一点，例如，只要求输出场景图中的 VRML 节点，而对 Open Inventor 中的节点则不予处理等情形。

7.2.3 DirectX

DirectX 是用来创造基于 Windows 的视频游戏以及多媒体应用程序的组件。它是一个 COM 对象的集合，这种对象包括许多在计算机游戏和多媒体编程中使用的元素。DirectX 为动画提供了图形支持，并为游戏中令人激动的环境提供了音乐和音效支持。它还包含函数库，使用函数库可以访问游戏设备并且可以进行 3D 图形的处理。简单地讲，DirectX 是一个设计用来封装非常多的多媒体开发技术的集合。DirectX 开发之初是为了弥补 Windows 3.1 系统对图形、声音处理能力的不足，而今已发展成为对整个多媒体系统的各个方面都有决定性影响的接口。

DirectX 并不是一个单纯的图形 API，它是由微软公司开发的用途广泛的 API，它包含有 Direct Graphics（Direct 3D＋Direct Draw）、Direct Input、Direct Play、Direct Sound、Direct Show、Direct Setup、Direct Media Objects 等多个组件，它提供了一整套的多媒体接口方案。只是其在 3D 图形方面的优秀表现，让它的其他方面显得暗淡无光。

DirectX 具有建立和操作复杂图形和声音的能力。这些功能和注册用户输入能力以及它的网络功能相结合，使它成为一个功能强大的函数库。使用这个函数库，可以建立显示自己最新产品的信息展示台、带有环绕立体声音效的游戏，以及许多其他的多媒体应用程序。

（1）展示产品

DirectX 对象模型的最好用途之一是建立能够展示自己产品的应用程序。例如，可以建立一个完全交互的演示程序来展示一个产品，例如一台新的计算机监视器；可以改变它的颜色或者将其旋转。

（2）音乐和声音

使用 DirectX，可以允许用户打开一个虚拟的立体声系统来听一听在你的公司提供的各个类型声音系统之间的差异。

（3）用户交互能力

用户能和一个应用程序进行交互，即用户使用你的应用程序而且他们来决定行动的过程。他们可以选择打开一辆虚拟汽车的一扇门，或者他们可以控制游戏手柄来保卫银河系击退最凶恶的敌人。通过交互作用，你可以进一步地吸引用户使用自己的应用程序。

（4）屏幕保护程序和多媒体

使用 DirectX 可以实现的令人神往的事情之一是制作屏幕保护程序。通过 VB 开发屏幕保护程序和相似的多媒体应用程序已经流行了一段时间了。DirectX 加入这一领域的优势是它可以使图形显示更快而且更加平滑，声音质量更优异，而且整个过程使人更加愉快。

（5）游戏编程

游戏编程是 DirectX 的一个重要组成部分。使用 DirectX，可以使用较少的代码在 Windows 平台上制作游戏。因为 DirectX 使用标准的硬件驱动程序，所以它比硬件本身更加容易控制，这就产生了更好的硬件性能。

（6）数据同步

DirectX 的一个真正引人注目的特点是它通过调制解调器、网络使数据同步的能力。使用这个特点，开发者可以建立在遥远的距离之间发送和接收数据包的复杂程序。

1. DirectX 的特点

DirectX 技术提供了创建基于 Windows 的高性能应用程序方法,即时访问操作现在及将来可用的一切计算机硬件。DirectX 提供应用程序与硬件间坚实可靠的接口操作,减轻安装设置及体现硬件优越性能的复杂程度。使用 DirectX 提供的接口,软件开发者即使在不了解硬件详细资料的状况下也能充分发挥硬件特性。

它的特点可描述如下:

(1) 直接读写显存

目前的显卡上大部分都已经内置了 32M 的显存,DirectDraw 可以直接读写这些显存,并利用"切换页"的功能将图形显示的性能发挥得淋漓尽致。

(2) 支持硬件加速

DirectX 支持硬件的加速功能,当 DirectX 对象建立时,程序会自动去查询可使用的硬件,程序员就不用去考虑玩家的计算机设备,不论是显卡、声卡或者是外围输入设备,若被程序查询到,就由硬件 HAL(Hardware Abstraction Layer)来执行,否则自动用软件 HEL(Hardware Emulation Layer)来模拟。

(3) 网络联机功能

DirectPlay 可以让程序员很容易地开发多人联机游戏,联机的方式可包含局域网络联机、调制解调器联机,并支持各种通讯协议。

综上所述,DirectX 可视为一种程序员与硬件间的接口,程序员不需要花费心思去构想如何来编写底层的程序代码与硬件打交道,只须巧妙地运用 DirectX 中的各类组件,便可更简单地制作出高效能的程序,这也就是 DirectX 的独到之处。

2. DirectX 组件

DirectX 由许多组件构成。可以使用 Direct3D 的方法来处理 3D 图形。DirectDraw 允许使用许多在游戏工业中应用了几十年的动画技术。DirectInput 能够理解用户通过键盘、鼠标以及游戏手柄设备的输入。DirectSound 和 DirectMusic 能够使用在现今的游戏中应用的声音。网络功能在如今的许多游戏中是很流行的,可以从 DirectPlay 中获得。DirectX 也没有忘记提供安装游戏的方便性,所以它包括了可以提供一种轻松安装游戏界面的 DirectSetup。

(1) Direct3D

对于那些喜爱动画的人来说,Direct3D 是 DirectX 中一个奇异的附件。使用 Direct3D,可以在支持 3D 图形渲染的硬件支持环境中建立复杂的 3D 图形。Direct3D 组件包括灯光效果、材料和阴影。Direct3D 也被称为 DirectX 图形组件。

(2) DirectDraw

DirectDraw 是制作 DirectX 2D 图形的核心和灵魂,它为你提供了许多进行基础动画制作的功能,例如 Blitting(位块转换)、剪切和交换。DirectDraw 为开发者提供了可以直接和图形硬件打交道的方法,而开发者不需要详细了解每个硬件的工作原理,它是完全独立于硬件的。

(3) DirectInput

DirectInput 为开发者提供了与多媒体应用中使用的输入设备通信的能力。DirectInput 支持键盘、鼠标以及游戏手柄设备的输入。DirectInput 还可以控制力回馈设备的特性,例如微软的响尾蛇力回馈游戏控制器。

(4) DirectMusic

如果你的程序需要音乐,那么 DirectMusic 就是实现这个目的最好的选择。DirectMusic

为多媒体应用程序提供了复杂的音乐制作能力以及完整的音乐播放方法。还可以为多媒体应用程序添加 DirectMusic 配乐，从而使程序更加吸引用户。DirectMusic 是 DirectAudio 函数库的一个子组件。

（5）DirectPlay

网络游戏和应用程序正在成为基本的一类游戏。为了达到这个目的，DirectX 中有一个叫做 DirectPlay 的组件，这个组件可以为游戏提供方便地访问网络的功能。DirectPlay 支持游戏大厅（Lobby）、消息接发以及网络通信管理。它还支持 TCP/IP、网络包交换（IPX）、调制解调器以及串口通信。使用这种技术，开发者可以快速和轻松地将自己的游戏升级到网络版。另外，还可以使用这种技术建立消息接发应用程序，它的功能和 MSN 的 Messenger Service 或者 AOL 的 Instant Messenger 功能相似。

（6）DirectSetup

使用 DirectSetup，可以轻松地分配自己应用程序中用到的 DirectX 函数。使用这个组件，应用程序可以拥有一个精密简捷的安装过程；在程序安装的过程中，所有的库函数和支持文件都被自动地安装到用户希望安装的位置。

（7）DirectShow

DirectShow 可以提供一些有趣的功能。使用 DirectShow，可以建立非常类似于带有结合了声音和图形的有趣效果的 PowerPoint 幻灯片的演示文稿。还可以使用这种技术为音乐台和其他的应用程序建立 DVD 播放实用程序。

（8）DirectSound

声音是使一个游戏看起来更加真实的重要元素，所以声音的效果越真实，游戏的表现就越好。DirectSound 提供了混音、硬件加速和直接访问声音设备的功能。可以使用这个组件来制作"砰"地关上车门的声音、嘹亮的号角声以及"哪啊喳喳"的鸟鸣声。DirectSound 是 DirectAudio 函数库的一个子组件。

3. DirectX 和部件对象模型 COM

DirectX 中的大部分 API 都由基于 COM 的对象和接口组成。COM 是接口重利用的基于对象的系统的基础，是 COM 编程的核心模型，它也是一种接口规范。在操作系统级别上，它又是一个对象模型。

所有的 COM 接口都由一个称为 IUnknown 的接口派生而来。该接口为 DirectX 提供了对象生存期的控制和操作多接口的能力。IUnknown 含有三个方法：

（1）AddRef：当一个接口或另一个应用捆绑到某一个对象上时，就使用 AddRef 方法将该对象的索引值加 1；

（2）QueryInterface：通过指向特定接口的指针查询对象所支持的特性；

（3）Release：将对象的索引值减 1。当索引值变为 0 时，该对象就从内存中释放。

其中 AddRef 和 Release 方法负责维护对象的索引值。QueryInterface 方法测定一个对象是否支持指定的接口。如果支持，QueryInterface 就返回指向该接口的指针，然后可以使用该接口包含的方法同对象通信。如果 QueryInterface 成功地返回接口的指针，它就会自动调用 AddRef 方法增加对象的索引值。在撤销接口指针之前必须调用 Release 来减少对象的索引值。

DirectX 中的接口是用最基本的 COM 编程创建的。表征设备对象的每个接口都由 IUnknown COM 接口派生而来。基本对象的创建由动态链接库 DLL 中的特殊函数来处理。比较一般的情况是,DirectX 对象模型为每个设备提供了一个主对象,其他支持服务的对象由主对象派生而来。除了能够产生子对象外,设备的主对象还能测定它所表征的设备特性,如屏幕的大小和颜色数、声卡是否支持波表合成等。

许多 DirectX API 都有创建 COM 对象的实例。可以将一个对象看做一个黑盒子,对象通过接口与对象通信。通过 COM 接口发送给对象或从对象接收的命令称为方法。例如,ID-DirectDraw2∷GetDisplayMode 方法是通过 IDDirectDraw2 接口从 DirectDraw 对象获得当前的显示模式。对象在运行时可以同其他对象捆绑在一起,并且能够使用这些对象的接口。如果已知某个对象是 COM 对象,并且知道该对象支持的接口,则应用程序或其他对象就能够确定第一个对象所能执行的服务。所有 COM 对象都继承一个称为 Query 的接口方法,它可以使你查询一个对象支持的接口以及创建这些接口的指针。

与 C++相比,COM 接口就像一个抽象的基类。在 C++的基类中,所有的方法都定义为纯虚的,这就意味着没有任何代码同方法关联在一起。纯虚的 C++函数和 COM 接口都使用一种称为虚表(Vtable)的设备。一个虚表包含了应用于所给接口的所有函数的声明。如果想让程序或对象使用这些函数,可以先用 QueryInterface 方法检查对象存在的接口,获取该接口的指针。调用 QueryInterface 后,应用或对象实际上就从对象中接收到了虚表的指针。通过该指针就可以调用应用于该对象的所有接口方法。COM 对象和 C++的另一个相似之处是方法的第一个参数就是接口或类的名字,在 C++中称为 this 参数。因为 COM 对象和 C++对象是完全二进兼容的,编译器就将 COM 接口同 C++抽象类同样处理,并且具有相同的语法,这会使得代码简单一些。

在新接口获取上,部件对象模型不是通过改变存在于接口的方法,而是通过扩展包含有新特性的新接口来更新对象的功能。在保留已有接口状态的情况下,COM 对象能够自由扩展服务并维持同旧的应用兼容。DirectX 部件遵循这一原则。

7.2.4 VRML

VRML(Virtual Reality Modeling Language,虚拟现实建模语言)是一种用于建立真实世界的场景模型或人们虚构的三维世界的场景建模语言,也具有平台无关性。它是目前互联网上基于 WWW 的三维互动网站制作的主流语言。VRML 本质上是一种面向 Web、面向对象的三维造型语言,而且它是一种解释性语言。VRML 的对象称为结点,子结点的集合可以构成复杂的景物。结点可以通过实例得到复用,对它们赋以名字,进行定义后,即可建立动态的虚拟世界。

VRML 不仅支持数据和过程的三维表示,而且能提供带有音响效果的结点,用户能走进视听效果十分逼真的虚拟世界。用户使用虚拟对象表达自己的观点,能与虚拟对象交互,为用户对具体对象的细节、整体结构和相互关系的描述带来新的感受。

VRML 的应用范围很广,从严肃的自然学科应用(医学成像、分子模型、机械设计与制造等方面)、吸引人的娱乐业(游戏、各种广告制作、虚拟主题公园等等)到现实的日常生活(选择并在卧室摆放家具的模拟、周末郊游的计划)等各种领域,并取得了巨大的经济效益。VRML 给我们带来了一个全新的三维世界,让我们的互联网不再仅仅停留在平面上,它使这个虚拟的世界动了起来,用户还可以让这个虚拟的世界按照我们的意志运动。

7.2.4.1 VRML 的特点

传统网页受 HTML(Hypertext Markup Language)的限制,只能是平面的结构,就算

JAVA语言能够为网页增色不少,但也仅仅停留在平面设计阶段,而且实现环境与浏览者的动态交互是非常繁琐的。于是 VRML 应运而生。VRML1.0 只能创建静态的 3D 景物,你可以在它们之间移动,来浏览三维世界。VRML1.0 是基于 SGI 公司的 Open Inventor 的文件格式,也是它的一个子集,是一种流行的 3D 图形的格式,并可链接到一般的互联网网页。VRML1.0 的立体链接,即构成了 VRML 的世界。可以看出,用 VRML1.0 很容易做出三维物体,这也正是 VRML1.0 的基本目的所在。另外,有些厂家将 VRML1.0 进行了扩展,使其可以实现一些动画功能和交互性,但只能在 Live3D 的环境下运行。由于 VRML1.0 只能创建静态的 3D 景物,因此虽然能用 VRML1.0 来建立用户的虚拟代表,它们却不能做其他任何事情。VRML2.0 改变了这一点,它增加了行为,可以让物体旋转、行走、滚动、改变颜色和大小。VRML 2.0 改变了 WWW 上单调、交互性差的弱点,通过创造一个可进入、可参与的世界,将人的行为作为浏览的主题,所有的表现都随操作者行为的改变而改变。现在它被称为第二代 Web 语言。

与 VRML1.0 相比,VRML2.0 的主要改进表现在:增强了静态世界;增加了交互性;增加了动画功能;增加了编程功能;增加了原形定义功能。

此外,VRML 2.0 还改进了编程格式,使之更加符合"面向对象"编程的思想,增加了交互性的功能,具体表现在一些新增的节点如 Sensor、Interpolator 等。同时,VRML 还支持声音、动画等功能。

VRML 不像 C、Java 这样的编程语言,也不像 HTML 这样的标记语言,它是一种造型语言,这表明你可以用它来描述三维场景。它比 HTML 复杂得多,但比编程语言要简单。

7.2.4.2　VRML 中的基本概念

虚拟现实三维立体网络程序设计语言 VRML 涉及有关的基本概念和名词,它们是编写 VRML 的基础。虚拟现实 VRML 语言的基本术语包括各种节点、域值、事件、路由、原型、场景及脚本等。

1. 节点

这是 VRML 文件最基本的组成要素,是 VRML 文件基本的组成部分。节点是对客观世界中各种事物、对象、概念的抽象描述。VRML 文件就是由许多节点之间并列或层层嵌套而构成的。在编辑一个 VRML 文件时有时需要多次使用同一节点,为了简化编辑过程,读者可以自定义节点的名称,而不用每次都写出该节点的域值及其他的描述。要注意的一点是每次引用的节点使用的都是原节点设定的域值。一旦对原节点的域值进行改动,那么所引用的节点的域值都相应地改变。其语法规则如下:

定义:DEF 节点名 节点类型 { }
使用:USE 节点名

2. 事件

每一个节点一般都有两种事件:一个"入事件"和一个"出事件"。在多数情况下,事件只是一个要改变域值的请求:"入事件"请求节点改变自己某个域的值,而"出事件"则是请求别的节点改变它的某个域值。

3. 原型

这是用户建立的一种新的节点类型,而不是一种"节点"。进行了原型定义就相当于扩充了 VRML 的标准节点类型集。节点的原型是节点对其中的域、入事件和出事件的声明,可以通过原型扩充 VRML 的节点类型集。原型的定义可以包含在使用该原型的文件中,也可以在外部定义；原型可以根据其他的 VRML 节点来定义，也可以利用特定浏览器的扩展机制来定义。

4. 物体的造型

物体的造型即场景图，由描述对象及其属性的节点组成。在场景图中，一类由节点构成的层次体系组成，另一类由节点事件和路由构成。

5. 脚本

这是一套程序，是与其他高级语言或数据库的接口。在 VRML 中可以用 Script 节点来利用 Java 或 JavaScript 语言编写的程序脚本来扩充 VRML 的功能。脚本通常作为一个事件级联的一部分而执行，脚本可以接受事件，处理事件中的信息，还可以产生基于处理结果的输出事件。

6. 路由（ROUTE）

这是产生事件和接受事件的节点之间的连接通道。路由不是节点，路由说明是为了确立被指定的域的事件之间的路径而人为设定的框架。路由说明可以在 VRML 文件的顶部，也可以在文件节点的某一个域中。在 VRML 文件中，路由说明与路径无关，它既可以在源节点之前，也可以在目标节点之后。在一个节点中进行说明，与该节点无任何联系。路由的作用是将各个不同的节点联系在一起，使虚拟空间具有更好的交互性、立体感、动感性和灵活性。

在场景图中，除了节点构成的层次体系结构外，还有一个"事件体系"。事件体系由相互通信的节点组成。在大多数的 VRML 节点中，每一个事件都有两个接口：输入接口——能够接收事件的节点称为 EventIn，即入事件（也称事件入口）；输出接口——发送事件的节点称为 EventOut，即出事件（也称事件出口）。一个节点一般具有多个不同的入事件和出事件，但一些节点不同时具有这两种事件。

入事件和出事件通过路径相连，这就是 VRML 文件除节点外的另一基本组成部分——路由。路由语句把事件出口和事件入口联系起来，从而构成了"事件体系"。

7.2.4.3 VRML 的功能

VRML 是一种三维造型和渲染的图形描述性语言，它把"虚拟世界"看成一个"场景"，而场景中的一切都看做"对象"（也就是"节点"），对每一个对象的描述就构成了 wrl 文件（即 VRML 文件，.wrl 是 VRML 文件的扩展名）。VRML 的目的主要是为了在网页中实现三维动画效果以及基于三维对象的用户交互。它同 HTML 语言一样，也是一种 ASCⅡ 的描述语言，且都支持超链接，只是 HTML 不支持三维图像和立体声音文本的显示。

VRML 所具有的功能如下：

1. 存在感

存在感又称为临场感，是指用户感到自己就是主角存在于虚拟环境中的真实程度。理想中的虚拟环境可使我们有一种身临其境的感觉，仿佛存在于 VRML 世界中，而非局外人。

2. 多感知性

多感知性是指除了一般计算机都具有的视觉感知外，还可通过一些设备在听觉感知、触觉感知、运动感知、味觉感知、嗅觉感知等方面感受虚拟环境的一切。在这里它不只局限于视觉或听觉，这更增加了其真实感。

3. 交互性

交互性是指用户对虚拟环境内物体的可操作程度和用户从虚拟环境中得到反馈的自然程度。VRML 的图形渲染是"实时"的，这是它与动画制作软件的最大区别。这种"实时性"导致了在虚拟场景中的人机"可交互性"。你可以用制作动画软件制作一个沿着某一条路径浏览"死"动画,而且可以反复播放这个动画,但该动画总是沿着一条固定路径的。而 VRML 生成的场景是"活"的。在这里,你不仅可以在场景中随意漫步,甚至可以随时启动一个"事件",比如:你碰到了一个物体,像现实中一样会发出碰撞声,而不再是像游魂一样穿过物体。在感受虚拟环境的同时,能够通过自己的行为改变或影响虚拟环境,就如在现实中改变自己周围的环境一样。

4. 动态显示

VRML 创建的 VRML 场景不再仅仅是静态显示,它所显示的一切都和现实中一样有静有动,而物体如何运动只取决于该物体的属性。而且其动态显示不只是沿着某一路径循环下去的,它更取决于操作者对其所做出的动作,这是与其他也可动态显示语言的根本区别。

5. 立体感的视觉效果

VRML 创建的虚拟现实场景是模拟现实中的,则其必有现实中的立体感,而不再是一般的二维图片。特别是随着浏览者的移动,VRML 场景中的物体属性,如光照、方位等也随之改变,从各方面达到立体感的视觉效果。

虽然我们可以使用诸如 3DS MAX 这样的软件制作出效果极为丰富逼真的立体画面,但其立体效果导出为文件之后通常是体积庞大,显然用这种方式在网页中实现三维动画是很不现实的。而 VRML 有效地解决了这个问题,它使得在网络上传输的数据量大大减少。而且,我们还可以在物质的形体上贴图、增加灯光效果、建立用户事件响应等等。

6. 立体感的听觉效果

VRML 不但可以通过三维图形在视觉上达到立体效果,而且可以通过 3D 声音让人感受周围环境的声音,就如在现实中听到一样,而不再是简单的 2D 声音。在 Sound 节点中,可以进行声音大小、位置、方向等空间性质的设定,让声音的表现有远近不同的立体效果,以增加真实性。

7. 动态显示与网络无关

VRML 是面向网络的,它是为网络而生的,并随网络而发展的。它的巧妙之处在于:避免了在网上传输无限容量的一帧帧视频图像,而传输的只是有限容量的 wrl 文件,即只传送描述场景的模型,而把动画帧的生成放在本地。也就是说,当你在虚拟世界中漫步时,你依靠的只是本地主机的性能,而与网络无关,不必再担心由于网络拥挤而不能欣赏到优美动画了。

8. 脚本功能

在 Script 节点中加入程序语言,以进行对象行为的设定。编写的语言倾向于使用 Java,也可用其他的 CGI 程序,例如 Perl。另外 SGI 公司还发展了一种类似 Java 的 VRMLscript 语言,前途也是非常可观的。

9. 多重使用者

建立一个多重使用者共享的虚拟环境开发标准,可以让进入的使用者,利用其替身在虚拟空间中彼此交谈或者沟通,并体验到多媒体,甚至是置身其中的生理感觉。

10. 全球资讯网参考节点

以 Inline(name"URL")节点,可以将互联网上的其他 VRML 文件加入到你所建立的虚拟世界,就如同编写 HTML 时也可以借用网络上其他地方的图档,当需要显示时,再分别由网络下载,不必等所有对象下载完毕后,才能执行 VRML 文件。

11. 超链接功能

Anchor(name"URL")节点,在其中加入所要链接网站的 URL 地址后,就可以让某个对象有超链接的功能,点击后即可链接到特定区域,或是网络中的特定文件。

7.2.4.4 VRML 编辑器与浏览器

1. VRML 编辑器

因为 VRML 的文件格式是一般文本文件,所以基本上使用任何的纯文本编辑器都可以编辑 VRML 文件。VRML 文件对语法有以下几条约定:

(1) 每个 VRML 文件都必须以♯VRML V2.0 utf 作为文件头;

(2) 文件中的任何节点的第一个字母都要大写;

(3) 节点的域都必须位于括号里面。

在定义和使用节点名称的时候要注意以下几个方面:

(1) 命名节点的数目没有限制,但在同一个 VRML 文件中不能有两个名称相同的节点;

(2) 节点名称可以有字母、数字和下划线,但不能以数字开头,不能包括无法印刷的 ASC 字符;

(3) 命名节点也不能包括单双引号、加号、减号、句号、逗号、方括号、弯括号和英镑符号;

(4) 当命名包括字母时,字母是有大小写区分的;

(5) 以下字母符号也不能用作定义的节点名称:NULL,TRUE,FALSE,IS,TO,DEF,USE,PROTO,EXTERPROTO,ROUTE。

2. VRML 浏览器

VRML 浏览器有以下几种:

(1) CosmoPlayer 2.1.1

CosmoPlayer 曾经是最好的 VRML 浏览器,它出自 VRML 的早期领导者 SGI 公司,在速度、质量、兼容性等诸多方面,都曾遥遥领先。但由于它被一再转手,研究人员流失殆尽,原先的各种优势不复存在。但 CosmoPlayer 的控制面板至今仍是最好、最科学的,可方便地在WALK 模式和 EXAMINE 模式之间进行切换,它的兼容性和质量至今仍是一流的,但速度和扩展能力已远远落在 Blaxxun Contact 和 Cortona 之后了。

(2) Blaxxun Contact

Blaxxun 已经取代 Cosmo 成为 VRML 领域的领导者,它的浏览器 Blaxxun Contact 的最新版本在各项性能指标上,都十分出众,如全面支持 VRML97、最先支持 NURBS、UM,渲染速度名列第一。唯一不足的是,它的控制面板太难控制了,浏览模式的切换十分不便。

(3) Cortona

Parallelgraphics 是目前 VRML 领域最有活力的一家公司,它的 Cortona 是 Blaxxun Contact 的最大竞争对手,除很好地支持 VRML97、NURBS 外,还支持多种自己规格的扩展功能,如键盘输入、拖放控制、Flash 等,更是业内第一个(也是唯一)支持最新 EAI 功能的 VRML 浏览器,而它的安装文件仅有 1.8M,是各种 VRML 浏览器中最小的。不过 Cortona 的兼容性做得稍差,主要应用环境是 Windows 平台和 IE 浏览器,并且声音功能还有一些小缺陷。

(4) Viscape

Superscape 的专有网络虚拟现实格式 SVR 的浏览器 Viscape,在速度、质量、交互性等方面,比目前所有的其他 VRML97 浏览器,确实都要优秀。但 Viscape 的致命缺点是,它主要支持的 SVR 基本不同于 VRML,而支持 SVR 的浏览器和制作工具少之又少,太过分的封闭性使得它前路只会越来越窄。

7.3 专业开发软件

7.3.1 MultiGen Creator/Vega

MultiGen-paradigm 公司是世界领先的视景仿真技术公司,它向客户提供一整套的视景仿真解决方案,包括易于使用的视景仿真建模工具和实时视景仿真驱动和声音驱动的商业工具。

MultiGen Creator 是由 MultiGen-paradigm 公司开发的一个用于对可视化系统数据库进行创建和编辑的交互工具,用于产生高优化、高精度的实时 3D 内容,可以用来对战场仿真、城市仿真、计算可视化等领域的视景数据库进行产生、编辑和察看。这种先进的技术由包括自动化的大型地形和三维人文景观产生器、道路产生器等强有力的集成选项来支撑。MultiGen Creator 是一个完整的交互式实时三维建模系统,广泛的选项增强了其特性和功能,使得它提供比其他建模工具更多的交互式的 3D 建模能力。MultiGen Creator 软件包是经济的、交互式的、高度自动化的软件,可运行在 Windows98 以上版本及 SGI IRIX6.2 以上版本,可以高效、实时地产生 3D 数据库而没有视觉质量的损失。

MultiGen Creator 的模块为 Creator(Base Creator)或 Creator Pro(是 Base Creator 的扩展集)。其中,Base Creator 提供交互式多边形建模及纹理应用工具,用于构造高逼真度、高度优化的实时三维模型,并提供格式转换功能,能将常用的 CAD 和动画三维模型转换成 OpenFlight 数据格式。OpenFlight 为 MultiGen 数据库格式,在视觉仿真领域非常流行,它具有分层的数据结构,使用几何层次结构和属性来描述三维物体,可以保证从数据库到物体顶点和面的精确控制。Creator Pro 是一套高逼真度、最佳优化的实时三维建模工具,它能应用于视景仿真、交互式游戏开发、城市仿真及其他应用领域。Creator Pro 是唯一将多边形建模、矢量建模和地形生成集成在一个软件包的手动建模工具,给使用者带来高效率和生产力,并能进行矢量编辑和建模、地形表面生成。Creator 的主要模块包括基本建模模块、地形建模模块、标准道路建模模块等。

1. 基本建模环境模块

MultiGen Creator 是 MultiGen 建模系统的基本模块,为用户提供了一个功能强大、交互式的可视化建模环境,并提供了交互式多边形建模及纹理应用工具,用户可以快速地创建高逼真度、高度优化的三维仿真模型,并提供转换工具,能够将多种 CAD 或动画模型转换成 OpenFlight 数据格式。MultiGen Creator 作为强有力的所见即所得的三维仿真建模软件系统,包含了一套综合的强大建模工具,具有精简的、直观的交互能力。工作在所见即所得、三维、实时的环境中,能够让你随时在数据库中看到操作的结果。针对要完成的任务,用户总能找到所需的工具或使用自定义的工具箱。MultiGen Creator 使用户能够建立实时优化的场景,不会出现令人不快或动画软件所建模型中的数据错误及最终的视觉异常。用户可调节数据库、校正源于 CAD 或动画软件所建模型中的数据错误,最终结果将具有无可比拟的效率,以及被用户证实了的可靠性和优越的实时性能。其主要功能包括:

(1)强大的多边形建模功能

MultiGen Creator 中使用一套专用工具生成三维模型,如几何造型功能包括光串、放样、切片、镜像、自动生成的细节层次、切开的多边形、剥离表面和物体、球体、表面旋转、剥离球面的条带、边界最近顶点、修改顶点、弯曲模型、弯曲表面、投影到跟踪面上、复制和粘贴图形、替代图形、本地坐标系统、渐变途径、文本输入、精确的坐标系。

（2）强大的矢量化建模功能

引入 NIMA DFAD(Digital Feature Analysis Data)、USGS DLG (Digital Line Graph)标准特征数据格式，转化为 Creator 标准的 DFD(Digital Feature Data)或 MVF(Multigen Vector Format)文件；能够对矢量数据进行检索、选择、修改；也可以为用户创建点（如单独的建筑物）、线（如道路和河流）、面（如树林、城区等）特征，并用模型库替代系统，快速引入 OpenFlight 三维模型并精确地放置在地形表面。

（3）强大的模型数据库控制功能

它能够节省时间，迅速确定数据库中几何元素的位置，保证运行时发挥最好的性能。功能包括：在数据库的构造过程中可以随时申请数据库的重组功能；为达到优化删减的目的，自动重组空间和划分集合；为了改进渲染性能，在集合中检索多边形；在 OpenFlight 数据任一级结构中重组部件。数据库重组的好处包括可以经济地无缝运行大面积的地形数据，能有效地做删减准备，重新设计删减集合的尺寸，全面提高数据完整性和运行性能，可以通过调整层次结构视图（Hierarchy View），达到数据库重组的目的。

（4）强大的纹理映射和贴图功能

使用纹理映射技术可以增加模型的细节水平及景物的真实感；由于透视变换，纹理提供了良好的三维线素；纹理大大减少了环境模型的多边形数目，提高了图形显示的刷新频率。

（5）支持多种格式的三维模型格式转换

包括 AtuoCAD DXF、3Dstudio、Photoshop Imagefiles、Inventor。

（6）支持大面积地形的精确生成

提供了一套完整的工具，能够依据一些标准的数据源，如 NIMA DTED(Digital Terrain Elevation Data，数字地形高程数据)、USGS DEM(Digital Elevation Model format)及其他标准地形数据，转化为 Creator 标准的 DED(Digital Elevation Data)数据，快速、精确地生成大面积地形。

（7）支持多细节层次（LOD）建模和 Morphing 技术

当绘制一个远处的物体时，使用细节描述非常复杂的模型是完全没有必要的，也势必白白浪费图形处理资源和处理时间。这样，对于一些实体模型建立多级细节的层次模型，当显示离视点较远的物体时，可以用该物体描述较粗的模型进行绘制，以便达到快速、有效的复杂场景绘制。通过 Morphing 技术可以大大地加强实体层次模型过渡的平滑性，从而提高产品的质量。

（8）支持多自由度（DOF）建模

自由度可以设置在模型中任何可以移动的物体上。它包含了与旋转、伸缩和位移相关联的参数变量，利用它便可控制附加在有 DOF 模式的组上。例如，应用于可以独立运动的实体上，如鱼尾、鸟的翅膀、齿轮。

（9）支持光点系统模拟

如模拟具有阴影、明暗、点光源、透明度等属性的三维模型的实时生成。

（10）支持序列动画模拟

可生成简单的动画。

2．地形建模模块

Terrain Pro 是一种快速创建大面积地形/地貌数据库的工具，用 Project 统一管理各种资源(地形数据、纹理、文化特征等)。它通过自动化的层次细节设置和组筛选,能够很容易地创建多种分辨率的地表特征,并能够精确控制地表的面片数以及与原始数据的误差值。它可以使地形精度接近真实世界,并带有高逼真度三维文化特征及纹理特征。它利用一系列三角化算法及大地模型,自动建立并转换地形,同时保持与原型一致的地理方位。通过纹理贴图,生成可与照片媲美的地形,包括道路、河流、市区或其他特征区域,如:机场、港口、工厂等。它的路径发现算法,比线性特征生成算法更优越。

作为 Creator Pro 的一个增强选项,它具有以下特性:

(1) 批处理操作

一个合成的场景数据库可能是巨大的,需要花费很长的时间去创建它,如果手工交互的技术不奏效,可选择 Terrain Pro 批处理。它的独有的用户定义的规则和投射方式能自动控制地形及三维文化特征的生成,生成高效的、高保真的数据库,以满足用户的需要。

(2) 高级地形生成工具

提供多种地形三角化方式,如 Polymesh、Delaunay、TCT(Terrain Culture Triangulation,地形文化特征三角化)、CAT(Continuous Adaptive Terrain,连续适应性地形)。Polymesh 中三角形不规则网络(ITIN)提供了最高逼真度及高效率的地形生成工具。用 TCT 方式(仅用于批处理模式),可以选择先投射文化特征,经相应地调整和修改后,保存为相应的特征文件,再使地形围绕着这些特征生成,保证特征数据和地形数据无缝结合。CAT(SGI Performer Only)是一种生成大面积带有纹理地形的最快、最方便的方式。SGI 的 Performer ASD(Active Surface Definition)及 MultiGen 的 Performer 装载工具都支持 CAT 并将其与你的实时绘制系统集成在一起。CAT 生成平滑过渡的多重 LOD,并带有文化特征的数据库,适用于任何图像发生器。

(3) 大地纹理贴图

对大面积地形而言,手工纹理贴图是不实际的。Terrain Pro 提供以前所未有的速度,生成照片般的大地数据库,将大地的经纬参数赋予纹理,并自动完成纹理贴图。

(4) 三维文化特征的自动生成

用于生成高逼真度的、准确的三维文化特征,以满足地面仿真的需求,而无需费时的手工建模。在用 CAT 三角化方法中,Terrain Pro 可以自动检测并修改矢量数据交点,以生成高保真的视景数据库。如,当道路与河流交叉的时候,Terrain Pro 会自动在场景中建一座桥,而无需生成桥的数据(同样适用于 TCT)。而且,可以使地表上的模型随不同的 LOD 地形的变动相应起伏。在 TCT 特征投射中,用路径发现算法投射线性特征(如道路、河流等),能生成可模拟驾驶的路面并自动和其他线性特征相连;在 TCT、CAT 中,可用 CutOut 方式引入具有地理位置特征的 OpenFlight 模型。

3. 标准道路建模模块

标准道路建模模块是利用高级算法快速生成符合美国国家高速公路与交通协会(AASH-TO)标准的路面数据模型,特别适用于车辆设计、驾驶培训、事故重现等驾驶仿真应用。

其主要功能包括:自动多层次细节模型生成;自动路面纹理贴图;支持自定义道路横断面;支持自定义道路中线及分道线;提供预定义的公路交通标志、路灯模型;支持模拟驾驶预览效果。

另外,Creator 自身提供了开发工具,可利用 OpenFlight APIs 开发用户自己的插件,如 CAD 格式转换器、基于样条的建模工具、图形用户界面等。

为了保证软件良好的可扩充性,Multigen 采用了模块化的开发和销售方式,用户可以根据实际需要选用合适的模块进行工作。

Multigen Creator 的建模环境提供交互的、多重显示和用户定义的三维图形观察器和一个有二维层次的结构图。所有的显示是交互的,并是充分关联的。这种灵活的组合加速了数据库的组织、模型生成、修改编辑、赋予属性和结构关系的定义。Multigen Creator 的逻辑结构系统能让用户轻松地组织视景数据,为超级实时图形硬件提供了优化的性能。

OpenFlight 数据格式是 Multigen Creator 的基础,它的逻辑化层次场景描述数据库会使图像发生器知道在何时、以何种方式实时地、以无可匹敌地精度及可靠性渲染三维场景。OpenFlight 使用几何层次结构和属性来描述三维物体,它采用以下层次结构对物体进行描述,可以保证对物体点、面的控制,以允许对几何层的数据进行直接操作,使建模过程快捷、方便。

(1) 全貌层(Header level)模型

OpenFlight 使用几何体、层次结构和属性来描述三维物体,配置控制系统和数据库建造历史,包括外部引用的路径名,模型各部分的几何造型定义、位置和大小。

(2) 组层模型

组层模型以逻辑组的形式组织和定义模型组件,用于总体模型的建造、动画和实时渲染。其扩展的功能包括:

外部引用——分布在不同文件中的所有模型,通过数据库关系进行快速子匹配,允许用户直接把其他数据库引用到当前的数据库中进行重新定位。

细节层次——为减少实时渲染的开销,按照距离范围切换模型的不同版本,达到减少多边形的目的。它用于管理实时系统的显示负载。在远距离观察时,物体表示非常简单,但是随着视点移近物体,就会不断增加物体的复杂性。

自由度——为实时动画序列定义部件的铰链关节和运动范围,如模型的移动和旋转。

切换——为动态场景的变换而设计的功能,如特殊效果和运输工具的损坏。

(3) 对象层模型

其扩展的功能包括:

文本——把三维/二维和静态/动态的文本放在仪表中显示;

光——定义光源的类型、位置和方向;

声音——定义和附加声音文件到动态三维物体。

(4) 表面层模型

为了对渲染提供更细致的控制,用户可以利用表面层模型的定义和组织的表面及其属性;为了色彩与纹理调和而选择材质;选择布告栏标记定义表面渲染选项(色彩和纹理);定义明暗模式,包括平坦、光滑和顶点色彩;定义材质,包括放射的、光谱的、周边的、扩散的、有光泽的和带有透明度的。

(5) 顶点层模型

顶点层模型是组织和定义数据库中几何造型最细的一级,提供对顶点的位置、色彩、纹理映象和光亮的绝对控制。

在建模过程中,即使是最简单的模型,也应该调整层次结构视图,而达到优化的目的。在调整过程中,有几个重要的原则:

① 建立这个模型的最终目的(即要达到什么程度,需要用到什么技术);

② 目标实时模型系统的限制（如软硬件平台、颜色、多边形数目、材质、光源和纹理）；

③ 模型系统的背景要求是越简单越好，越真实越好；

④ 模型系统中重要的部分需要精工细作；

⑤ 整个模型系统中的特殊要求（如要求有声音）。

Vega 是 Multigen-Paradigm 公司推出的先进软件环境，它主要用于虚拟现实技术中的实时视景仿真、声音仿真以及科学计算可视化等领域。它支持快速的复杂的视觉仿真程序，为用户提供一个处理复杂仿真应用的便捷手段。由于 Vega 大幅度减少了源代码的编写，使软件的进一步维护和实时性能的优化变得很容易，从而大大提高了开发效率。由于 MultiGen-Paradigm 针对不同应用领域的仿真要求提供了和 Vega 紧密结合的应用模块，这些模块使 Vega 很容易满足面向特定领域的仿真要求，例如航海、红外、雷达、高级照明系统、动画人物、大面积地形数据库管理、CAD 数据输入以及 DIS 等等。利用这些 Vega 模块，可以快捷地开发出相应领域的仿真程序，以满足各行各业特定的仿真要求。这些可选功能模块包括：

① AudioWork2 声音仿真模块：针对多个对象、多个听点和模拟对象的物理特性，连续实时地为处理声音波形阔地带提供中间感极强的三维平台。它提供了一个基于物理特性，包括距离衰减的漂移和传输延迟的无回声声音生成模型。

② Marine 海洋仿真模块：Vega 海洋模块为逼真海洋仿真提供了所必须具有的海洋特殊效果，使得在 Windows NT 和 Unix 操作系统平台上开发海洋仿真应用，比以往任何时候都更有创造性、更加快捷。所谓的海洋效果都可以在 Lynx 图形界面中设置，或通过 C 应用程序接口加以控制。

③ LADBM 大地形数据库管理模块：采用大规模数据库管理模块，使得管理大型复杂的数据库变得非常容易。大规模数据库管理模块使用双精度内核，可动态地重新设定移动感兴趣区域的地面坐标系原点，使观察者始终处于要显示的数据库附近。

④ Symbology 动态仪表和动态字符模块：Vega 的动态仪表和动态字符模块可以满足虚拟现实应用和实时工程仿真中仪表和图形状态显示的需要。已经建好模型的图形对象可通过 Lynx 直接装载到 Vega 应用。这种自动装载技术是最简单、最快捷的方法，利用建好的模型来生成相应的仪表和字符显示。

⑤ Light Lobes 移动光源照明模块：使用独特的分析技术，在对硬件光源和投射纹理没有负面影响的情况下，可以任意创建和生成逼真的可移动的场景照明。

⑥ VegaVCT 录制与回放模块：Vega 的记录及重放模块为记录和重放显示的场景提供了一种点击式环境，包括各种 Vega 类，如对象、观察者、特殊效果以及用户自定义的类。

⑦ Immersive 沉浸感增强模块：Vega 浸入式环境模块支持在完全浸入环境中有多个观察者，并把他们在 Lynx 图形界面中结合到一个模块中。在 CAVE 系统中任意设置投影显示面数，每个投影器以 120Hz 的速率运行，交叉显示对应于左眼和右眼的图形。通过 Lynx 图形界面，很容易进行系统和硬件平台的设置，并支持大量的立体显示设备。

⑧ Special Effect 特殊效果仿真模块：Vega 特殊效果模块通过使用各种不同的实时技术，从基于没有纹理的硬件的加阴影几何体到借助纹理分页技术的复杂的粒子动画，来产生实时应用中的三维特殊效果。

⑨ NSL 导航及信号灯模块：导航及信号灯模块使用户可以使用光点逼真地生成导航和信号灯系统。在实时运行环境里，可以创建、配置光点，并控制其方向性、直径、范围和能见范围等物理特性。

⑩ NLDC 非线性失真校正模块：Vega 非线性失真校正模块为用户提供了在几分钟内对任何 Vega 应用进行静态或动态失真校正的功能。通过 Lynx 图形界面，用户可以创建投影表面的软件描述，并建立起在球形幕内的投影器位置和眼点之间的关系。

⑪ Cloudscape 云彩模拟模块：Cloudscape VR 模块可以实时生成量化的、含辐射度的三维云，和支持云现象学的其他模块和数据库一起，可以生成各种气候条件下的云、武器效果以及炸弹生成的灰尘等其他的战场环境。

⑫ DI-Guy 人体模拟模块：Vega 的人体模拟模块为仿真环境中添加了好像有生命的动画人物。每个人物可以根据简单的命令，逼真地在场景中移动。即使从一种活动转成另一种活动时，其转换过程也是平滑和自然的。

⑬ SSVO 载体对象管理模块：采用载体对象管理模块，大大简化了将多个对象组成一个更高一层对象的工作量，使得建立复杂系统铰链关系变得更加容易，并可以交互地将各种部件附属于载体对象，对建立的铰链关系进行预览。

⑭ Sensors 传感器模拟模块：通过传感器模拟模块，可以实时模拟基于其物理特性的从远红外到可见光的各种传感器、各种雷达成像模式的雷达显示画面。

⑮ DIS/HLA 分布交互式仿真模块：通过扩展 Lynx 来提供 DIS/HLA 操作，模块在不需要任何编程的情况下，加速了分布交互式仿真应用的开发过程。VR—Link 是最先进的分布交互式仿真网络接口软件，它是 Vega 分布交互式仿真网络通信的基础。

从整体上而言，Vega 包括如下特点：

（1）易用性

使用 Lynx 图形界面可以方便快捷地设定和预览 Vega 应用程序。Lynx 是一种基于点击式图形环境，用户只需利用鼠标就可以快速且显著地改变应用程序的性能和表现方式，可实时调整通道、窗口、视点、观察者等的状态，随时改变时间设定、系统配置，加入特殊效果、模型数据库等。

（2）高效性

Vega 与仿真业界的标准文件格式 OpenFlight 无缝结合，可以对虚拟三维场景中的模型进行精确而有效的控制；在 IRIX 环境下，Vega 跟 OpenGL Performer 紧密配合，可以充分发挥 SGI 图形硬件的能力；使用 Lynx 的动态预览功能，用户可以及时地看到完成操作后所产生的效果；Vega 中的统计数据模块可以实时地在终端上看到系统各部分的执行情况，以便更有效地进行系统配置。实践证明，Vega 可以显著提高工作效率，并大幅度减少源代码的开发时间。

（3）集成性

通过精巧的设计把实时仿真应用的许多复杂烦琐的步骤清晰、紧密、高效地集成在一个框架下，使得系统集成者可以在预算内完成预定的功能和效果，并能更好地维护和支持应用系统；Vega 支持多种格式数据的调入，允许多种不同格式数据的综合显示，还提供了高效的 CAD 数据转换工具，从而把开发人员、工程师、设计师、模型制作者和管理人员有机联系起来。

（4）可扩展性

Vega 采用了扩展性极好的模块机制来不断完善和补充自身的功能，常用的附加模块包括特殊效果模块、音响环境模块、人体动作模拟模块、面板仪表模拟模块、大地形数据库管理模块等。同时，用户也可以自己开发满足一定标准的特殊模块或使用第三方提供的专用模块，而且还能够方便地与原有的系统集成在一起使用。

（5）跨平台性

Vega 所有的基础模块及其大多数可选模块均同时支持 SGI IRIX 平台和 Windows NT 平台，在不同平台下开发的应用程序也具有相当高的兼容性。另外，为了适应图形工作站的不同配置，Vega 分为多处理器和单处理器两种发行版本。VegaMP，即多处理器版本，通过在多个处理器上逻辑分配进程和系统任务，以最大限度地利用多处理器环境的需要。用户也可以针对应用程序的要求分别对处理器进行自定义设定，以满足特殊的需要。VegaSP 是 Multi-Gen-Paradigm 公司为满足那些既需要 Vega 全部特性又只配备单独处理器计算机的用户而特别推出的单处理器版本，具有很高的性价比。

Vega 主要包括两部分：一个是被称为 Lynx 的图形用户界面，另一个则是基于 C 语言的 Vega 函数调用库。Lynx 是用来设定和预览 Vega 应用程序的图形式用户界面。Lynx 图形环境是点击式的，用户只需使用鼠标点击即可改变视景仿真程序的参数，它可以在不涉及源代码的前提下便捷地改变应用程序的性能，如显示通道、多 CPU 资源分配、视点、观察者、特殊效果、模型和数据库等。Lynx 的预览功能还可以使用户实时地看到修改的效果。此外，Lynx 还提供了一些工具用于帮助用户来完成仿真工作，这些工具包括：

① 对象浏览器：在对象面板中检查单独的对象；

② 对象属性编辑器：浏览和设置对象的属性；

③ 场景浏览器：以严密的正交投影或透视投影方式查看场景并在场景中检查协调性；

④ 输入设备工具：测试和了解定义于输入设备面板的输入设备的本质；

⑤ 路径工具：定义和编辑对象或观察者移动的路径，说明对象或观察者在这些路径上的速度和方向。

Lynx 也可以理解为是一个应用定义文件（ADF —Application DefinitionFile）编辑器，一个 ADF 文件包含 Vega 应用程序在初始化期间以及在运行期间所使用的全部信息。一个完整的 Vega 应用程序通过在执行过程中解释不同的 ADF 模块参数，模拟各种仿真效果。用户可以使用 Lynx 创建、观测、修改和存储 ADF 文件。编制的 Vega 应用程序必须在初始阶段读入 ADF 文件。基于 C 语言的 Vega 函数调用库为软件研发人员提供最大限度的软件控制和灵活性，同时也为使用 C++开发的仿真程序驱动虚拟现实实体的运动提供了可能。

Vega 采用了面向对象的技术，各种图形管理功能以及可选模块都被定义为"类"，用户可通过"类"的实例实现和控制某一类图形显示。Vega 的函数库提供了丰富的各"类"的功能函数。Vega 将几乎每一项内容都通过 Vega 类来表示实现，每个 Vega 类都是一个完整的控制结构，这些类有 vgObject 对象类、vgObserver 观察者类、vgPlayer 运动体类、vgScene 场景类、vgEnvfx 环境特效类、vgLight 光源类等等。

在一般视景仿真系统设计中，首先，使用 Lynx 编辑 ADF 文件，定义窗口、通道、场景、各个物体、碰撞检测、环境及环境特技、交互设备等各项参数，然后利用 Vega 提供的应用程序接口与视景仿真系统进行交互，改变仿真环境和对象，实现系统的状态更新，以实现实时仿真时所需要的逼真的虚拟环境。在视景仿真系统中的静态对象可以在仿真环境中相应的位置正确地显示其外形，而动态对象的位置可以按照动力学的运动规律不断变化。交互式视景仿真实现包括视景仿真的初始化、视景状态的更新和视景仿真的退出。

现在，Vega 已经成功应用于建筑设计、漫游、城市规划仿真、海洋仿真、传感器仿真、地面战争模拟、车辆驾驶仿真、虚拟训练模拟、三维游戏开发等方面，并不断向新的领域扩展。

随着虚拟现实应用不断大型化、复杂化和普及化，MultiGen-Paradigm 公司新近开发出了新一代的仿真应用环境平台 Vega Prime。Vega Prime 虽然与 Vega 一脉相承，但它并不是 Vega 的简单升级，而是一种全新的软件环境：它不是基于 SGI Performer 平台，而是直接建立在 MultiGen-Paradigm 公司自己的跨平台场景渲染引擎——VSG 之上，并集成了全新的应用程序设置图形界面。Vega Prime 可以快速开发出更加精密、更加复杂的仿真应用程序，提供更高的稳定性和兼容性，而且 Vega 用户可以很方便地过渡到 Vega Prime。由于 Vega Prime 是刚刚推出不久的产品，所以还有相当的功能和模块需要完善。但可以预见，Vega 系列产品的用户将会涉及更多更新的领域，应用前景也将会更加广阔。

7.3.2 Virtools

1．Virtools 功能模块

Virtools 是一种强大的 3D 互动展示技术。Virtools 有五个主要组成元素：Virtools Application(CK) 应用程序、Virtools Behavioral Engine(CK2) 交互行为引擎、Virtools Render Engine 渲染引擎、Virtools Web player 网络播放器、Virtools SDK(Software Development Kit，软件开发工具包)。

（1）Virtools Application 应用程序

Virtools 是一款支持设计人员便捷迅速设置 3D 的互动应用程序。并同时支持模型、图像、动画和声音等工业标准媒体。Virtools 本身不具备三维模型的创建功能。但是，摄影机、灯光、曲线、界面组件和 3D 帧（在大多数 3D 软件中称之为虚拟助手）等简单的媒体都可以通过点击 Grid(创建) 面板中的图标进行建立。

（2）Virtools Behavioral Engine 交互行为引擎

Virtools 是一款交互行为引擎，所以 Virtools 可以处理相关的交互性动作，简单描述某个元素对象在场景中的运动过程。Virtools 以面向对象方式组织所有元素，并通过对每一个元素在环境中的行为来进行编辑创作。设计人员可以在图形编辑器中应用已有的行为交互模块进行脚本编辑，也可以通过提供的功能强大的 Virtools Scripting Language(VSL) 脚本来访问开发工具包。Virtools 还有一些管理器来协助动作引擎完成复杂的任务。一些管理器位于动作引擎的内部（如时间管理器），而另一些管理器则位于动作引擎的外部（如声音管理器）。

（3）Virtools Render Engine 渲染引擎

Virtools 用一个渲染引擎来实时绘制设计人员在 Virtools 中构建的图形图像。设计人员的渲染引擎可以取代 Virtools 的渲染引擎，也可以通过软件开发包(SDK)设计出适合使用者特殊需求。

（4）Virtools Web player 网络播放器

Virtools 提供一个免费的 Web 播放器，任何人都可以下载，下载后的文件不到 1MB 的容量。Web 播放器包括动作引擎和全部的渲染引擎的一个录音重放的译本。

（5）Virtools SDK(Software Development Kit，软件开发工具包)

Virtools 内部的软件开发工具可以访问动作的某个阶段或渲染过程。设计人员应用 SDK 可以创建一个新的动作，也可以在原有的动作上进行修改；并可以编辑新的文件给输入和输出文件，来支持使用者使用的模型文件格式的替换、修改、扩充等功能。Virtools 的渲染引擎还提供一个单独界面从 Dev 的内部传递给 SDK，从而设计人员可以简单快速地测试新创建的脚本运行效果，而不用再去执行自定义动态连接库来执行新创建的脚本。

Virtools 除了自身的 3D/VR 开发平台 Virtools Dev 以外，还有五个可选模块：网络服务器模块（Virtools Server）、物理属性模块（Virtools Physics Pack for Dev）、人工智能模块（Virtools AI Pack for Dev）、Xbox 开发模块（Virtools Xbox Kit for Dev）和沉浸式平台模块（Virtools VR Pack for Dev）。

（1）网络服务器模块（Virtools Server）

Virtools Serve 可以简便地完成与数据库信息进行交互，实现多人联机及数据串流等功能。设计人员可以应用 Virtools Serve 的高效率的网络联机引擎设计开发基于网络的 3D 分布式数字内容。设计人员可以将需要动态传递的文件资料放在服务器系统上，并设定一些相关参数和编辑行为交互模块，从而可以亲身体验到最新的互动技术。Virtools Serve 可以将 Virtools 作品文件与服务器系统的信息进行交互连接，使得 VMO/CMO 文件中的对象信息可以分别根据实时需要进行下载，通过 ODBC 接口与数据库连结。

Virtools Serve 提供两种多人联机服务器：独立网络服务器、点对点局域网络服务器。设计人员不必设置网络联机本身的要求，只需编辑图形化的行为交互模块就可以满足所需要的功能。

在档案还没有被执行前，Virtools Server 可以将所需的互动信息（利用 SDK 设计的行为交互模块、媒体数据及数据库信息等）通过标准外挂模块（Virtools Web Player）事先下载到设计人员的计算机中，大幅增加在线播放的弹性与客户化的功能。

Virtools Server 提供了四大模块：在线多人互动模块、客制化外挂程序模块、媒体数据下载上传模块、交互式数据库模块。

（2）物理属性模块（Virtools Physics Pack for Dev）

Virtools Physics Pack for Dev 为 Virtools Dev 中的一个插件，整合了 Havok 公司顶尖的物理属性引擎，并提供了由物理定律控制的现实世界的真实模拟。设计人员可以应用 Virtools Physics Pack 中的行为交互模块实现重力、质量、摩擦力、弹力等多种物理属性功能。例如设计人员可以设定车辆的质量、车轮的摩擦系数，也可以设定弹簧、铰链的连接限制等。设计人员不必具备丰富的物理与数学基础知识，可以通过物理引擎来实现现实世界中物理属性模拟。

（3）人工智能模块（Virtools AI Pack for Dev）

现在市面上大多数互动游戏因为人物角色缺少自主思维方式，行动的过程让人感觉呆板，人工智能技术针对这个问题提出了最佳的解决途径：为人物角色创造个性，加强了原先建在行为模块中的人物个性属性设定，为人物角色注入生命新元素。Virtools AI Pack 为游戏与仿真程序带来了全新的生命新元素——AI。AI Pack 技术在研发的过程中通过 Virtools Dev 直觉式图形开发界面可以直接体验人工智能的魅力。

AI Pack 内含两种行为模块。首先赋予人物角色由眼睛与耳朵对于环境的观察建立独特的性格，即视觉与听觉的特性，然后再提升出更高阶段的第二阶段的动作反应，如跟踪、逃走、躲藏等。行为交互模块在建立过程中为了加速流程的制作，通常会伴随着几项工具，主要是为了计算人物角色对环境作出反应时所需要的计算机数据。

（4）Xbox 开发模块（Virtools Xbox Kit for Dev）

Virtools Xbox Kit for Dev 模块是 Virtools 的外挂模块。Xbox Kit 的接口可以把 Virtools 与 Xbox 之间数据信息进行沟通与转换，使得运用 Virtools Dev 所制作的游戏具有可玩性与耐玩性，能通过 Xbox Kit 简便把数据转换达到流畅地呈现。设计人员可以通过拖放图形化的 Xbox Kit 专属行为交互模块，构建出丰富多元的 3D 数字内容。

Xbox Kit 还支持所有标准的 Dev 功能,也可以和所有外挂模块搭配使用。运用 Virtools 直觉式图形开发接口,不但可以轻松编辑游戏的互动性,而且可以使用可视化方式检视、编辑、预测对象与行为模块间的关联性。

(5) 沉浸式平台(Virtools VR Pack for Dev)

Virtools VR Pack 为丛集式 PC 提供分布式计算,即使在高画质的展示下,可以大幅度降低虚拟现实计算成本。设计人员可以直接通过虚拟现实的环境去体验真实的世界。Virtools VR Pack 是一个附属于 Virtools Dev 的数据片,其目的在于方便设计人员为使用工业标准化的虚拟现实外围设备以及丛集式 PC 为基础配备的企业而开发的沉浸式虚拟现实的完全体验。

2. Virtools 的开发流程

虚拟现实平台的构建首要完成实体的三维建模,由于 Virtools 本身没有建模的功能,须借助第三方建模软件来实现。模型的输出需要安装相应的 Virtools 所支持的插件来完成。现在 Virtools 已提供了 3DS MAX、Maya、LightWave 等软件的文件格式转换插件,模型按照要求的格式导出后,再导入到 Virtools 中进行交互脚本设计。

Virtools 技术的开发流程:在三维建模软件中建立三维模型、动画,需要把它们导出为 Virtools 可以接受的.nmo 文件格式,然后在 Virtools 中进行脚本设计,实现交互功能,并将作品导出为.html 与.vmo 格式文件,进行网页发布。

7.3.3 MAK 系列

MAK 公司作为全球分布式仿真技术的领跑者,推出了一整套功能强大的工具——MAK 系列软件。MAK 系列软件作为美国最新的作战仿真开发平台,为分布式交互仿真从 HLA/DIS 底层开发到高层应用如计算机兵力生成、红蓝对抗、战场环境二维态势显示、三维战场环境显示、仿真过程记录和回放、DIS 系统与 HLA 联邦之间的互联、采用不同 RTI 联邦之间的互联,提供了一系列的解决方案,在分布式仿真应用中取得了明显的优势和效益。

MAK 产品包含如下:HLA 底层支撑体系 RTI,连接各个模拟单元的开发工具包 VR-Link,高层的计算机兵力生成 VR-Forces、二维态势显示 PVD、三维战场环境显示 Stealth、仿真数据的记录 DataLogger、应用互联开发工具包 GateWay、协议与应用间的通讯连接工具包 VR-Exchange。这些产品同时可以无缝集成又可以单个地为用户提供相应的应用。

利用 MAK 系列产品构建一个分布式网络系统,可以实现如下功能:在仿真过程中需要有 HLA 底层支撑体系;实现图形化界面二维态势显示;进行图形化的界面的 CGF;实现依据战场环境的实时三维显示;对仿真过程中的数据进行记录和分析。

1. HLA 底层支撑体系 RTI

MAK RTI 是一种高性能的快速高效的 RTI,为开发 HLA 分布式交互仿真提供了最快方法。其高效、易用工具通过将 CPU 占用时间、网络带宽和内存消耗降低到最小来保证 HLA 应用的最高性能。

MAK RTI 完全实现了 HLA 规划定义的所有功能(包括 1.3 和 IEEE 1516),通过了 DM-SO 和 SISO 验证,用户可根据需要开启和关闭相应的服务,如数据分发管理、时间管理等。在开发和调试期间,联邦成员不稳定的情况下,联邦执行需要不断地重起,这时 MAK RTI 提供了很好的帮助,它启动很快,一旦联邦成员崩溃,RTI 会正常恢复。MAK RTI 提供了在只需要 MOM、DDM(数据分发管理)和 Ownership Management(所有权管理)三大服务情况下的无需启动 RTIExec 的轻量模式。

MAK RTI 提供了 RTISpy 插件，它让 RTI 作为不透明的黑盒子成为了历史，用户通过 Spy 可以方便地查找连接问题、监测网络数据、定制行为。它直接从本地 RTI 组件(LRC)和 RTIExec 中收集信息，并以图形化的方式显示出来，即使在连接不稳定条件下也能提供数据，同时用户可以看到特定的细节。用户可以从 LRC 角度调整整个应用—扫描查看 LRC 有关的对象、其收发的交互消息、所有联邦对象模型订购和发布的当前状态。它可记录 federate-ambassador 和 RTI-ambassador 触发的系统调用，帮助用户解决繁琐的时间问题。CPU 占用率和网络带宽使用情况都采用了图形和图表的方式显示，十分直观易读。

RTISpy 应用程序接口使用户可编写自己的插件来改变、扩展和查询 RTI 的各种功能。通过应用程序接口，用户可采用新的网络数据改变 RTI 的数据传输格式、基于特定需求调试出最佳性能、替换关键服务中的缺省实现。编写一个采用反射内存通信机制的插件来代替缺省的网络通信；试验新的数据分发管理算法或可靠的多播协议；借助于 RTISpy 应用程序接口，用户可以定制可靠的 RTI 来满足不同应用的不同需要。

2. 开发工具包 VR-Link

作为连接各模拟器的网络连接开发工具包 VR-Link，它兼容 DIS 和 HLA(包括 1.3 和 1516)，遵循了美国国防部的高层体系结构 HLA 或分布式交互仿真协议 DIS，将模拟器和其他虚拟现实应用通过网络互联。

VR-Link 提供了一个统一的、文档完整的针对 HLA 和 DIS 的开发接口，使开发费用大大降低。其独立于协议的高层应用程序接口可用来设置本地仿真实体和模型的当前状态。任何所需信息会自动通过使用 HLA 的 RTI 或 DIS 网络发送给其他应用。在接收端，VR-Link 处理来自其他应用的信息，并允许其访问其他远程模型的当前状态。底层应用程序接口使应用可进行针对协议的详细访问，如 RTI 接口、每次更新和 PDU 的内容、DIS 网络设置的参数等。

VR-Link 采用了支持多个 FOM 的体系结构，使得用户只需开发一次仿真应用，针对不同的联邦只要选择合适的 FOM Mapper 插件。VR-Link 本身配置了支持 RPR FOM 的 FOM Mapper，保证了采用 RPR FOM 的互操作性，同时有配有大量的工具和实例帮助用户开发针对其他 FOM 的 FOM Mapper。一旦针对某一 FOM 的 FOM Mapper 创建完毕，其他基于 VR-Link 的应用(包括 Mak Stealth，Gateway，PVD，Data Logger 和 VR-Forces)可直接使用，从而保证了互操作性。在 VR-Link 的 FOM Mapper 图形用户接口中，可点击将 FOM 的类、参数和属性拖动其对应部分上，并最终自动生成 FOM 映射代码，供其他基于 VR-Link 的应用使用。VR-Link 采用了面向对象的 C++实现，使用户可以灵活地替代缺省的功能，对工具包本身进行扩展，修改已有的 FOM 或生成新 FOM，自定义基于 DIS 的 PDU。

此外，航路推算、阈值设定、坐标转换、属性请求的响应、数据过滤都可通过 VR-Link 处理。

3. 兵力生成工具 VR-Forces

作为兵力生成工具，VR-Forces 是一套强大而灵活的 C++仿真开发工具包，主要用来开发、生成和执行战场设定。它为战术训练模拟器、威胁生成系统、行为模型测试系统和计算机兵力生成系统提供所有必需的仿真手段。主要用于多方参与的战略和战术仿真训练系统、各种载体的样机特性研究、模拟器互联等。

在 VR-Forces 应用中，配置了指导性的图形化用户接口，可使非编程员通过简单的鼠标点击和键盘输入方式进行兵力布局、创建行动路线和航路点、任务指定和布置计划。在设定执行期间,VR-Forces 实体可以和地形进行交互、探测和敌军交战并计算损伤程度。

VR-Forces 不需任何编程,通过编辑参数配置文本文件可改变各种机动载体和动力学模型、传感器特性和损伤模型。它支持大规模的数据库,并通过 VR-Link 支持多种 FOM。通过基于组件式的结构,用户可自行选择开发和自行选择使用某一个部分。用户也可以使用 VR-Forces 图形化用户接口定制用户接口,如增加和删除菜单项,绘制自己的覆盖层和可视化其他的数据。

VR-Forces 支持 OpenFlight, DTED, CTDB, ESRI Shapefiles 等多种地形格式, CADRG,. bmp,. png, .jped 等多种地图格式,DFAD,dfd,ESRI Shapefiles 等多种矢量数据。

VR-Forces 集成了 PVD 二维态势显示所有功能,它可以让用户更清楚地了解虚拟战场。通过将基于 HLA 或 DIS 的实体和有关信息显示在战术、战略和视景数据库的覆盖层上,用户会对虚拟战场有全新的认识。标准的地图格式和友好的用户接口使用户很容易地布置兵力,并能分析地形可能对交战造成的影响。它显示机动载体、区域和任意两点之间的视线。微图则使用户能快速地选择感兴趣的那部分地形数据库。通过图形化用户接口可修改显示内容,用户可用自己的图标替代缺省的图标;可配置和改变人机接口的特性,如:栅格线、轮廓线和栅格线表。在战术覆盖层可添加图形物体,如点、线、面、符号和文字,用来注释和分析仿真过程。微图、图形化用户界面控制和键盘快速键使用户能快速浏览感兴趣的任何一部分数据库。它配置了美标 MILSTD 2525B 图标和看起来更真实的动画机动载体图标。当然,也可使用自己的实体图标和聚合符号。

4. 数据记录和回放工具 Logger

Logger 可以记录基于 DIS 或者 HLA 仿真结构中的数据,并可以在相应的环境中进行回放。它直观易用的图形化界面,非常容易对数据导出到数据库进行配置,以便为战效分析评估从数据库中提取数据。用户可以利用其 API 进行扩展或者自定义编程。

5. 三维战场环境开发工具 Stealth

只需要简单的配置和设置 Stealth,就可以通过友好的图形化用户接口、键盘、鼠标游戏杆或者网络控制。Stealth 不仅仅可以显示各种实体、三维地形等大量的虚拟环境信息,还可以显示各种特殊效果、弹迹记录、实体符号、实体识别图标、代表聚合的半透明空间范围,并提供实体位置的二维视图。

Stealth 内置了大量的三维模型,其支持附属部件、损坏程度、铰链部件等,如坦克、炮塔和火炮。使用图形化用户接口 Model Mapper 工具,用户可自己添加自己的模型,并把它们和相应的 DIS/HLA 实体相关联,而无需编辑任何配置文件。因为 Stealth 基于 MPI 公司的 Vega Prime 三维场景管理软件,用户可以充分利用 Vega Prime 的各种选项模块来增加各种功能,如生成动态多边形、传感器、士兵或其他各种特殊效果。同时也可使用 Lynx Prime 图形化用户接口来配置 Stealth 的参数,如通道、环境效果和视场等。为了进一步增强 Stealth 的能力和使用户可以将 Stealth 嵌入用户自己的应用,Stealth 提供了相应的开发工具应用程序接口。

8 分布式 3D 虚拟环境集成支撑平台

分布式虚拟现实技术在教学仿真、产品仿真、工程可视化仿真、虚拟展示仿真、娱乐仿真等领域有着广泛的应用前景。分布式虚拟现实在立体空间的展示、立体物体的展示、展品的介绍、虚拟场景的构造等方面有着独特的优势,通过在网络教学领域提供难得的 VR 学习资源、学习情境体验,从而巩固和加速学生在互联网上学习知识和技能的过程。分布式虚拟现实技术在产品仿真中的应用主要有两个方面,一是面向设计人员的,主要用来模拟复杂的建模或装配过程、辅助设计人员对产品进行分析等,另一方面就是直接面向制造商的客户,主要用来向消费者展示产品的外观、性能等。工程可视化是指将工程计算产生的数据结果信息以图形或图像信息呈现,能够更加直观地描述随时间和空间变化的物理现象和物理量,使用分布式虚拟现实技术实现工程可视化仿真成为当前可视化仿真技术新的发展方向。使用分布式虚拟现实技术进行虚拟展示仿真主要通过构建三维场景,支持用户进行漫游和交互,使用户产生身临其境的感觉,该技术在虚拟展厅、室内设计、建筑房地产、旅游等虚拟展示领域有着广泛的应用。

目前,3D 虚拟环境和 3D 互联网行业的雏形已经渐渐清晰,整个行业的生态圈可以划分为三个层次:最外围的是现在 IT 和互联网行业的巨头们——IBM,Intel,NVIDIA,Mircosoft,Google 等,它们将力争在推动 3D 互联网发展的同时,再次领导这个新时代的软硬件标准和商业生态;中间一圈是全球越来越多的虚拟世界,例如 SL,HiPiHi,Multiverse 等等,这些世界(尤其是那些注重于平台意义的虚拟世界)如同 2D 网络发展初期的分散的部落,从各自独立发展,到开始讨论部落之间互联互通的标准、内容以及底层协议的标准,力争成为 3D 互联网的标准制定者和主流平台提供者;围绕虚拟环境平台,形成了新的一个圈,就是平台运用生态圈。这个圈包括各种开源团体,基于平台的技术开发团体,还有大量的内容提供商、社区团体等。目前,这三个生态圈都正在急速发育和繁荣。三个圈在相互试探,相互促进,相互合作,相互竞争。研究提供完整的商用 3D 虚拟环境集成平台,制定 3D 互联网平台标准,形成各个 3D 互联网应用之间互联互通的统一接口和规范,对于奠定在 3D 虚拟环境和 3D 互联网领域的行业地位,起着至关重要的作用。

目前在世界范围内较完整的、商用化的 3D 引擎及平台技术主要有:BigWorld,Gamebryo 和 Unreal 3。其中,BigWorld Pty. Ltd. 位于澳大利亚,提供全套 3D 互联网应用解决方案,是"目前世界上唯一的完整的解决方案提供商";Gamebryo 是一个开放式的技术平台,技术兼容性强,可以与第三方的软件技术进行整合;Unreal 3 是一款高性能 3D 渲染引擎,在大型复杂场景渲染、飞机设计模拟、虚拟现实、3D 网络游戏等很多场合都有十分广泛的应用,提供了多种强大的最新核心技术、编辑工具等。这三个平台都不支持基础应用、虚拟世界平台和 3D 互联网应用,不能有效满足 3D 虚拟环境和 3D 互联网行业的发展需求。国内自主研发的 3D 虚拟环境平台起步较晚,与国外的技术水平相比还存在很大的差距。目前国内大部分 3D 渲染引擎都应用于网络游戏领域,在 3D 互联网应用领域还没有解决方案。即使在军事演习模拟软件领域,与国外也有很大的差距。分布式 3D 虚拟环境集成支撑平台通过支持复杂场景的高质量实时渲染,为 3D 远程教育、虚拟现实、政府 3D 电子政务、3D 电子商务、远程多人虚拟会议、3D 娱乐等各种 3D 互联网应用开发商提供个性化的、全套的 3D 平台技术解决方案以及配套的咨询服务,将大幅度提升国家在 3D 互联网领域的研发和创新能力,掌握下一代互联网的核心技术,为国家全力争取下一代互联网的话语权甚至主导权,在全球互联网领域争取重大战略阵地充当前锋。

8.1 分布式 3D 虚拟环境集成支撑平台的软硬件配置

3D 图形系统可使用的硬件平台有微机和工作站两种。工作站具有运算速度快和处理图形能力强的特点,但价格较贵。目前 PC 的性能已经远远超过了早期的工作站,而且许多著名的三维开发软件,如 TGS 的 Open Inventor,EAI 公司的 WTK,CAD 软件如 UGS 公司的 NX,PTC 公司的 Pro/E 等都推出了各自的针对微机平台的产品,这些都大大提高了使用微机作为开发平台的可行性。

分布式 3D 虚拟环境集成支撑平台采用了基于 Windows 操作系统的多 CPU 微机和专业级图形加速卡作为开发平台。在图形核心显示方面,选用 OpenGL 三维开发包,它是以 SGI 的 GL 三维图形库为基础制定的一个通用共享的开放式三维图形标准。它独立于窗口系统和操作系统,以它为基础开发的应用程序可以十分方便地在各种平台间移植。OpenGL 可以与 Visual C++ 紧密接口,便于实现有关计算和图形算法,可保证算法的正确性和可靠性。由于 OpenGL 使用简便,效率高,目前,包括 Microsoft、SGI、IBM、DEC、SUN、HP 等大公司都采用了 OpenGL 作为三维图形标准,许多软件厂商也纷纷以 OpenGL 为基础开发出自己的产品。值得一提的是,随着 Microsoft 公司在 Windows NT 和 Windows 95 中提供了 OpenGL 标准及 OpenGL 三维图形加速卡的推出,OpenGL 将在微机中有广泛应用,同时也为广大用户提供了在微机上使用以前只能在高性能图形工作站上运行的各种软件的机会。

8.2 分布式 3D 虚拟环境集成支撑平台系统结构

分布式 3D 虚拟环境集成支撑平台分为客户端和服务器端,其中服务器端包括主服务器和面向客户端的多个区域服务器组成的 3D 交互服务器组群、用户数据服务器、用户注册服务器、即时通信服务器、远程数据传输服务器。客户端和 3D 交互服务器都自上而下分为三层:用户层、3D 渲染引擎接口、3D 渲染引擎。3D 虚拟环境集成支撑平台的通信架构如图 8-1 所示。

3D 虚拟环境集成支撑平台的系统模块由注册登录系统、人物角色管理系统、GUI 渲染系统、社交聊天系统、游戏对接系统、换装系统、经济系统、在线创建系统、宠物养成系统、3D 搜索系统、背包系统、地图导航系统、数据库系统、系统设置等组成,其结构如图 8-2所示。

支持组件化的 3D 虚拟环境集成支撑平台客户端和 3D 交互服务器具有相同的系统功能结构,如图 8-3 所示。

分布式 3D 虚拟环境集成支撑平台将不仅拥有"照片级"渲染质量的高端 3D 图形渲染引擎,还将集成各种 3D 互联网应用所通用的各个模块和工具集,将各种 3D 应用所通用的功能

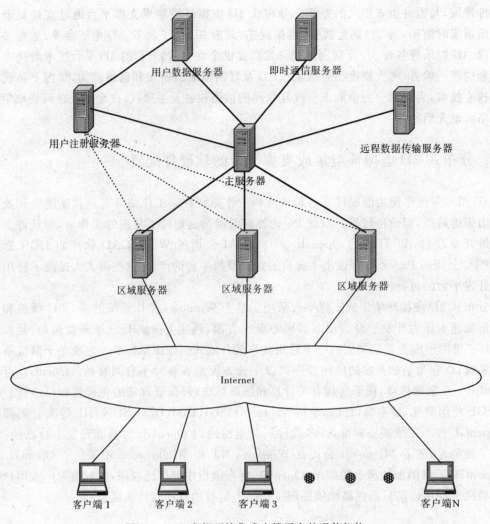

图 8-1 3D 虚拟环境集成支撑平台的通信架构

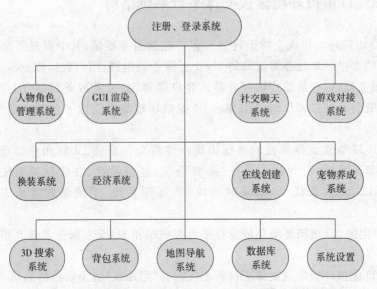

图 8-2 3D 虚拟环境集成支撑平台的系统模块结构图

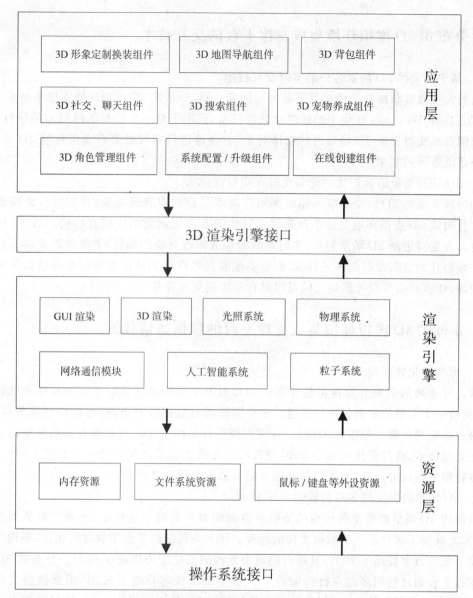

图 8-3 3D 虚拟环境集成支撑平台客户端系统功能结构

进行了模块化的设计,并将这些模块以组件的方式架构成一个通用的 3D 虚拟平台中间件。用户可以根据开发不同 3D 应用的需要,选择加载相应的 3D 组件。

分布式 3D 虚拟环境集成支撑平台系统在应用层提供 3D 虚拟形象定制与换装组件、3D社交聊天组件、3D 搜索组件、在线 3D 创建组件、3D 角色管理组件、3D 地图导航组件、3D 背包组件、3D 宠物养成组件等标准化的基础功能组件,方便用户进行快速应用开发和功能扩展。

在分布式 3D 虚拟环境集成支撑平台系统中,渲染引擎实现渲染模块、GUI、光照系统、物理系统、人工智能(AI)系统、粒子系统等功能,能够实现复杂场景和高级图形特性的实时渲染效果。在渲染引擎层采用标准化引擎脚本语言编程规范,实现引擎脚本语言编程接口及引擎脚本语言解释模块,方便用户进行 3D 场景对象控制和属性修改。

8.3 分布式 3D 虚拟环境集成支撑平台的交互技术

1. 基于网页的 3D 场景客户端实时交互技术

目前大多数复杂虚拟环境必须下载大型的客户端,分布式 3D 虚拟环境支撑平台采用 Python 动态库在 Windows 环境下的插件化处理技术,只需下载一个微型的网页渲染插件,就可以通过网页来实时操纵 3D 场景内的物体对象,方便地进行实时的复杂虚拟环境 3D 交互,提高用户系统资源的利用率。

2. 3D 场景对象的客户化创建与实时在线修改技术

国内外主流的 3D 渲染引擎不能根据用户需求随意创建新的对象,或实时在线修改已有对象。分布式 3D 虚拟环境支撑平台采用了对象的客户化创建与实时在线修改技术,使得客户端可以改变或定制 3D 场景对象,实时在线增加或修改对象的属性,并能将对象的新属性作为客户端创建的数据发送到服务器端,服务器端收到客户端上传的数据后会将数据分发到其他客户端,使客户端与服务器端之间可以进行深度的交互操作。

8.4 分布式 3D 虚拟环境集成支撑平台的数据通信技术

1. 标签优化处理技术

国内外主要的引擎开发商都是在客户端和服务器端传送场景对象的所有相关的状态信息,以构造一个完整的数据包进行传送。这样即使部分数据没有更新,也被传到服务器端,加重了服务器端的负载。分布式 3D 虚拟环境支撑平台采用了客户端和服务器端数据传输的标签优化处理技术,通过优化的标签处理,使客户端和服务器端之间所传输的数据大幅度降低,从而减轻服务器端的负载,使客户端和服务器端数据传输的性能提高 40%～50%。

2. 3D 场景数据文件多点传输的 P2P 技术

目前的 3D 场景数据文件传输都是服务器端到客户端的单点传输,加重了服务器端的负载,并大大减慢了客户端下载数据文件的速度。P2P 与传统的单点下载方式相比,平均可以将客户端下载的效率提高了 70%,且单台物理服务器的负载能力提高了 65%。分布式 3D 虚拟环境支撑平台通过使用多点并行传输的 P2P 技术来加快客户端下载 3D 场景数据文件的速度,不仅服务器端可以传送 3D 场景数据文件给客户端,其他有相应的 3D 场景数据文件的客户端也可以传数据给这个客户端,同时对所要传送的 3D 场景数据进行数据块化分割和标签管理,以有效对传送的数据块进行合并及重传处理,将大大缩短客户端下载数据文件的时间。

3. 基于预测补偿的客户端物体状态一致性维护技术

目前构建分布式虚拟环境已经实现的和成熟的解决方案中,在服务器端传给客户端的数据中包含很多重复、冗余的信息。在客户端,3D 对象状态的部分数据是可以根据另外一部分数据计算出来,这样可以进一步减少客户端与服务器端传输的数据,大幅度提高单台物理服务器所能够承载的客户端的数量。分布式 3D 虚拟环境支撑平台采用了基于预测补偿的客户端物体状态一致性维护技术,利用服务器端传输的有限数据,客户端通过预测补偿算法重构出物体完整的状态,从而减轻服务器和网络带宽的负载,使 3D 军事演习模拟等大型复杂、多变的场景渲染及客户端实时同步成为可能。

8.5 分布式 3D 虚拟环境集成支撑平台的高质量实时渲染技术

1. 2D 网页数据在 3D 场景中的纹理化构建及渲染技术

为了实现在 3D 场景内实时渲染 2D 网页的技术,而不仅仅是在显示相应的网页时,只是另外打开一个网页窗口,在网页窗口中显示相应的网页数据,分布式 3D 虚拟环境支撑平台将基于 HTTP 协议的数据进行纹理化重构,然后将重构的纹理实时渲染到相应的 3D 场景对象上进行渲染,从而实现在 3D 场景内实时渲染 2D 网页的效果,其步骤如下:

首先请求指定网址的网页数据;然后将接收到的网页数据流存入缓存;将存入缓存的数据做成一张纹理;最后将纹理贴到 3D 场景中的一物体对象上。

2. 标准视频流数据在 3D 场景中的纹理化构建及渲染技术

MPEG4、H.263、H.264 等标准视频流数据在 3D 场景中的纹理化构建及渲染技术,将实时下载的视频流数据进行解码,将解码之后的数据进行纹理化重构,再将重构后的纹理实时渲染到相应的 3D 场景对象上,实现网上视频流的实时下载、解析、纹理重构和渲染,达到 25FPS 的交互式效果,使分布式 3D 虚拟环境支撑平台中虚拟环境的渲染效果达到照片级水平,其步骤如下:

首先请求指定位置的视频流;然后将接收到的视频流数据存入缓存;对缓存的视频流数据进行解码,并将解码后的数据做成纹理贴图;最后将纹理贴图贴到 3D 场景中的物体对象上。

3. Office 文档格式数据在 3D 场景中的动态纹理化渲染和交互技术

为了实现在 3D 场景中对 office 文档格式数据的实时渲染和交互,分布式 3D 虚拟环境支撑平台对 office 文档进行"3D 文档格式"转化的标准化处理,将"3D 文档格式"进行动态纹理化构建和实时渲染,实现对动态纹理的实时修改和交互。

8.6 分布式 3D 虚拟环境集成支撑平台的部分场景示例

为了直观地感受分布式 3D 虚拟环境集成支撑平台的渲染质量与渲染效果,分别从动态阴影变化效果、早晚时间系统效果、高泛光效果、模拟水的真实波纹效果等几个特色应用来展示该平台强大的渲染能力。

8.6.1 动态阴影变化效果

物体间相互遮挡形成了阴影,阴影区域的形状大小和物体的形状、相互间位置、光源的位置和形状都有密切的关系。阴影提供了光源对物体的照射信息,因此,阴影对于人们理解三维场景的影响是巨大的。对于三维场景,阴影有很强的立体表现能力。使用阴影,可以创造出很多生动的,甚至是奇异的视觉效果。通过添加阴影,其生成的图像无论在真实感或质量上都会得到很大的提高。人们通过实验发现阴影对图像质量的提高主要表现在以下几个方面:

首先,阴影可以对三维场景中的物体的相对位置提供视觉线索,使得整个场景更易于理解。其次,阴影也直接提高了图像的真实感,并且使得创建复杂的光照效果成为可能。

图 8-4 显示了分布式 3D 虚拟环境集成支撑平台提供的阴影随人和环境光线的强弱而变化的效果。

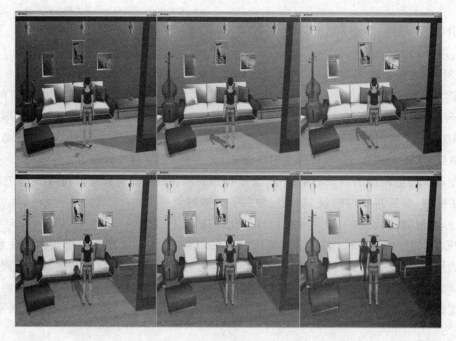

图 8-4　动态阴影变化效果图

8.6.2　早晚时间系统效果

　　自然界一昼夜为一个光照周期。光照强度是指光照的强弱,以单位面积上所接受可见光的能量来度量。在一个光照周期内,随着时间的推移,光照强度也产生变化,图 8-5 显示了分布式 3D 虚拟环境集成支撑平台提供的早晚时间系统的渲染效果。

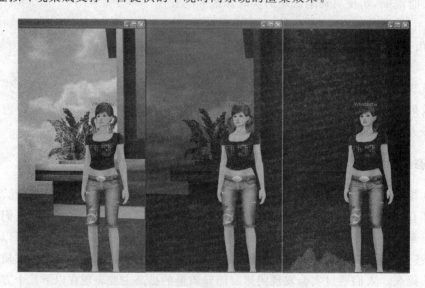

图 8-5　早晚时间系统效果图

8.6.3　高泛光效果

　　图 8-6 显示了分布式 3D 虚拟环境集成支撑平台中提供的虚拟环境高泛光效果。

图 8-6 高泛光效果图

8.6.4 模拟水的真实波纹效果

随着计算机运算能力的增强,对自然界的物理现象和自然规律进行三维虚拟仿真是虚拟现实的主要应用之一。下面以对水波的模拟来展示分布式 3D 虚拟环境集成支撑平台的绘制效果。

水波具有如下几个特性:

(1)扩散:当你投一块石头到水中,你会看到一个以石头入水点为圆心所形成的一圈圈的水波。这里,你可能会被这个现象所误导,以为水波上的每一点都是以石头入水点为中心向外扩散的,这是错误的。实际上,水波上的任何一点在任何时候都是以自己为圆心向四周扩散的,之所以会形成一个环状的水波,是因为水波的内部因为扩散的对称而相互抵消了。

(2)衰减:波在传播过程中,除在真空中,是不可能维持它的振幅不变的。在媒质传播中,波所带的能量总会因某种机理或快或慢地转换成热能或其他形式的能量,从而不断衰弱,终至消失。因为水是有阻尼的,水波具有衰减特性。否则,当你在水池中投入石头,水波就会永不停止地震荡下去。

(3)水的折射:是指波穿过不同的介质的时候传播方向会发生变化的现象。因为水波上不同地点的倾斜角度不同,所以水的折射从观察点垂直往下看到的水底并不是在观察点的正下方,而有一定的偏移。如果不考虑水面上部的光线反射,这就是我们能感觉到水波形状的原因。

(4)反射:是指波遇到障碍物或别种媒质面而折回的现象。水波遇到障碍物会反射。

(5)衍射:是指波在传播过程中经过障碍物边缘或孔隙时所发生的传播方向弯曲现象。孔隙越小,波长越大,这种现象就越显著。如果能在水池中央放上一块礁石,或放一个中间有缝的隔板,那么就能看到水波的衍射现象了。

图 8-7 显示了在分布式 3D 虚拟环境集成支撑平台上模拟水产生真实波纹的效果。

图 8-7　模拟水波纹的效果图

8.7　分布式 3D 虚拟环境集成支撑平台性能测试

目前在世界范围内较完整的、商用化的 3D 引擎及平台技术主要有：BigWorld，Gamebryo 和 Unreal 3。我们开发的分布式 3D 虚拟环境集成支撑平台 Bitworld 将分别从渲染质量及性能、解决方案完整性方面进行比较测试。

8.7.1　渲染质量及性能比较

四个平台在虚拟环境渲染质量及性能方面的对比结果如表 8-1 所示。

表 8-1　四个 3D 引擎及平台的渲染质量及性能比较

☆=0.5分　　★=1分	渲染质量①	性能①	基础应用	本地化服务	产品开发时间
BigWorld	★★★★	★★★☆	★☆	★☆	≈2 年
Gamebryo	★★★★	★★★☆	★★	★☆	≈1.5 年
Unreal 3	★★★★★	★★★	★☆	☆	≈2 年
BitWorld	★★★★☆	★★★☆	★★★☆②	★★★☆	≈0.5 年

注释：

①　关闭粒子效果、动态关照、动态天空、动态阴影等，一个全可见场景 30 万三角面，它们的性能（帧率）如下：BigWorld：20～28FPS；Gamebryo：25～30FPS；Unreal 3：20～26FPS；Bitworld：35～42FPS。

②　Bitworld 分布式 3D 虚拟环境集成支撑平台包括"照片级"渲染质量的 3D 客户端，基于网页的 3D 渲染插件，具备"交互式"技术的服务器端，分布式数据库，人工智能，物理学引擎，高级光照系统，动态环境变化系统，粒子特效系统，3D 虚拟形象定制、换装系统，3D 即时通信、邮件系统（与 MSN，Outlook 等互联互通），3D 音乐环境，3D 搜索系统，3D 场景中的 2D 网页渲染系统，3D 场景中的 2D 视频植入、播放系统，在线 3D 创建工具等。

8.7.2　解决方案完整性比较

四个平台在解决方案完整性方面的比较结果如表 8-2 所示。

表 8-2　四个 3D 引擎及平台的解决方案完整性比较

√:有　X:无	客户端	网页插件	服务器端	工具套件	基础应用支持①	虚拟世界平台支持②	3D 互联网支持③
BigWorld	√	X	√	√	X	X	X
Gamebryo	√	X	√	√	X	X	X
Unreal 3	√	X	√	√	X	X	X
BitWorld	√	√	√	√	√	√	√

注释:

① 包括自动更新系统,虚拟形象定制系统,换装系统,虚拟经济系统,3D 即时通信、邮件系统(与 MSN、Outlook 等互联互通),宠物养成系统,2D 视频(Youtube,优酷、土豆等)植入、播放系统等;

② 主要依据:系统是否有 3D 在线创建工具等辅助套件和具备实时交互能力的服务器端;这些套件用以支持客户端能够实时改变服务器端的数据,使客户端具备同服务器端进行深度交互的能力;

③ 指系统对 3D 商务、3D 教育等 3D 互联网应用(如 3D 场景中 2D 网页渲染交互,3D Office 软件等)的基础技术支持。

9　LED 分布式虚拟现实系统

半导体器件是信息时代最重要的基础产品之一,如果把石油比作传统工业"血液"的话,那么半导体器件则是信息时代 IT 产业的"心脏"。无论是小到日常生活的电视机、VCD 机、洗衣机、移动电话、计算机等家用消费品,还是大到传统工业的各类数控机床和国防工业的导弹、卫星、火箭、军舰等,都离不开这小小的半导体器件。

半导体照明亦称固态照明,是基于半导体发光原理的一种新型电光源,具有巨大的市场应用前景。LED 半导体技术是高科技和信息产业的核心技术,其产业是基础性产业。从产业角度分析,在全球提倡可持续发展与推进节能减排的环境下,半导体照明产业必将成为 21 世纪最大、最活跃的高科技产业之一,在经济竞争及国家安全方面具有极其重要的意义。

LED 分布式虚拟现实系统通过建立半导体器件的数字模型,集成虚拟展示和工作过程仿真。开展半导体装备仿真的研究及应用,可以显著提高设计速度和设计效率,增强企业市场竞争力,提升装备设计质量,将该技术用于改造提升传统的装备制造业,具有重大的经济和社会效益,对于促进我国半导体装备制造业的发展具有深远的意义。

9.1　LED 分布式虚拟现实系统功能结构

基于 Web 的 LED 分布式虚拟现实系统是在一个统一模型之下对设计、展示以及工作过程等进行集成,它将与产品外形相关的各种数据与技术集成在三维的、动态的数字模型之上。

LED 分布式虚拟现实系统是通过建立半导体器件的数字模型,集成虚拟展示和工作过程仿真的系统,系统有如下功用:

(1) 对于设计人员来说,可以帮助设计人员预见设计结果。工程分析的可视化可以为设计者提供设计验证,从而降低由于前期设计给后期制造带来的回溯更改,达到产品的开发周期和成本最小化、产品设计质量的最优化、生产效率的最大化;

(2) 对于制造和装配人员来说,三维可视化展示过程可以帮助他们进行模拟装配,预见装配工艺的合理性,进一步完善和验证制造工艺;

(3) 对于维修人员来说,可以对半导体器件故障进行分析和面向该故障的维修可视化培训,及建立于此基础上的远程故障诊断等。国外有资料表明,基于此基础上的远程诊断技术可以提高维修人员的工作效率达 5 倍以上;

(4) 对于使用者来说,软控制系统和虚拟展示可以替代应用真实半导体器件进行的培训,避免误操作带来损失,为操作人员的经验积累提供帮助。

该系统采用基于 X3D 的网络虚拟现实技术,因此系统整体除具有虚拟现实的三维展示功能外,还应具有响应用户需求的网络服务功能。

9.1.1 系统核心技术

由于作为 Web3D 标准的 VRML 规范发展缓慢,虽然许多公司都致力发展各自的 Web3D 产品和规范,如 ViewPoint、Cult3D、Virtools、Java3 等等,但是采用这些软件或开发包制作的作品在发布到浏览器中展示时都需要各自的插件支持。X3D 整合了正在发展的 XML、Java、流技术等先进技术,包括了更强大、更高效的 3D 计算能力、渲染质量和传输速度。通过 3DS MAX 建模工具创建支持 X3D 标准的 LED 模型,通过对 WireFusion 的脚本编写实现对 X3D 模型进行交互式的操作并导出工程以 JavaScript 方式嵌入到网页中,使得工程在展示中不再需要另外安装插件,方便用户使用。

WireFusion 三维开发包是一种构筑在 Web3D 三维图形接口之上的通用的商业化三维开发包。它可以实现对象的造型、属性描述、动画表现等一系列功能,并可以在多个平台运行,被誉为是交互式 3D 开发工具的"事实标准"。Windows 平台下的 WireFusion 能够与 Java、JSP 紧密结合,借助这个技术成熟、功能强大、使用广泛的软件开发工具,能够高效地开发和调试基于 Web3D 的三维软件。

WireFusion 中通过添加 Java 对象模块,编写 Java 程序与 WireFusion 的 API 进行交互,可实现 3D 对象的旋转、平移、缩放等复杂的交互功能。将 WireFusion 中的工程以 Java Applet 的方式发布,在网页中用 JavaScript 调用。LED 集成仿真系统通过在客户端编写 Web 浏览器在 Web 页面上下文中执行的程序、在服务器端编写用于处理 Web 浏览器提交的信息并相应地更新浏览器显示的 Web 服务器程序,实现 LED 三维展示和交互功能。

9.1.2 系统集成框架

LED 分布式虚拟现实系统除具有 LED 产品的三维虚拟现实展示功能外,本系统要通过网页发布,具有 Web3D 的功能,使用户能通过网页使用本系统。因此在系统设计时,要并行设计服务器和三维虚拟现实展示。

在服务器的设计上要有基本的数据库、三维模型库以及相应的页面响应机制。在图形的建模方面,由于 WireFusion 软件是很好的图形显示工具而不是建模工具,而且我们了解到很多的三维 CAD 软件都很方便地进行建模,而且这些三维 CAD 软件具有两项突出的功能:完整的三维建模功能,模型应该具有良好的继承性、良好的可控性、良好的参数化设计特征。同时,我们要求通过对该软件的二次开发,自动地输出 wrl 格式文件为 WireFusion 环境可以导入的格式文件,即 VRML 模型文件。3DS MAX 软件是 Autodesk 公司旗下的 Discreet 小组开发设计的世界上最流行的三维动画制作软件,它提供了强大的基于 Windows 平台的实时三维建模、渲染和动画设计等功能,被广泛应用于广告、影视、工业设计、多媒体制作及工程可视化领域。3DS MAX 提供了强大的建模功能,具有各种方便、快捷、高效的建模方式与工具,还提供了多边形建模、放样、表面建模工具、NURBS 等方便有效的建模,具有很好的特殊效果处理与渲染能力。

基于以上原因,我们选择 3DS MAX 作为半导体器件的三维建模的工具,使用 WireFusion 作为虚拟仿真系统开发的工具。

在三维虚拟现实展示的设计中,首先对 LED 产品用 3DMAX 进行三维建模、渲染,而后导出 wrl 文件到 WireFusion 中,在 WireFusion 中进行修改、处理,为实现最好的显示效果,常需要再次导入 3DS MAX 中做再次的渲染。直到最后,结合服务器,联网发布调试运行。系统的

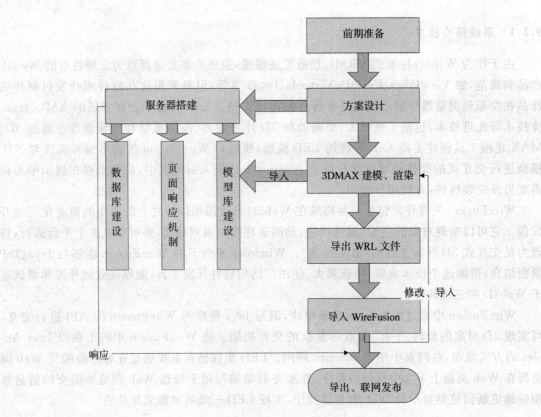

图 9-1　系统集成框架图

集成框架如图 9-1 所示。

9.2　LED 分布式虚拟现实系统实现与展示

9.2.1　系统实现

系统运行采用的硬件配置如下：

服务器：双 P4 2.0G CPU，4G 内存，250G 硬盘，NVIDA Quadro FX4500 显卡（支持主动立体显示），Windows Server 2003。

系统运行采用的软件环境为：

Windows XP Professional 64 位操作系统，WireFusion，3DS MAX。

1. 系统整体体系设计

LED 集成仿真系统整体体系设计如图 9-2 所示。

2. 系统开发流程

LED 分布式虚拟现实系统开发流程基于以下三步：

（1）建立资源库，包括：3D 模型，图片图像，Flash 动画，视频文件，声音文件等。可以通过 Autodesk 3DS MAX，Adobe PhotoShop，Macromedia Flash 等专业软件制作。

（2）将各种需要资源导入到 WireFusion 中，通过 WireFusion 的脚本编写对各种资源，主要是 3D 模型进行交互式的操作。WireFusion 的脚本主要是由对象模块组成，这些模块可以为 3D 模型或图片等各种资源，也可以是封装好的功能函数模块。

（3）最后，将完成的工程导出到网页中进行发布。

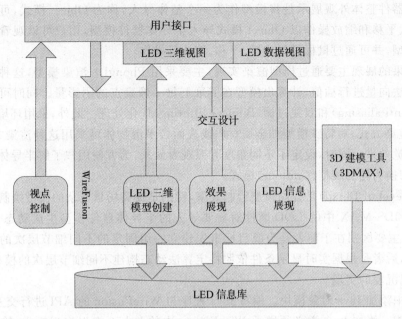

图 9-2 系统体系结构设计图（添加与 LED 相关）

3. 三维展示功能实现

LED 分布式虚拟现实系统的三维展示可分为两种模式进行：一是从观看半导体器件的整体架构和外观，为半导体器件整体外观展示模式，将半导体器件作为一个 3D 对象可以从外部进行多角度的观察；二是观察半导体器件工作状态下的情况，用户可以观测到该器件工作与非工作状况下的不同展示情况。其展示功能详述如图 9-3 所示。

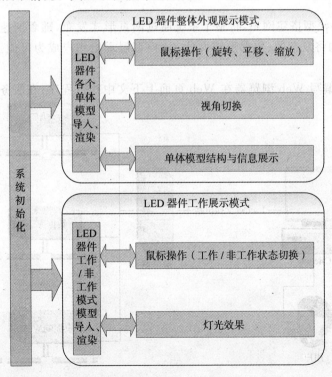

图 9-3 系统三维展示功能图

半导体器件整体外观展示是将模型作为一个整体导入,称为 Object 模式,可用鼠标对模型进行旋转、平移和缩放操作以 Object 模式导入半导体器件模型,用户可以观看到半导体器件的整体模型,并可通过鼠标进行旋转、平移、缩放等操作。

灯光效果的展现主要通过模型渲染实现,主要采用 PhongL1 渲染模型,这种方法通过对多边形顶点法向量进行插值,计算出模型在屏幕上每一像素点的阴影量。同时可以对模型进行反走样(Anti-aliasing)和双线过滤(Bilinear filtering)优化处理。此外,采用环境映射贴图的 Reflection 渲染方式,对特殊模型如金属材质或表面较平滑物体可采用这种渲染方式,从而获得较好的视觉效果。同时,设定了不同角度光照观看效果,为方便用户了解半导体器件尺寸结构,可选择切换为轮廓线框(Contour)模式。

LOD(Level of Detail)是提高模型绘制效率,特别是提高场景复杂的模型绘制效率的有效办法。应用 3DS MAX 中的 LOD 插件对需要导入的半导体器件模型生成动态 LOD。静态 LOD 与动态主要区别在于前者是为源目标事先建立一组固定的不同细节层次的离散模型提供显示调用,后者是根据实时显示条件依照特定算法动态构建不同细节层次的模型。

4.虚拟沉浸的实现

在工程中添加 Java 对象模块。编写 Java 程序与 WireFusion 的 API 进行交互,可实现复杂的逻辑功能。添加 Java 类必须继承 WireFusion 中的 bob53 类以实现输入、输出方法的重载。在 WireFusion 默认的鼠标事件中,3D 对象的旋转、平移、缩放分别由鼠标左、中、右三键控制。为方便用户操作,调用 Java AwT 包中的鼠标处理事件,将缩放更改为鼠标滚轮操作,右键为平移操作。

WireFusion 中,对扩展实现的 Java 类,可以封装成一个对象模块存放到用户自己的常用对象模块目录下,方便调用。

5.网络实现

基于上述核心模型搭建网站,将整个系统通过网页形式发布,随着网速的不断提升,使得通过网页 B/S 架构将复杂的、数据量较大的 3D 模型展示给用户成为可能。本系统的网站结构如图 9-4 所示。

在客户机中,编写 Web 浏览器在 Web 页面上下文中执行程序;在服务器中,编写用于处

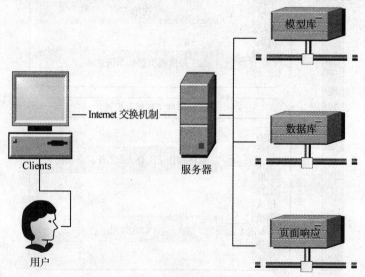

图 9-4　网站结构图

理 Web 浏览器提交的信息并相应地更新浏览器显示的 Web 服务器程序。我们将工程以 Java Applet 的方式发布，在网页中用 JavaScript 调用，它作为一种可与服务器通话的脚本组件引入到浏览器中。IE 或其他一些常用浏览器都自带有 JavaScript 的解释器，因此用户在加载展示页面时无需安装额外的插件。在用户操作界面中，鼠标经过相应按钮时按钮高亮显示，同时弹出功能信息提示，CheckBox 控件控制功能开启和关闭。系统服务器端在 Windows Server 2003 下搭建，客户端由 Windows XP 测试，浏览器版本为 IE7.0。LED 分布式虚拟现实系统通过测试达到良好的效果。

与其他一些主流 Web3D 方案不同，导出工程以 JavaScript 方式嵌入到网页中，IE 等大多数浏览器自带有 JavaScript 解释器，使得工程在展示中不需要另外安装插件。与此相比，其他主流 Web3D 方案都需要安装各自的插件，这极大地打击了用户的激情。在渲染效果类似的情况下，免插件的安装无疑在 Web3D 解决方案中具有极大的优势。

9.2.2　系统展示

图 9-5 所示为基于 X3D 的 LED 分布式虚拟现实系统的主界面，可以通过该公司首页的产品中心进入此主界面。用户点击产品模型图片即可进入该产品的虚拟现实环境进行访问，界面展示如图 9-6 所示。

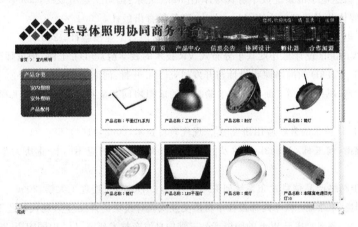

图 9-5　系统主界面

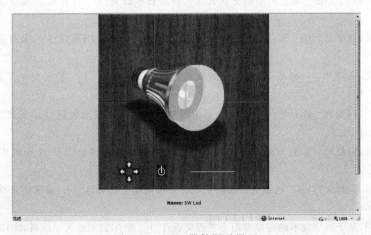

图 9-6　LED 器件展示界面

参考文献

[1] http://blog.hjenglish.com/yolanda_/default.html?page=2

[2] 胡小梅. 协同虚拟环境的可伸缩性研究[D]. 西安:西北工业大学,2007

[3] 蒋先梅.基于虚拟现实技术的电子商务展示平台的研究与实现[D]. 南昌:江西科技师范学院,2010

[4] 蔡红霞,胡小梅,俞涛. 虚拟仿真原理与应用[M]. 上海:上海大学出版社,2010

[5] 朱文华,熊峰,胡贵华,等. 虚拟现实技术与应用[M]. 北京:知识产权出版社,2007

[6] 李晓梅,等. 并行与分布式可视化技术与应用[M]. 北京:国防工业出版社,2001

[7] 彭晓源. 系统仿真技术[M]. 北京:航空航天大学出版社,2006

[8] 康凤举,杨惠珍,高立娥,等. 现代仿真技术与应用[M]. 北京:国防工业出版社,2006

[9] 姚重华. 环境工程仿真与控制[M]. 北京:高等教育出版社,2005

[10] 董正卫,田立中,付宜利. UG/OPEN API 编程基础[M]. 北京:清华大学出版社,2002

[11] 应文烨. 船舶设计可视化技术[D]. 哈尔滨:哈尔滨工程大学,2005

[12] 吴家铸,等. 视景仿真技术及应用[M]. 西安:西安电子科技大学出版社,2001

[13] 尚晓雷.Maya 动画创作技法[M]. 长沙:中南大学出版社,2007

[14] 张文俊,等. 数字媒体技术基础[M]. 上海:上海大学出版社,2007

[15] 王国玉,等. 雷达电子战系统数学仿真与评估[M]. 北京:国防工业出版社,2004

[16] 耿国华. 多媒体艺术基础与应用[M]. 北京:高等教育出版社,2004

[17] 汪连栋,等. 电子战视景仿真技术与应用[M]. 北京:国防工业出版社,2007

[18] 周良. 利用 Virtools 设计与开发基于分布式 VR 技术的教学游戏[D].上海:华东师范大学,2008

[19] 叶培彬. 基于 Web3D 的网络课程设计与开发研究[D].开封:河南大学,2010

[20] 吴志军,张建富,冯平法,等. 面向网络实验教学的虚拟协同装配技术研究[J]. 工程图学学报,2010,4: 172—178

[21] 邓文新. Web3D 技术的教学应用研究[J]. 现代教育技术,2002,41(4):68—71

[22] 张小强,孙晓南,何玉林. Web3D 技术及其在产品仿真系统中的应用[J]. 重庆大学学报,2002,25(5): 50—53

[23] 周建新. 基于网络产品信息发布系统研究与实现[D]. 大连:大连理工大学,2006

[24] 刘诏书,李刚炎,朱李丽. 汽车内饰设计中材质交互式设计模块的开发[J]. 现代制造工程,2006,9:67—69

[25] 王春雨,张广文,齐凯. 基于 Web 的陶瓷产品三维信息发布技术研究[J]. 中国陶瓷,2009,45(10):48—51

[26] 李晓玲,陆长德,李小丽. 基于网络的交互式虚拟展示技术研究[J]. 计算机工程与应用,2007,43(3): 90—92

[27] 孟永东,田斌,刘德富. 基于 Web3D 技术的工程施工可视化仿真应用研究[J]. 水力发电,2004,30(7): 22—25

[28] 傅冰,王伯文,杨建华. 一种基于 Web3D 的交互式维修支持系统[J]. 船舶电子工程,2010,30(10): 146—149

[29] 尚福华,解红涛,王鑫. 基于 Web 的油田井下工程事故处理三维展示研究[J]. 长江大学学报,2009,6 (4):189—191

[30] 张涛,姚俊峰,杨献勇. 基于 Web3D 的体育馆展示并售票系统的研究[J]. 计算机仿真,2006,23(9): 236—239

[31] 段福州,马鹏飞,赵文吉,等. 村镇民俗旅游景观三维可视化方案设计[J]. 地球信息科学学报,2010,12 (4):549—554

[32] 闫波,隋海朋,基于网络技术的虚拟寒山寺工程美设计[J]. 哈尔滨工业大学学报,2010,12(2):20—24

[33] 程剑. 实时动态阴影算法的研究及实现[D]. 杭州:浙江大学,2005